高等学校规划教材

化工专业实验

成春春　赵启文　张爱华　主编

化学工业出版社
·北京·

内 容 简 介

《化工专业实验》是根据教育部《化工类专业本科教学质量国家标准》对专业实验课程的要求编写的，主要结合化学工程与工艺专业、能源化学工程专业的特点，以化工热力学、反应工程、分离工程、煤化工工艺学等为主线，介绍了相关化工专业实验内容。

本教材主要包括六部分——绪论、实验基础知识、化工基础实验、综合性实验、设计性实验、研究性实验。实验基础知识主要介绍了化工专业实验安全知识、专业实验的技术、专业实验常用仪器及使用方法等；化工基础实验和综合性实验主要介绍了化学反应工程、化工热力学、化工工艺、煤化工工艺、石油化工工艺等专业课程相关的通用型实验；设计性实验主要介绍了与科研课题或生产实际密切相关的实验；研究性实验主要介绍了目前较为前沿的创新性实验。

本书可以作为高等学校化学工程与工艺专业、能源化学工程专业学生的教学用书。

图书在版编目（CIP）数据

化工专业实验/成春春，赵启文，张爱华主编.—北京：化学工业出版社，2021.2（2022.8 重印）

ISBN 978-7-122-38241-2

Ⅰ.①化… Ⅱ.①成… ②赵… ③张… Ⅲ.①化学工程-化学实验-高等学校-教材 Ⅳ.①TQ016

中国版本图书馆 CIP 数据核字（2020）第 259497 号

责任编辑：姜 磊 林 媛　　装帧设计：张 辉

责任校对：王素芹

出版发行：化学工业出版社（北京市东城区青年湖南街 13 号 邮政编码 100011）

印　　装：涿州市般润文化传播有限公司

787mm×1092mm 1/16 印张 11¾ 字数 293 千字 2022 年 8 月北京第 1 版第 2 次印刷

购书咨询：010-64518888　　售后服务：010-64518899

网　　址：http://www.cip.com.cn

凡购买本书，如有缺损质量问题，本社销售中心负责调换。

定　　价：39.00 元

前言

化工专业实验是化学工程与工艺专业、能源化学工程专业学生必修的一门集中性实践环节课程。目的是训练学生运用已学过的基础理论和专业知识，分析解决化工生产中的实际问题，教授学生掌握化工领域的科学实验研究方法，熟悉化工领域中主要仪器和设备的使用。

化工专业实验属于工程实验范畴，有别于单纯的课堂教学和单纯的基础实验，主要是通过一定的实验活动，引导学生、训练学生理论联系实际，着重培养学生分析、解决问题的能力和认真钻研的精神。更为重要的还在于对未来的科技工作者进行实验方法、实验技能的基本训练，培养独立组织和完成实验的能力及严肃认真的工作作风，实事求是的科学态度，为将来从事科学研究和解决工程实际问题打好基础。

本实验课的目的：

（1）使学生掌握专业实验的基本技术和操作技能。

（2）深入了解测量参数的物理意义，包括定义、测量时的系统误差、精度和准确性。

（3）养成仔细观察并记录真实实验数据的习惯，并设计原始数据记录表格。

（4）熟悉几种在化工生产中常用的基本设备、常用仪器和测量方法。

（5）培养学生组织能力、独立思考能力、创新能力、责任心和合作精神。

（6）培养撰写工程实验报告的能力，能够清楚描述重要的及有意义的现象和结果。

本书结合化学工程与工艺专业、能源化学工程专业的特点，以化工热力学、反应工程、分离工程以及化工工艺为主线，介绍了相关化工类专业实验内容。主要包括绪论、实验基础知识、化工基础实验、综合性实验、设计性实验以及研究性实验 6 个部分。实验基础知识主要介绍了实验设计与数据处理、专业实验的技术及设备、专业实验常用分析测试方法以及化工实验安全知识，使学生在进入实验室前建立起良好的安全、环保意识。

化工基础实验共 19 个实验，主要是与化工热力学、煤化学、石油化学等专业基础课程相关的实验；综合性实验共 5 个实验，主要是与化学反应工程、化工工艺学、分离工程等专业课程相关的实验；设计性实验共 8 个实验，主要是根据科研课题和生产实际而开发的融综合性、专业性和设计性一体的实验；研究性实验共 5 个实验，主要是目前较为前沿的创新性实验。书中大部分实验均来源于教学实践，因此具有内容可靠、指导性强、符合教学实际、便于教学等特点。

本书由成春春、赵启文和张爱华担任主编。各章编写分工如下：成春春编写第一至第四章的部分内容，赵启文编写绪论以及第三章的部分内容，张爱华编写第一章以及第三章的部分内容，付华编写第二章实验 8~ 实验 13 以及第四章实验 7，周万嵇编写第二章实验 2、实验 3，崔香梅编写第三章实验 6、实验 7，毕秋艳编写第三章实验 1，马磊编写第四章实验 5，李慧芳编写第五章实验 3，保英莲编写第二章实验 4。

本书的编写与出版得到了青海大学教材建设基金资助，还得到了青海大学教务处、化工学院领导的支持，在此表示感谢。

在教材的编写过程中，编者参考了国内部分化学工程与工艺专业实验教材和相关文献，在此向相关作者表示感谢。由于编者水平有限，书中疏漏之处在所难免，恳请读者批评指正。

编者

2020 年 12 月

目 录

第五章　研究性实验 / 166

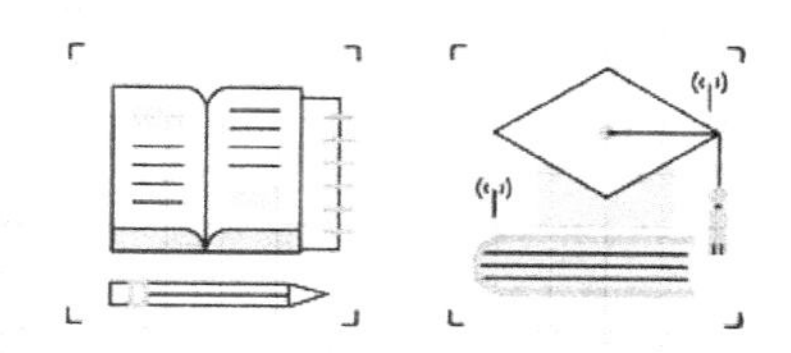

绪论

一、开设化工专业实验的目的和意义

化学工业又称化学加工工业，是指物质分离和转化的过程工业，泛指生产过程中化学方法占主要地位的过程工业，是国民经济的基础性和支柱性产业，主要包括精细化工、生物化工、能源化工、资源化工、材料化工、环境化工等，广泛涉及国民经济、社会发展和国家安全的各个领域，如资源、能源、冶金、环保、材料以及生物、医药、食品、信息与国防等领域。

化工类专业的主干学科是化学、化学工程与技术，主要相关学科包括材料科学与工程、环境科学与工程、石油与天然气工程、生物工程、冶金工程、动力工程及工程热物理、控制科学与工程、计算机科学与技术等。

化学是在原子、分子及分子以上层次研究物质及其变化过程的基础科学，是一门理论与实验并重、富有创造性的中心学科。化学以数学和物理学为基础，同时在化学工程、生命科学、材料科学、环境科学、信息科学、药学、医学等相关学科的发展中发挥着重要的基础和推动作用。

化学工程与技术是研究以化学工业为代表的各类工业生产中有关化学过程与物理过程的一般原理和规律，并应用这些原理和规律来解决过程及装置的开发、设计、操作及优化问题的工程技术学科，包括化学工程、化学工艺、生物化工、应用化学和工业催化。学科内容体现基础与应用并重，包括基础理论、基本方法和基本实验技术、工艺开发、过程设计、系统模拟与优化和操作控制、产品研发等，是化学工业的技术基础、力量核心和发展的原动力。

化工类专业是一个厚基础、宽口径、适应性强的通用型过程工程专业，是与高新科技最密切相关的工科专业之一。化工类专业的毕业生应掌握化学、化学工程与技术学科的基础知识、基本原理、研究方法和专业技能，同时对于相关学科知识有所了解和掌握，能够在化工及相关领域从事生产运行与技术管理、工程设计、技术开发、科学研究等工作。

化工类专业是一个实践性很强的专业，主要的专业理论知识是人类长期生产实践和实验中总结得来的，大学生通过必要的实验操作、实验现象的观察与思考，是加深对理论知识的理解和掌握，提高学习质量的有效途径。化工生产的核心是化学反应过程，反应器中的传热、传质、流体力学、催化剂的特性以及各种物理变化过程都会影响反应的效果，它们的影响相互交叉耦合，存在复杂的非线性关系，难以通过演绎法逻辑推理得到结论，实验方法仍然是目前化工专业领域科学研究的主要方法。人们更愿意相信眼见为实，化工新产品的研发、工艺条件的优化等都依靠大量的实验得出结论。化工数学模型的建立必须以实验数据为基础，模型的检验和修正也必须以实验结果为依据，因此，通过化工专业实验使大学生掌握基本的实验装置搭建、实验操作、检测分析、数据处理等技能，对提高人才培养质量具有不可替代的作用。

化工专业实验是学习、掌握和应用化工基础理论知识的重要手段，是从化学、化工基本原理跨入实际应用的重要一环。化工专业实验与普通化学实验相比，具有明显的工程实验特点，要面对和解决实际的技术问题，是培养学生工程概念与动手操作能力的实践课程。通过化工专业实验课程的学习应达到如下目的：

（1）强化“三传一反”的知识体系理念；

（2）掌握化工单元操作，加深对理论知识的理解与认识；

（3）熟悉各种仪器、仪表和实验设备的结构、性能和操作流程；

（4）提高发现问题、分析问题、解决问题的能力，培养实验技能和科研能力；

（5）理论联系实际，利用化工基础理论知识解决实际生产问题，培养大工程观；

（6）通过实验培养科学、严谨、求是的创新精神。

二、国家标准对化工专业实验的要求

《化工类专业本科教学质量国家标准》中要求重视实验教学队伍的建设，实验室人员应有固定编制，实验室主任应由具有高级职称的人员担任，每个实验指导教师不得同时指导 2 个及以上不同内容的实验。80％以上的实验指导教师应有累计 6 个月以上的工程实践经历（包括指导实习、与企业合作项目、企业工作等）。

1. 实验室基础条件要求

（1）实验室照明、通风设施良好，管线布局安全、合理，实验台应耐化学腐蚀并具有防水和阻燃性能，实验室安全符合国家规范。

（2）实验过程中，化工原理实验室和专业实验室人均使用面积（不含设备面积）不低于 $2.0m^2$。

（3）每间实验室内都应配备防护用品柜，应配有和学生实验人数相符的安全防护器具，应安装喷淋器和洗眼器，备有急救药箱和常规药品，具有应急处理预案。

（4）一般实验室噪声应控制在 55dB 以下，具有通风设备的实验室，噪声应控制在 70dB 以下。实验室具有符合环保要求的“三废”收集和处理措施。

（5）化学品的购置、存放、使用和管理符合国家及相关部门有关规定。实验涉及的危险化学药品均备有安全技术说明书。

2. 专业教学实验设备要求

除常用的元器件、玻璃仪器、小型辅助仪器外，还应有必备的测量仪器、分析仪器和较大型的实验设备。实验设备台套数应满足每组实验不超过 4 名学生。具体要求如下：

（1）测量仪器　表面张力仪、熔点测定仪、比表面积测定仪、流量计、黏度计、密度计等，可根据专业特色配备。

（2）分析仪器　分光光度计、气相色谱仪、荧光光谱仪、红外光谱仪、X 射线衍射仪等，可根据专业特色配备。

（3）大型实验设备　反应器类、气液固分离装置类、矿物加工机械类、燃料转化类、生化实验类及其他分离装置类，可根据专业特色配备。

用于购置、开发、更新教学实验设备的费用每年不少于现有仪器设备总值的 5％。

3. 专业实验教学要求

主要包括化工原理实验和专业实验。通过化工实验教学对学生进行实验设计、实验操作和技术、数据处理、观察能力、分析能力、表达能力和团队合作能力的全面训练。因此，化工实验教学要从培养目标出发，统一规划教学内容，综合考虑，分步实施并注意与理论课程的配合与衔接。要大力充实和改革实验教学内容，综合性实验、设计性实验的比例应大于60%，以加强学生实践能力、创新意识和创新能力的培养。

各高校可根据自身的专业特色和具体情况开设，推荐专业实验最少64学时。

（1）化学工程与工艺专业实验包括化工热力学实验、化学反应工程实验、化工分离技术实验和化学工艺实验。

（2）资源循环科学与工程专业实验包括基础数据测定实验、反应与分离工程实验、资源加工工艺实验。

（3）能源化学工程专业实验包括能源化工转化过程中涉及的转化、分离、产品利用、“三废”处理等实验。

（4）化学工程与工业生物工程专业实验，除化学工程与工艺专业实验外，还应有工业生物工程方面的实验。

三、专业认证对化工专业实验的要求

《化工与制药类专业认证标准》中规定专业基础实验和专业实验中的综合型、设计型实验的比例应大于50%。

1. 实验条件要求

（1）实验室面积和实验教学设备满足教学需要，实验室安全符合国家规范，安全警示标识清晰，装备安全措施有效。实验涉及的危险化学药品均备有安全说明，每个实验项目必须有安全操作规程。

（2）基础实验每组学生数不超过2人；专业基础实验和专业实验每组学生数原则上不超过4人。

（3）每个教师不得同时指导2个及以上不同内容的实验。

2. 实验技能要求

在实验技能方面，要求本专业学生能够基于科学原理并采用科学方法对复杂工程问题进行研究，包括设计实验、分析与解释数据、通过信息综合得到合理有效的结论。能够完成实验技术路线的探讨及实验方案的制订，实验用仪器设备的选购或设计加工以及安装调试，实验分析方法的确定，实验数据的采集、记录和整理，实验数据的处理，实验结果的分析与讨论，撰写论文。

四、化工专业实验的分类

1. 基础性实验

基础性实验是指实验内容主要为本课程基本理论知识的实验演示或验证性的实验。

2. 综合性实验

综合性实验是指实验内容涉及本课程的综合知识或与本课程相关课程知识的实验。即学生经过一个阶段的学习后，在具有一定的基本知识和基本技能的基础上，运用一门课程或多门课程的知识对学生实验技能和方法进行综合训练的一种复合型实验。满足以下条件之一的视为综合性实验：

（1）内容涉及一门课程的2个以上知识点的有机综合；

（2）内容涉及多门课程的知识点的有机综合；

（3）一门课多项实验内容的有机综合。

3. 设计性实验

设计性实验是指给定实验目的要求和实验条件，由学生自行设计实验方案并加以实现的实验。即结合各自教学或独立于各种教学而进行的一种探索性的实验。满足以下条件之一视为设计性实验：

（1）教师给定实验目的和要求，学生自行选择仪器设备，拟定实验步骤加以实现的实验；

（2）教师拟定实验题目和要求，学生自行设计实验方案加以实现的实验；

（3）根据课程或理论的特点，学生自主选题，自行设计，在教师指导下得以实现的实验。

4. 研究性实验

研究性实验是指教师指导下学生自行选题，自己设计实验方案，在实验室现有的条件下或借助其他科研院所实验设备，完成实验内容和研究任务的实验。

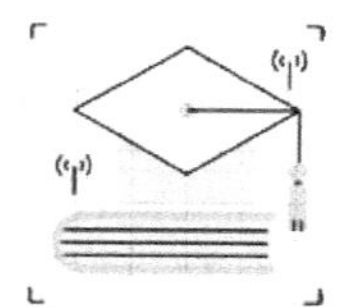

第一章
实验基础知识

第一节　化工专业实验安全知识

随着我国高等教育的发展，高校实验室规模不断扩大，教学科研活动密集，高校实验室，特别是化学化工类实验室，涉及化学品、带压设备、高温设备、电等潜在危险有害因素，安全事故频发，且破坏程度大，火灾性和爆炸性事故严重危及人身安全，也带来了巨大的财产损失。据有关调查数据分析证明，2001～2013年间我国发生的100起典型实验室安全事故，87.6%的实验室安全事故是人为原因造成的，如违反标准操作规程，操作或使用不当，化学品存储不规范，废弃物处置不当，设备或设施老化，缺少有效的防护设施等，因此分析和辨识化工类专业实验的危险有害因素，建立制度化的安全防范措施，从而提高安全意识和自我保护能力，显得尤为重要。

一、实验室常见危险有害因素

就化工实验过程而言，不论其规模大小、复杂与否，不外乎包含两大过程：一类是以化学反应为主，通常在特定反应器中进行，由于化学反应性质不同，反应器的差别很大。另一类是以物理变化为主，通常在专门设备完成的过程，如流体输送、传热、精馏、蒸发、结晶等操作，此类操作通常涉及温度、压力、浓度等工艺参数变化，称为化工单元操作。因此，化工实验过程的危险有害因素主要可从以下三个方面辨识，即化学品、化学反应过程、单元操作的危险性。

1. 化学品的分类和危险性

（1）化学品分类　按照国家标准GB 13690—2009《化学品分类和危险性公示　通则》和“2015版”《危险化学品目录》以及《全球化学品统一分类和标签制度（GHS）》（第四版），化学品按照其可能具有的理化危险、健康危险和环境危险，共划分为28个类别，其中理化危险16类，健康危险10类，环境危险2类，详见表1-1～表1-3所示。

表1-1　理化危险

编号	危险种类	含义
1	爆炸物	爆炸物质(或混合物)是一种固态或液态物质(或物质的混合物),其本身能够通过化学反应产生气体,而产生气体的温度、压力和速度能对周围环境造成破坏。其中也包括发火物质,即便它们不放出气体
2	易燃气体	指在20℃和101.3kPa标准压力下,与空气有易燃范围的气体

续表

编号	危险种类	含义
3	气溶胶（又称气雾剂）	指气溶胶喷雾罐，是任何不可重新灌装的容器，该容器由金属、玻璃或塑料制成，内装强制压缩、液化或溶解的气体，包含或不包含液体、膏剂或粉末，配有释放装置，可使所装物质喷射出来，形成在气体中的固态或液态微粒或形成泡沫、膏剂或粉末或处于液态或气态
4	氧化性气体	指一般通过提供氧气，比空气更能导致或促使其他物质燃烧的任何气体
5	加压气体	指高压气体在压力等于或大于200kPa(表压)下装入贮器的气体，或是液化气体或冷冻液化气体。压力下气体包括压缩气体、液化气体、溶解液体、冷冻液化气体
6	易燃液体	易燃液体是指闪点不高于93℃的液体
7	易燃固体	指容易燃烧或通过摩擦可能引燃或助燃的固体。易于燃烧的固体为粉状、颗粒状或糊状物质，它们在与燃烧着的火柴等火源短暂接触即可点燃和火焰迅速蔓延的情况下，都非常危险
8	自反应物质和混合物	指即便没有氧气(空气)也容易发生激烈放热分解的热不稳定液态或固态物质或者混合物
9	自燃液体	指即使数量小也能在与空气接触后5min之内引燃的液体
10	自燃固体	指即使数量小也能在与空气接触后5min之内引燃的固体
11	自热物质和混合物	指除发火液体或固体以外，与空气反应不需要能源供应就能够自己发热的固体或液体物质或混合物；这物质或混合物与发火液体或固体不同，因为这类物质只有数量很大(千克级)并经过长时间(几小时或几天)才会燃烧
12	遇水放出易燃气体的物质和混合物	指遇水放出易燃气体的物质或混合物是通过与水作用，容易具有自燃性或放出危险数量的易燃气体的固态或液态物质或混合物
13	氧化性液体	指本身未必燃烧，但通常因放出氧气可能引起或促使其他物质燃烧的液体
14	氧化性固体	指本身未必燃烧，但通常因放出氧气可能引起或促使其他物质燃烧的固体
15	有机过氧化物	指二价—O—O—结构的液态或固态有机物质，可以看作是一个或两个氢原子被有机基替代的过氧化氢衍生物。也包括有机过氧化物配方(混合物)。有机过氧化物是热不稳定物质或混合物，容易放热自加速分解。另外，它们可能具有下列一种或几种性质：①易于爆炸分解；②迅速燃烧；③对撞击或摩擦敏感；④与其他物质发生危险反应
16	金属腐蚀物	是通过化学作用显著损坏或毁坏金属的物质或混合物

表 1-2 健康危险

编号	危险种类	危险类别
1	急性毒性	指在单剂量或在24h内多剂量口服或皮肤接触一种物质，或吸入接触4h之后出现的有害效应
2	皮肤腐蚀/刺激	皮肤腐蚀指对皮肤造成不可逆损伤，即使用试验物质达到4h后，可观察到表皮和真皮坏死。腐蚀反应的特征是溃疡、出血、有血的结痂，而且在观察期14d结束时，皮肤、完全脱发区域和结痂处由于漂白而褪色。皮肤刺激是使用试验物质达到4h后对皮肤造成可逆损伤
3	严重眼损伤/眼刺激	严重眼损伤是在眼前部表面施加试验物质之后，对眼部造成在使用21d内并不完全可逆的组织损伤，或严重的视觉物质衰退。眼刺激是在眼前部表面施加试验物质之后，在眼部产生在使用21d内完全可逆的变化
4	呼吸道或皮肤致敏	呼吸过敏物是吸入后会导致气管超过敏反应的物质。皮肤过敏物是皮肤接触后会导致过敏反应的物质
5	生殖细胞致突变性	是可能导致人类生殖细胞发生可传播给后代的突变的化学品
6	致癌性	是指可导致癌症或增加癌症发生率的化学物质或化学物质混合物

续表

编号	危险种类	危险类别
7	生殖毒性	包括对成年雄性和雌性性功能和生育能力的有害影响，以及在后代中的发育毒性
8	特异性靶器官毒性——一次接触	由一次接触产生特异性的、非致死性靶器官系统毒性的物质
9	特异性靶器性——反复接触	由反复接触产生特异性的、非致死性靶器官系统毒性的物质
10	吸入危害	“吸入”指液态或固态化学品通过口腔或鼻腔直接进入或者因呕吐间接进入气管和下呼吸系统。吸入毒性包括化学性肺炎、不同程度的肺损伤或吸入后死亡等严重急性效应

表 1-3 环境危险

编号	危险种类		危险类别
1	危害水生环境	急性危害	指物质对短期接触它的生物体造成伤害的固有性质
		长期危害	指物质在与生物体生命周期相关的接触期间对水生生物产生有害影响的潜在性质或实际性质
2	危害臭氧层		

(2) 危险化学品标志

目前我国实施的 GB 30000.2～29—2013《化学品分类和标签规范》系列标准对应于国际 GHS 规范。GHS 提供的用于表述危险性的公示手段有两个：标签、化学品安全技术说明书。GHS 强调的标签要素包括图形符号、警示词、危险说明，详见表 1-4 所示。

表 1-4 GB 30000—2013 系列标准

序号	标准编号	标准名称
1	GB 30000.2—2013	化学品分类和标签规范第 2 部分：爆炸物
2	GB 30000.3—2013	化学品分类和标签规范第 3 部分：易燃气体
3	GB 30000.4—2013	化学品分类和标签规范第 4 部分：气溶胶
4	GB 30000.5—2013	化学品分类和标签规范第 5 部分：氧化性气体
5	GB 30000.6—2013	化学品分类和标签规范第 6 部分：加压气体
6	GB 30000.7—2013	化学品分类和标签规范第 7 部分：易燃液体
7	GB 30000.8—2013	化学品分类和标签规范第 8 部分：易燃固体
8	GB 30000.9—2013	化学品分类和标签规范第 9 部分：自反应物质和混合物
9	GB 30000.10—2013	化学品分类和标签规范第 10 部分：自燃液体
10	GB 30000.11—2013	化学品分类和标签规范第 11 部分：自燃固体
11	GB 30000.12—2013	化学品分类和标签规范第 12 部分：自热物质和混合物
12	GB 30000.13—2013	化学品分类和标签规范第 13 部分：遇水放出易燃气体的物质和混合物
13	GB 30000.14—2013	化学品分类和标签规范第 14 部分：氧化性液体
14	GB 30000.15—2013	化学品分类和标签规范第 15 部分：氧化性固体
15	GB 30000.16—2013	化学品分类和标签规范第 16 部分：有机过氧化物
16	GB 30000.17—2013	化学品分类和标签规范第 17 部分：金属腐蚀物

续表

序号	标准编号	标准名称
17	GB 30000.18—2013	化学品分类和标签规范第 18 部分:急性毒性
18	GB 30000.19—2013	化学品分类和标签规范第 19 部分:皮肤腐蚀/刺激
19	GB 30000.20—2013	化学品分类和标签规范第 20 部分:严重眼损伤/眼刺激
20	GB 30000.21—2013	化学品分类和标签规范第 21 部分:呼吸道或皮肤致敏
21	GB 30000.22—2013	化学品分类和标签规范第 22 部分:生殖细胞致突变性
22	GB 30000.23—2013	化学品分类和标签规范第 23 部分:致癌性
23	GB 30000.24—2013	化学品分类和标签规范第 24 部分:生殖毒性
24	GB 30000.25—2013	化学品分类和标签规范第 25 部分:特异性靶器官毒性　一次接触
25	GB 30000.26—2013	化学品分类和标签规范第 26 部分:特异性靶器官毒性　反复接触
26	GB 30000.27—2013	化学品分类和标签规范第 27 部分:吸入危害
27	GB 30000.28—2013	化学品分类和标签规范第 28 部分:对水生环境的危害
28	GB 30000.29—2013	化学品分类和标签规范第 29 部分:对臭氧层的危害

按照国家标准《危险货物包装标志》（GB 190—2009），标志分为标记和标签，标记 4 个，标签 26 个，其图形分别标示了 9 类危险货物的主要特性，标签图案说明详见表 1-5。

表 1-5　9 类危险货物的标签及图案说明

序号	标签名称	标签图形	标签说明
1	爆炸性物质或物品	1.4 1.5 1.6	符号:黑色 底色:橙红色
2	易燃气体		符号:黑色或白色 底色:正红色
	非易燃无毒气体		符号:黑色或白色 底色:绿色
	毒性气体		符号:黑色 底色:白色

续表

序号	标签名称	标签图形	标签说明
3	易燃液体	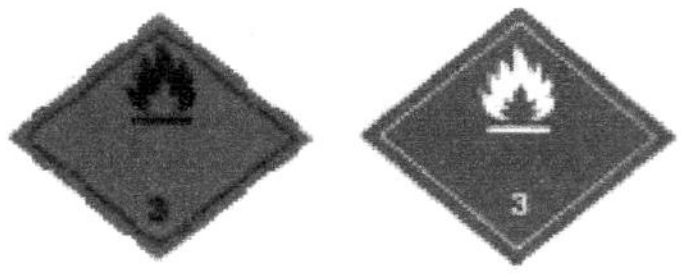	符号:黑色或白色 底色:红色
4	易燃固体	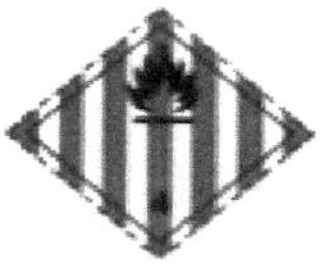	符号:黑色 底色:白色红条
	易于自燃的物质	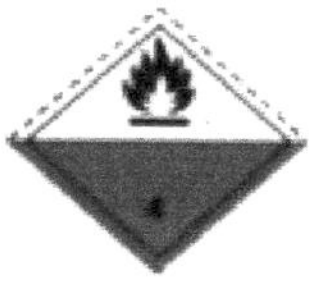	符号:黑色 底色:上白下红
	遇水放出易燃气体的物质	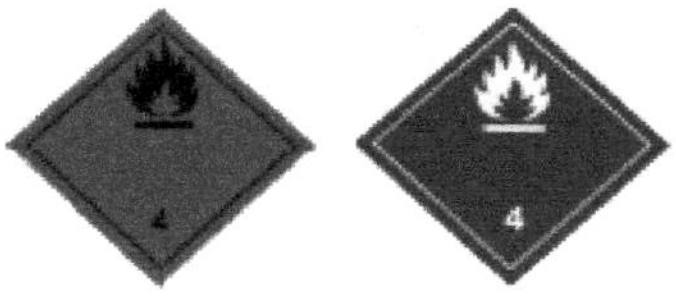	符号:黑色或白色 底色:蓝色
5	氧化性物质	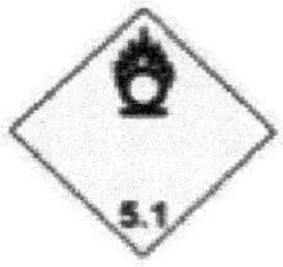	符号:黑色 底色:柠檬黄色
	有机过氧化物	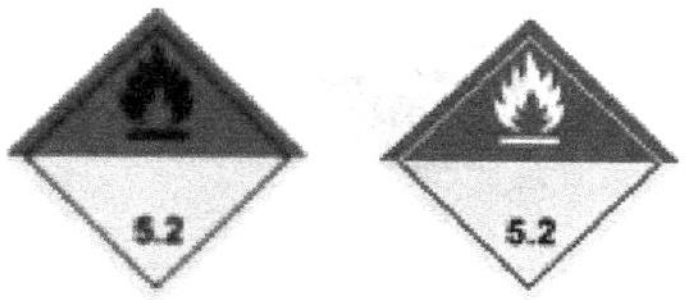	符号:黑色或白色 底色:红色和柠檬黄色
6	毒性物质	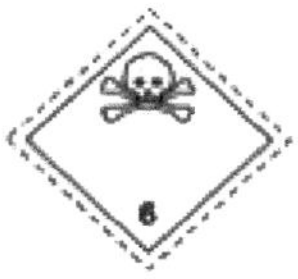	符号:黑色 底色:白色
	感染性物质	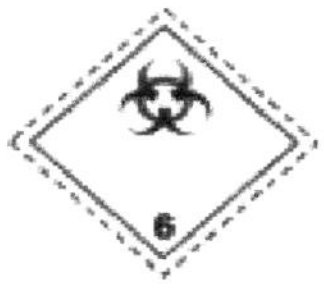	符号:黑色 底色:白色

续表

序号	标签名称	标签图形	标签说明
7	一级放射性物质	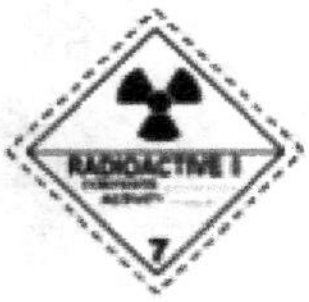	符号：黑色 底色：白色，附一条红竖条 黑色文字，在标签下半部分写上： “放射性” “内装物____” “放射性强度____” 在“放射性”字样之后应有一条红竖条
	二级放射性物质	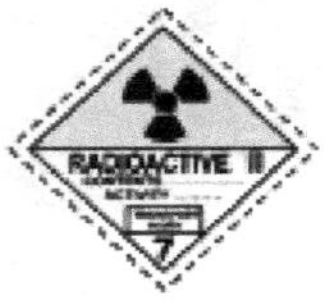	符号：黑色 底色：上黄下白，附两条红竖条 黑色文字，在标签下半部分写上： “放射性” “内装物____” “放射性强度____” 在一个黑边框格内写上“运输指数” 在“放射性”字样之后应有两条红竖条
	三级放射性物质	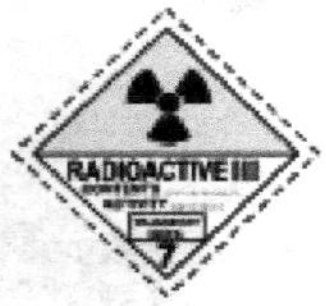	符号：黑色 底色：上黄下白，附三条红竖条 黑色文字，在标签下半部分写上： “放射性” “内装物____” “放射性强度____” 在一个黑边框格内写上：“运输指数” 在“放射性”字样之后应有三条红竖条
	裂变性物质	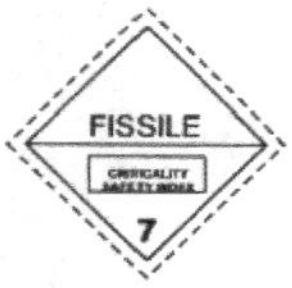	符号：黑色 底色：白色 黑色文字，在标签上半部分写上：“易裂变” 在标签下半部分的一个黑边框格内写上：“临界安全指数”
8	腐蚀性物质	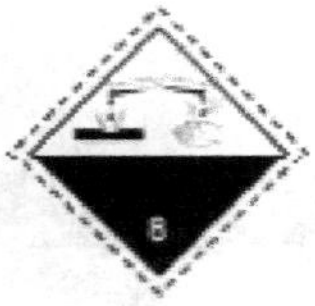	符号：黑色 底色：上白下黑
9	杂项危险物质和物品	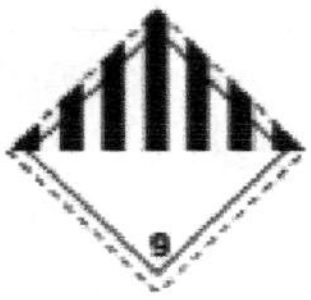	符号：黑色 底色：白色

（3）化学品安全说明书　化学品安全说明书（safety data sheet for chemical，SDS）也称为化学品安全信息卡，是化学品经销商按法律要求必须提供的化学品理化特性、毒性、环境危害以及对使用者健康可能产生危害的一份综合性文件，按照要求，每种化学品均应编制一份 SDS。一般 SDS 包括 16 个信息，详见表 1-6 所示。

表 1-6 SDS 的 16 个信息

序号	信息	说明
1	物质或混合物和供应商的标识	GHS 的产品标识; 其他标识手段; 化学品的使用建议和使用限制; 供应商的详细情况(包括名称、地址、电话号码等); 紧急电话号码
2	危险标识	物质/混合物的 GHS 分类和任何国家或地区信息; GHS 标签要素,包括防范说明(危险图形符号可以是黑白两色的符号图形或符号名称,如火焰、骷髅和交叉骨头); 不在分类范围内的其他危险(如尘爆危险)或 GHS 不涵盖的其他危险
3	成分构成/成分信息	**物质** 化学名称; 通用名称,同物异名等; 《化学文摘》社登记号码和其他特定标识符; 本身已经分类并影响物质分类的杂质和稳定添加剂。 **混合物** 在 GHS 含义范围内具有危险和存在量超过其临界水平的所有成分的化学名称和浓度或浓度范围; 注:对于成分信息,主管当局关于机密商业信息的规则优先于关于产品标识的规则
4	急救措施	注明必要的措施,按不同的接触途径细分,即吸入、皮肤和眼接触及摄入; 最重要的急性和延迟症状/效应; 必要时注明要立即就医及所需特殊治疗
5	消防措施	适当(和不适当)的灭火介质; 化学品产生的特殊危险(如任何危险燃烧品的性质); 消防人员的特殊保护设备和防范措施
6	事故排除措施	人身防范、保护设备和应急程序; 环境防范措施; 抑制和清洁的方法和材料
7	搬运和存储	安全搬运的防范措施; 安全存储的条件,包括任何不相容性
8	接触控制/人身保护	控制参数,如职业接触极限值或生物极限值; 适当的工程控制; 个人保护措施,如人身保护设备
9	物理和化学特性	外观(物理状态、颜色等); 气味; 气味阈值; pH 值; 熔点/凝固点; 初始沸点和沸腾范围; 闪点; 蒸发速率; 易燃性(固态、气态); 上下易燃极限或爆炸极限; 蒸气压力; 蒸气密度; 相对密度; 可溶性; 分配系数:正辛醇/水; 自动点火温度; 分解温度; 黏度

续表

序号	信息	说明
10	稳定性和反应性	化学稳定性； 危险反应的可能性； 避免的条件(如静电放电、冲击或振动)； 不相容材料； 危险的分解产品
11	毒理学信息	以简洁、完整和易于理解的方式说明各种毒理学(健康)效应和可用来确定这些效应的现有数据，其中包括： 关于可能的接触途径的信息(吸入、摄入、皮肤和眼接触)； 有关物理、化学和毒理学特点的症状； 延迟和即时效应以及长期和短期接触引起的慢性效应； 毒性的数值度量(如急性毒性估计值)
12	生态信息	生态毒性(水生和陆生，如果有)； 持久性和降解性； 生物积累潜力； 在土壤中的流动性； 其他不利效应
13	处置考虑	废物残留的说明和关于它们的安全搬运和处置方法的信息，包括任何污染包装的处置
14	运输信息	联合国编号； 联合国专有的装运名称； 运输危险种类； 包装类别，如果适用； 环境危险[海洋污染物(是/否)]； 散装运输(根据国际防止船舶造成污染公约 73/78 的附件 2 和散装化学品规则)； 在其生产场地内外进行运输或传送时，用户需要了解或需要遵守的特殊防范措施
15	监管信息	针对有关产品的安全、健康和环境条例
16	其他信息，包括关于安全数据单编制和修订的信息	

化学品 SDS 信息由化学试剂供应商提供，也可以上网查询，以下是两个公共网站：

http：//www. somsds. com/

http：//www. ichemistry. cn/cas/SDS

2. 化学反应过程危险性

原国家安全生产监督管理总局分两批编制的《重点监管危险化工工艺目录》和《重点监管危险化工工艺安全控制要求、重点监管参数及推荐的控制方案》列出了光气及光气化工艺、电解工艺、氯化工艺、硝化工艺、合成氨工艺、裂解工艺、氟化工艺、加氢工艺、重氮化工艺、氧化工艺、过氧化工艺、胺基化工艺、磺化工艺、聚合工艺、烷基化工艺、新型煤化工工艺、电石生产工艺、偶氮化工艺 18 类危险化工工艺。结合常见化学反应类型，主要反应过程存在危险性如下。

(1) 燃烧反应　这类反应一般是指固体、液体或气体燃料氧化产生热量。

燃烧炉点火时应特别注意物质的爆炸或燃烧极限。注意通过调节温度、氧化剂或燃料的加入量控制燃烧速率。多数情况下燃烧需要点火，但对于反应性极强的物质，可以自燃。

(2) 氧化反应　氧化为有电子转移的化学反应中失电子的过程，即氧化数升高的过程。氧化与燃烧的不同之处仅在反应受到控制，最终产物不一定是 CO_2 和 H_2O。

该反应危险特点表现在反应原料及产品具有燃爆危险性。反应气相组成容易达到爆炸极限，具有闪爆危险。部分氧化剂具有燃爆危险性，如氯酸钾、高锰酸钾、铬酸酐等都属于氧化剂，如遇高温或受撞击、摩擦以及与有机物、酸类接触，皆能引起火灾爆炸。产物中易生成过氧化物，化学稳定性差，受高温、摩擦或撞击作用易分解、燃烧或爆炸。

（3）中和反应　中和反应的危险主要来源于热量的释放。反应进行的速率越快，热量的释放过程也越集中，危险性就越大。降低反应物浓度、控制反应温度，都是行之有效的安全措施。

（4）电解反应　电流通过电解质溶液或熔融电解质时，在两个极上所引起的化学变化称为电解反应。不存在反应危险，存在高强度电流的危险，或危险化学品危险，如氯碱生产电解食盐水过程中产生的氢气是极易燃烧的气体，氯气是氧化性很强的剧毒气体，两种气体混合极易发生爆炸，当氯气中含氢量达到 5%以上，则随时可能在光照或受热情况下发生爆炸。或如果盐水中存在的铵盐超标，在适宜的条件（$pH<4.5$）下，铵盐和氯作用可生成氯化铵，浓氯化铵溶液与氯还可生成黄色油状的三氯化氮。三氯化氮是一种爆炸性物质，与许多有机物接触或加热至 90℃以上以及被撞击、摩擦等，即发生剧烈的分解而爆炸。

（5）硝化反应　指在有机化合物分子中引入硝基（$—NO_2$），取代氢原子而生成硝基化合物的反应。

这一类反应是放热反应，其危险特点表现在反应速率快，放热量大，容易引起局部过热导致危险。尤其在硝化反应开始阶段，停止搅拌或由于搅拌叶片脱落等造成搅拌失效是非常危险的，一旦搅拌再次开动，就会突然引发局部激烈反应，瞬间释放大量的热量，引起爆炸事故。反应物料具有燃爆危险性。硝化剂具有强腐蚀性、强氧化性，与油脂、有机化合物（尤其是不饱和有机化合物）接触能引起燃烧或爆炸。硝化产物、副产物具有爆炸危险性。

（6）还原反应　反应危险与氧化反应相同。

（7）氨化反应　多数反应是放热，但不强烈，其主要危险性主要来自氨气体的泄漏产生的中毒危害以及碱性腐蚀危险。

（8）氯化反应　氯化是化合物的分子中引入氯原子的反应。反应的危险特点是氯化反应是一个放热过程，尤其在较高温度下进行氯化，反应更为剧烈，速度快，放热量较大；所用的原料大多具有燃爆危险性；常用的氯化剂氯气本身为剧毒化学品，氧化性强，储存压力较高，一旦泄漏危险性较大；氯气中的杂质，如水、氢气、氧气、三氯化氮等，在使用中易发生危险，特别是三氯化氮积累后，容易引发爆炸危险；生成的氯化氢气体遇水后腐蚀性强；氯化反应尾气可能形成爆炸性混合物。

（9）氟化反应　氟化是化合物的分子中引入氟原子的反应。其反应危险性是反应物料具有燃爆危险性；氟化反应为强放热反应，不及时排除反应热量，易导致超温超压，引发反应设备爆炸事故；多数氟化剂具有强腐蚀性、剧毒，容易因泄漏、操作不当、误接触以及其他意外而造成危险。

（10）磺化反应　是在有机化合物分子中引入磺（酸）基（$—SO_3H$）的反应。主要危险性表现在常用的磺化剂都是氧化剂（如硫酸），遇易燃物质会引起着火；所用原料都是可燃物，而磺化剂是强氧化剂，具备了可燃物与氧化剂作用发生放热反应的燃烧条件。磺化反应是放热反应，且磺化试剂具有腐蚀性。

（11）加氢反应　加氢是在有机化合物分子中加入氢原子的反应。其危险特点是反应物料具有燃爆危险性，氢气的爆炸极限为 4%～75%，具有高燃爆危险特性；加氢为强烈的放热反应，氢气在高温高压下与钢材接触，钢材内的碳分子易与氢气发生反应生成碳氢化合物，使钢制设备强度降低，发生氢脆；催化剂再生和活化过程中易引发爆炸；加氢反应尾气中有未完全反应的氢气和其他杂质在排放时易引发着火或爆炸。

（12）聚合反应　聚合是一种或几种小分子化合物变成大分子化合物（也称高分子化合物或聚合物）的反应，反应危险表现在聚合反应使用的单体、溶剂、引发剂、催化剂等多为易燃、易爆化合物，且反应大多需在高压反应釜中进行，因而会有火灾或爆炸危险；反应速率很快，不易控制，随着聚合反应进行，产物分子量逐渐升高、黏度逐渐加大，易产生局部过热，聚合反应热不宜导出，一旦遇水、停电、搅拌故障时，已挂壁和堵塞，造成局部过热或反应釜飞温，发生爆炸。聚合反应中加入的引发剂都是化学活性很强的过氧化物或偶氮类化合物，一旦失控，造成爆聚，会导致反应体系压力骤增，引发爆炸。

3. 单元操作过程危险性

在化工实验中，大多数的单元操作因其自身的特点或操作条件的影响存在不安全因素，因此应当熟悉安全操作条件，才能做到风险防范。

（1）加热过程　实验室的加热应杜绝明火，常用的加热方法有热水、过热蒸汽、导热油、熔盐，以及载热体加热和电加热。采用水蒸气或热水加热时，应定期检查蒸汽夹套和管道耐压强度，并安装压力计和安全阀，水敏性物质不宜采用水蒸气或热水加热；采用导热油加热，油循环系统应严格密闭，防止热油泄漏；电加热的电炉丝与被加热设备的器壁之间应有良好的绝缘，以防短路引起电火花，将器壁击穿，绝缘层应防潮、防腐蚀、耐高温；导线的负荷能力应能满足加热器的要求；加热或烘干易燃物质，以及受热能挥发可燃气体或蒸气的物质，应采用封闭式电加热器；电加热器应设置单独回路，并安装适合的快速熔断器。

（2）干燥过程　干燥是利用热能使固体物料中的水分（或溶剂）除去的单元操作。干燥的热源有热空气、过热蒸汽、烟道气等，所用的介质有空气、烟道气、氮气或其他惰性气体。干燥过程的危险性来自于被干燥的物料。易燃易爆物料干燥时，采用真空干燥比较安全；加热放热分解并释放大量气体的物质，应采用真空干燥或使用惰性气体保护；溶剂中含有易燃液体，禁止明火加热并采用适当的防爆措施；在空气中加热发生放热氧化的物质，应限制加热温度。

（3）精馏过程　精馏过程涉及热源加热、液体沸腾、气液分离、冷却冷凝等过程，热平衡安全问题和相态变化安全问题是精馏过程安全的关键。

精馏操作的控制目标是在保证产品质量合格的前提下，使塔的回收率最高、能耗最低。在精馏操作中会有多方面原因影响它的正常进行：①塔的温度和压力；②进料状态；③进料量；④进料组成；⑤进料温度；⑥回流量；⑦塔釜加热量；⑧塔顶冷却水的温度和压力；⑨塔顶采出量；⑩塔釜采出量。

实验室精馏操作最重要的安全隐患有三个，其一，常压精馏塔顶冷却水忘记开通或中途断水，导致易燃有害的化学物质的蒸气从精馏塔顶逸出；其二，塔釜加热量过大，塔顶冷却量不够，导致常压精馏塔易燃有害的化学物质的蒸气从塔顶逸出，或导致加压精馏塔塔压骤升，引起塔体爆炸；其三，实验设备常用玻璃材质，不耐压且易碎，控制不当或操作不当，均会导致塔体崩裂，伤及人员。因此，从安全角度，在精馏操作过程中应关注物料和热量的平衡、操作条件与设备材质的匹配，严格规范的操作。

（4）吸收过程　气体吸收是利用气体混合物各组分在液体溶剂中溶解度的差异来分离气体混合物的单元操作，其逆过程是解吸。吸收操作的主要安全隐患包括三方面，其一，吸收尾气中的有毒物质没有设置合适的排放通道，聚集在实验室内；其二，有害吸收剂的蒸气裹挟在气体中在空气中扩散；其三，溶剂在高速流动过程中产生大量静电，导致静电火花的危险。因此，吸收过程安全运行必须做好预先的防范措施。

（5）萃取过程　溶剂的选择是萃取操作的关键，萃取剂的性质决定了萃取过程危险性大小和特点。萃取剂的选择性、物理性质（密度、界面张力、黏度）、化学性质（稳定性和抗氧化稳定性）、萃取剂回收的难易和萃取的安全问题（毒性、易燃性、易爆性）是选择萃取剂时需要特别考虑的问题。

（6）结晶过程　结晶是固体物质以晶体状态从蒸气、溶液或熔融物中析出的过程，是放热过程。结晶常见的安全隐患，一是来自外力，结晶过程常采用搅拌，当存在易燃液体蒸气和空气的爆炸性混合物时，摩擦易产生静电，引起火灾和爆炸，或搅拌不稳定引起反应结晶放热不稳定，物料爆沸伤人；二是来自内力，即放热的快速反应结晶控制不当引起飞温。

二、实验室常见安全事故及防范措施

1. 易发生的各类安全事故

（1）火灾性事故　火灾性事故的发生具有普遍性，几乎所有的实验室都可能发生。酿成这类事故的直接原因是：忘记关电源，致使设备或用电器具通电时间过长，温度过高，引起着火；供电线路老化、超负荷运行，导致线路发热，引起着火；对易燃易爆物品操作不慎或保管不当，使火源接触易燃物质，引起着火；违反实验室安全守则，实验室内吸烟，乱扔烟头，接触易燃物质，引起着火。

（2）爆炸性事故　爆炸性事故多发生在具有易燃易爆物品和压力容器的实验室，酿成这类事故的直接原因是：违反操作规程使用设备、压力容器（如高压气瓶）而导致爆炸；设备老化，存在故障或缺陷，造成易燃易爆物品泄漏，遇火花而引起爆炸；对易燃易爆物品处理不当，导致燃烧爆炸；该类物品（如三硝基甲苯、苦味酸、硝酸铵、叠氮化物等）受到高热摩擦、撞击、震动等外来因素的作用或与其他性能相抵触的物质接触，就会发生剧烈的化学反应，产生大量的气体和高热，引起爆炸；强氧化剂与性质有抵触的物质混存能发生分解，引起燃烧和爆炸；由火灾事故发生引起仪器设备、药品等的爆炸。

（3）中毒性事故　中毒性事故多发生在具有化学药品和剧毒物质的实验室和具有毒气排放的实验室。酿成这类事故的直接原因是：将食物带进有毒物的实验室，造成误食中毒；设备设施老化，存在故障或缺陷，造成有毒物质泄漏或有毒气体排放不出，酿成中毒；管理不善，操作不慎或违规操作，实验后有毒物质处理不当，造成有毒物品散落流失，引起人员中毒、环境污染；废水排放管路受阻或失修改道，造成有毒废水未经处理而流出，引起环境污染。

（4）机电伤人性事故　机电伤人性事故多发生在有高速旋转或冲击运动的实验室，或要带电作业的实验室和一些有高温产生的实验室。事故表现和直接原因是：操作不当或缺少防护，造成挤压、甩脱和碰撞伤人；违反操作规程或因设备设施老化而存在故障和缺陷，造成漏电触电和电弧火花伤人；使用不当造成高温气体、液体对人的伤害。

（5）设备损坏性事故　设备损坏性事故多发生在用电加热的实验室。事故表现和直接原因是：由于线路故障或雷击造成突然停电，致使被加热的介质不能按要求恢复原来状态造成设备损坏。

2. 常见实验室事故的处理方法

（1）火灾事故的预防和处理　在使用苯、乙醇、乙醚、丙酮等易挥发、易燃烧的有机溶剂时如操作不慎，易引起火灾事故。为了防止事故发生，必须随时注意以下几点。

操作和处理易燃、易爆溶剂时，应远离火源；对易爆炸固体的残渣，必须小心销毁（如用盐酸或硝酸分解金属炔化物）；不要把未熄灭的火柴梗乱丢；对于易发生自燃的物质（如加氢反应用的催化剂羰基镍）及沾有它们的滤纸，不能随意丢弃，以免造成新的火源，引起火灾。

实验前应仔细检查仪器装置是否正确、稳妥与严密；操作要求正确、严格；常压操作时，切勿造成系统密闭，否则可能会发生爆炸事故；对沸点低于80℃的液体，一般蒸馏时应采用水浴加热，不能直接用火加热；实验操作中，应防止有机物蒸气泄漏出来，更不要用敞口装置加热。若要进行除去溶剂的操作，则必须在通风橱里进行。

实验室里不允许贮放大量易燃物。实验中一旦发生了火灾切不可惊慌失措，应保持镇静。首先立即切断室内一切火源和电源，然后根据具体情况正确地进行抢救和灭火。

(2) 爆炸事故的预防与处理　容易爆炸的某些化合物，如有机化合物中的过氧化物、芳香族多硝基化合物和硝酸酯、干燥的重氮盐、叠氮化物、重金属的炔化物等，在使用和操作时应特别注意。含过氧化物的乙醚蒸馏时，有爆炸的危险，事先必须除去过氧化物。若有过氧化物，可加入硫酸亚铁的酸性溶液予以除去。芳香族多硝基化合物不宜在烘箱内干燥。乙醇和浓硝酸混合在一起，会引起极强烈的爆炸。

仪器装置不正确或操作错误，有时会引起爆炸。如果在常压下进行蒸馏或加热回流，仪器必须与大气相通。在蒸馏时要注意，不要将物料蒸干。在减压操作时，不能使用不耐外压的玻璃仪器（例如平底烧瓶和锥形烧瓶等）。

氢气、乙炔、环氧乙烷等气体与空气混合达到一定比例时，会生成爆炸性混合物，遇明火即会爆炸。因此，使用上述物质时必须严禁明火。对于放热量很大的合成反应，要小心地慢慢滴加物料，并注意冷却，同时要防止因滴液漏斗的活塞漏液而造成的事故。

(3) 中毒事故的预防与处理　实验中的许多试剂都是有毒的。有毒物质往往通过呼吸吸入、皮肤渗入、误食等方式导致人体中毒。

处理具有刺激性、恶臭和有毒的化学药品时，如 H_2S、NO_2、Cl_2、Br_2、CO、SO_2、SO_3、HCl、HF、浓硝酸、发烟硫酸、浓盐酸、乙酰氯等，必须在通风橱中进行。通风橱开启后，不要把头伸入橱内，并保持实验室通风良好。

实验中应避免手直接接触化学药品，尤其严禁手直接接触剧毒品。沾在皮肤上的有机物应当立即用大量清水和肥皂洗去，切莫用有机溶剂洗，否则只会增加化学药品渗入皮肤的速度。

溅落在桌面或地面的有机物应及时除去。如不慎损坏水银温度计，洒落在地上的水银应尽量收集起来，并用硫黄粉盖在洒落的地方。

实验中装有毒物质的器皿要贴标签注明，用后及时清洗，经常使用有毒物质实验的操作台及水槽要注明，实验后的有毒残渣必须按照实验室规定进行处理，不准乱丢。

操作有毒物质实验中若感觉咽喉灼痛、嘴唇脱色或发绀，胃部痉挛或恶心呕吐、心悸头晕等症状时，则可能系中毒所致。视中毒原因施以下述急救后，立即送医院治疗，不得延误。

固体或液体毒物中毒，当有毒物质尚在嘴里的立即吐掉，用大量水漱口。误食碱者，先饮大量水再喝些牛奶。误食酸者，先喝水，再服 $Mg(OH)_2$ 乳剂，最后饮些牛奶。不要用催吐药，也不要服用碳酸盐或碳酸氢盐。重金属盐中毒者，喝一杯含有几克 $MgSO_4$ 的水溶液，立即就医。不要服催吐药，以免引起危险或使病情复杂化。砷和汞化物中毒者，必须紧急就医。

吸入气体或蒸气中毒者，立即转移至室外，解开衣领和纽扣，呼吸新鲜空气。对休克者应施以人工呼吸，但不要用口对口法。立即送医院急救。

（4）实验室触电事故的预防与处理　实验中常使用电炉、电热套、电动搅拌机等，使用电器时，应防止人体与电器导电部分直接接触及石棉网金属丝与电炉电阻丝接触；不能用湿的手或手握湿的物体接触电插头；电热套内严禁滴入水等溶剂，以防止电器短路。

为了防止触电，装置和设备的金属外壳等应连接地线，实验后应先关仪器开关，再将连接电源的插头拔下。

检查电器设备是否漏电应该用试电笔，凡是漏电的仪器，一律不能使用。发生触电时急救方法：

① 关闭电源；

② 用干木棍使导线与触电者分开；

③ 使触电者和土地分离，急救时急救者必须做好防止触电的安全措施，手或脚必须绝缘。必要时进行人工呼吸并送医院救治。

三、个人防护计划

1. 预先了解实验室应急计划

（1）在进入实验室前必须要熟悉和遵守实验安全总则，进行实验室安全准入考试，如未在规定时间内参加准入考试或考试不及格，将禁止进入实验室；

（2）熟悉实验室内最近的火警报警地点、报警电话；

（3）掌握灭火器材的放置位置、类别、使用方法；

（4）了解安全设备的放置位置、使用方法，如安全淋浴、紧急洗眼器、紧急急救箱等安全设施，保持周围无阻挡物；

（5）熟悉逃生通道，并保持安全出口畅通。

2. 选择正确的个人防护用品

（1）进实验室必须穿戴好实验大褂，并扣好扣子，保持实验大褂清洁干净，如果沾染有害化学品，将其脱污或者丢弃；

（2）鞋子应当包根、包趾、防渗漏、遮盖脚面 3/4 面积；

（3）佩戴合适的安全眼镜或护目镜；

（4）根据操作需要选择合适的手套，如防烫、防低温、防刮伤、防化学品、防静电等，使用前检查是否存在空洞或撕裂；

（5）束起长发，不要穿过于肥大的衣物或戴首饰。

第二节　化工专业实验技术

一、化工物性数据测定技术

1. 密度的测定

密度是对在一定的压力和温度下，单位体积内的质量的度量，密度等于物体的质量除以体积，可以用符号 ρ 表示。

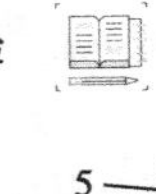

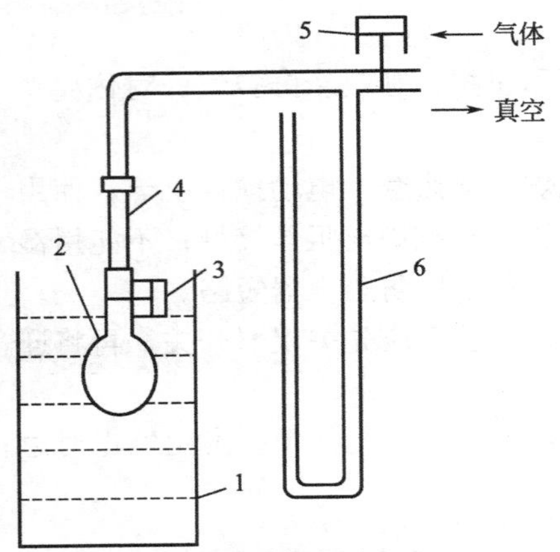

图 1-1 气体密度测定装置

1—恒温水浴；2—玻璃容器；3—旋塞；4—橡胶管；5—旋塞；6—U形水柱

(1) 气体密度的测定 气体密度的测定一般采用称量法，装置如图 1-1 所示。首先把玻璃瓶中充满水至旋塞处，用称重法计算出玻璃瓶的体积 V，然后在真空条件下测定容器的质量 m_0，之后将容器置于恒温水浴器中，通入待测气体，关闭旋塞，待温度和压力稳定后，记录温度和压力值，取出容器，称重，此时容器和气体的质量为 m，可由式 (1-1) 计算出密度。

$$\rho=\frac{m-m_0}{V} \tag{1-1}$$

(2) 液体和固体密度的测定

① 密度计法 密度计上有一 U 形管，并在一侧有容器，管上有刻度。当液体注入到某一刻度时，可读出相应的容积。一般可根据液体密度大小选用不同容积的密度计。密度计使用前需清洗干净，经干燥后方可使用。测定时先把空容器在恒温浴中恒温，待温度恒定后取出擦干，在天平上称重为 m_0，而后注入液体重复上述操作，在天平上称重为 m_1，两次称量之差 (m_1-m_0) 除以容积 V，可算出液体的密度。

② 比重瓶法 比重瓶法可以测定液体或者固体的密度。比重瓶上部带有罩帽和温度计，容积的精度较高，一般可以通过瓶塞中心孔的长短进行调整。充装液体时的多余液体会从孔中溢出。

测固体密度时，将干净的比重瓶注满液体（一般用蒸馏水），用带有毛细管的磨石玻璃塞子缓慢地将瓶口塞住，多余的液体从毛细管溢出，这样瓶内液体的体积是确定的，即比重瓶的容积。设比重瓶盛满水的质量为 $m_{水}$。待测固体在空气中的质量为 $m_{物}$，体积为 $V_{物}$，假设某种液体的体积与待测固体体积相同，如果（从比重瓶中溢出的）液体质量为 $m_{溢}$，在室温下密度为 $\rho_{溢}$，则 $V_{物}=\frac{m_{溢}}{\rho_{溢}}=\frac{m_{物}}{\rho_{物}}$，亦即

$$\rho_{物}=\frac{m_{物}}{m_{溢}}\rho_{溢} \tag{1-2a}$$

将质量为 $m_{物}$ 的待测固体投入盛满水的比重瓶中，溢出水的体积就等于固体的体积，均为 $V_{物}$，设此时比重瓶及瓶内剩余的水和待测固体总质量为 $m_{总}$，则 $m_{总}+m_{溢}=m_{水}+m_{物}$，即

$$m_{溢}=m_{水}+m_{物}-m_{总} \tag{1-2b}$$

将式 (1-2b) 代入式 (1-2a) 得

$$\rho_{物}=\frac{m_{物}}{m_{水}+m_{物}-m_{总}}\rho_{溢} \tag{1-2}$$

只要用天平称得 $m_{物}$、$m_{水}$ 和 $m_{总}$，查表获得 $\rho_{溢}$；就可以由式 (1-2) 求 $\rho_{物}$。

2. 黏度的测定

黏度系指流体对流动的阻抗能力，常以动力黏度、运动黏度或特性黏数表示。液体以 1cm/s 的速度流动时，在 $1cm^2$ 平面上所需剪应力的大小，称为动力黏度，以 Pa·s 为单位。在相同温度下，液体的动力黏度与其密度 (kg/m^3) 的比值，再乘以 10^{-6}，即得该液体的运动黏度，以 mm^2/s 为单位。聚合物稀溶液的相对黏度的对数值与其浓度的比值，称为特性黏数。

目前测定黏度的主要仪器有毛细管黏度计、旋转黏度计以及落体式黏度计。

(1) 毛细管黏度计 毛细管黏度计是实验室常用的仪器，测量原理是液体通过毛细管的流量与管半径的四次方和管出、入口压差成正比，而与管长和黏度成反比，可以利用式 (1-3) 计算：

$$Q=\frac{\pi pR^4}{8L\eta} \tag{1-3}$$

式中，R 为毛细管半径；p 为压强；L 为管长；η 为黏度；Q 为流体流量。

当确定仪器后，R、L、V 均为常数，流量 Q 等于单位时间的体积。所以式（1-3）可以改写为

$$\eta=Kpt=\frac{K_1 p}{K_2\left(\frac{1}{t}\right)} \tag{1-4}$$

式中 K——黏度计常数，$K=\frac{\pi R^4}{8LV}$；

t——流至刻度时的时间；

$K_1 p$——剪切应力，$K_1=\frac{R}{2L}$；

$K_2\left(\frac{1}{t}\right)$——剪切速率，$K_2=\frac{R}{2KL}$。

液体由大直径容器流入毛细管时流速增大，液体从管内流出时的动能减小，这样就要考虑动能变化对液体黏度的影响，必须对式（1-4）进行修正。

$$\eta=\frac{\pi R^4 gh\rho t}{8LV}-\frac{m\rho V}{8\pi Lt} \tag{1-5}$$

式中 m——比例常数；

ρ——液体密度；

$\frac{\pi R^4 gh}{8LV}$——黏度计常数。

实验室常用的毛细管黏度计种类很多，以奥氏黏度计［图 1-2（a）］、乌氏黏度计［图 1-2（b）］以及平氏黏度计［图 1-2（c）］最为常见。

（2）旋转黏度计 由于旋转黏度计具有测量快速，数据正确可靠，对于性质随时间而变化的材料的连续测量来说，可以在不同的切变速率下对同种材料进行测量等优点，因此旋转黏度计广泛应用于测量牛顿流体的绝对黏度、非牛顿流体的表观黏度及流变特性。

① 转筒黏度计 其结构见图 1-3 所示，是以一个微型同步电机为动力，带动转筒转动，在被测液体中旋转受到了黏滞阻力作用，产生反作用，迫使电机壳体旋转，继而扭转游丝，当游丝的扭矩与黏滞阻力达到平衡时，固定在电机壳体上的指针稳定在某一刻度上，刻度读数乘以特定系数 F（转筒因子），即表示黏滞系数的值。

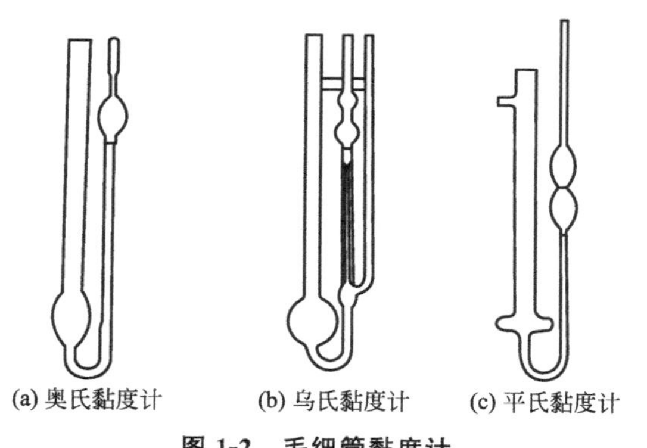

图 1-2 毛细管黏度计

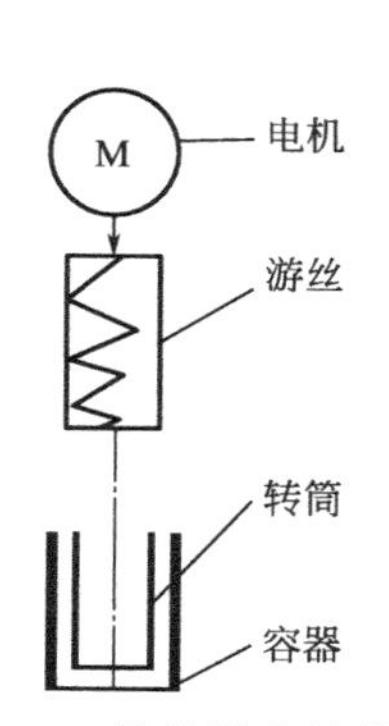

图 1-3 转筒黏度计结构

② 锥板黏度计　适用于非牛顿流体特性的测定。在锥板黏度计中，待测液注入锥体和平板之间，锥体和平板可同轴转动，测量作用在锥体或平板上的扭力矩或角速度以计算黏度。其工作原理如图 1-4 所示。黏度由式（1-6）求出。

$$\eta=\frac{3k\theta\varphi}{2\pi r^{3}\Omega}=\frac{3M\varphi}{2\pi r^{3}\Omega} \tag{1-6}$$

式中 φ——夹角；

k——钢丝弹簧常数；

θ——旋转角；

M——旋转矩，$M=k\theta$；

r——锥体半径；

Ω——角速度。

（3）落体式黏度计　最常用的落体式黏度计是用一个钢球在充满待测流体的管子中下落的速度来测定黏度。落体式黏度计的另一形式是落筒黏度计，它由两个立式同心圆筒组成，两圆筒之间灌满待测流体，外筒固定，内筒下落。落筒黏度计主要用以测量高黏度的流体。

3. 沸点的测定及估算

（1）沸点的测定　沸点一般指“常压沸点”（T_b），即纯物质在蒸气压为 101.325kPa 所对应的平衡温度，采用沸点仪进行测量。

图 1-5 是简单的沸点测量装置。将待测组分加入到三口烧瓶中，在大气压或某一恒定压力下缓慢加热溶液直至液体沸腾。上升的蒸气经冷凝管冷凝成液体滴入烧瓶中，当回流一段时间后，读取温度计显示值，即沸点。

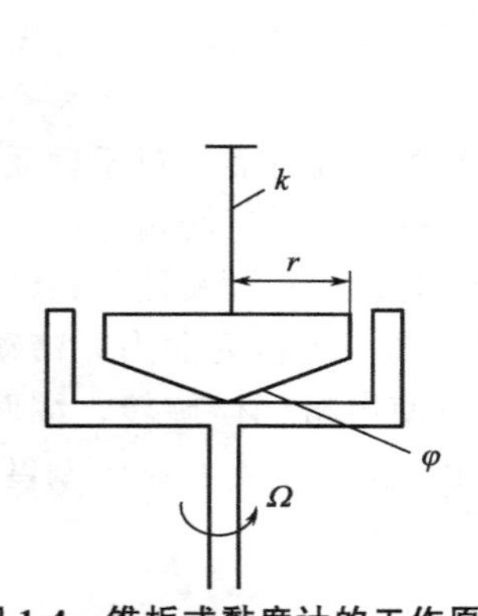

图 1-4　锥板式黏度计的工作原理

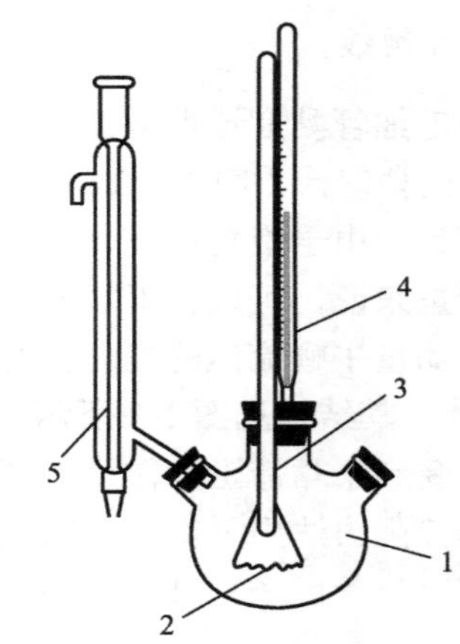

图 1-5　沸点仪

1—烧瓶；2—加热电阻丝；3—精密温度计；4—校正温度计；5—冷凝管

（2）沸点的估算　很多资料中都有常用物质的沸点数据，沸点是一重要数据，由于不同原因，在手册上有些物质的沸点没有数据，可采用估算的方法。常用的方法有分子量法、Watson 法、有机物估算法、Joback 法。

① 分子量法

物质的沸点与分子量有关。通常同系物中分子量越大，沸点越高。式（1-7）是烃类分子量与沸点的经验关系式：

$$\lg T_b=1.929\times(\lg M)^{0.4134} \tag{1-7}$$

式中，T_b 为沸点；M 为分子量。

② Watson 法

$$T_b=\frac{\theta}{V_b^{0.18}}\exp\left(\frac{2.77}{\theta}V_b^{0.18}-2.94\right) \tag{1-8}$$

式中，V_b 为在沸点温度 T_b 下饱和液体的摩尔体积，cm^3/mol；θ 值由下式计算

$$\theta=0.567+\sum\Delta T-(\Delta T)^2 \tag{1-9}$$

式中，$\sum\Delta T$ 值查表获得。

③ 有机物估算法

$$T_b=b[0.567+\sum\Delta T-(\sum\Delta T)^2]p_c^a \tag{1-10}$$

式中，a、b 值及 $\sum\Delta T$ 值查表获得；p_c 为临界压力。

④ Joback 法　该法的适用性比上述三种方法更广泛，所用估算式如下：

$$T_b=198+\sum\Delta b \tag{1-11}$$

式中，$\sum\Delta b$ 为各种基团贡献值之和，查表得到。有人用该法计算了 438 种有机物，该法的相对误差平均值为 5%以内。

4. 熔点的测定及估算

（1）熔点的测定　纯物质的凝固点和熔点是晶体与液体在本身蒸气下相平衡的温度，由液体冷却至晶体平衡温度是凝固点（T_r），由晶体加热至液体平衡温度是熔点（T_m）。

对于 T_m 高于室温的化合物，比较简单的测定方法是毛细管法和量热法。毛细管法最简单，它把固体物料装入一端封闭的毛细管中，然后封闭开口端，与温度计一起放入装有液体石蜡、浓硫酸或磷酸介质的恒温浴中，在加热介质的同时，目测固体熔化温度即为 T_m。对于熔点高的化合物 T_m 的测定，可以用差热分析法（differential thermal analysis，DTA），精度可达±0.01℃。

（2）熔点的估算　文献或手册中大量使用的 T_m 的数据大多是推荐型的，缺乏评估数据，也有好多数据查不到，因此可以采用估算的方法来得到熔点值。

① Lorenz 和 Herz 式

$$T_m(\mathrm{K})=0.5839T_b \tag{1-12}$$

② Benko 式

$$T_m(\mathrm{K})=1600d_b^2/(M/n) \tag{1-13}$$

式中，n 为分子中原子的个数；d_b 为相对密度。

③ Taft 和 Starekc 式

$$T_m(\mathrm{K})=T_c-T_b \tag{1-14}$$

式中，T_c 为临界温度。

④ Grain 和 Lyman 式

$$T_m=47.4\times(10\frac{4}{M^{0.5}})^{-1}+bd_b-28 \tag{1-15}$$

式中，b 对不同类化合物不同；对脂肪烃 b 为 0，对其他脂肪族化合物和含卤芳环或含杂环化合物（全氟化合物除外）$b=100$，其他芳环和杂环化合物 $b=175$。

⑤ Joback 法

$$T_m(\mathrm{K})=122+\Delta T_m \tag{1-16}$$

式中，ΔT_m 为基团贡献值。本法的平均绝对误差为 23K、平均相对误差为 11%。

⑥ C-G 法

$$T_{m}(K)=102.425\times\ln(\sum n_i\Delta T_{mi}+\sum n_j\Delta T_{mj}) \tag{1-17}$$

式中，n_i 为一级基团分子中原子个数；ΔT_{mi} 是一级基团贡献，若只考虑这一级，平均误差为 8.90%；n_j 为二级基团分子中原子个数；ΔT_{mj} 是二级基团贡献，若兼顾这一级，平均误差为 7.23%。

二、热力学数据测定技术

热力学作为化工的一门重要的基础学科，为化工过程的设计和计算提供必要的基础数据。随着计算机的发展，越来越多的化工过程或单元操作过程可以采用计算机模拟计算，这些计算都需要热力学基础数据。要提高设计的水平和精度也必须以完整准确的热力学数据为基础条件。而热力学数据的一个主要来源是通过实验测量获得。

1. 绝热型量热仪

量热仪，或称热量计、卡计，是一种用于热量测定的实验设备，可以用于测量化学反应、物理变化过程的热量变化，或测定材料的热容。实验测定热力学数据的量热仪有绝热型高温反应量热仪、绝热型低温热容测量量热仪、绝热型氧弹量热仪等。

（1）绝热型反应量热仪　在绝热型反应量热仪中，量热仪的绝热套在整个量热过程中，始终保持与量热体系的温度相同，以达到绝热的目的。绝热型反应量热仪一般由恒温套、量热系统和绝热自动控制系统组成。其中绝热套用于控制绝热型量热仪的环境温度。绝热套装有加热器和绝热自动控制用示差热电偶。而量热系统装有示差热电偶、测量温度变化的温度计及量热设施等。绝热自动控制系统中绝热套和量热体系的表面温度差异信号用示差热电偶检出，经过直流放大器进行放大，放大后的信号输入到控制器，调节绝热套中加热器的电流而实现绝热自动控制，保障绝热跟踪。

为了使绝热型反应量热仪具有很好的绝热性能，除要有绝热自动控制装置外，还必须充分注意量热仪各部件的导热性和热容量。要使用导热性好的材料制作绝热套和量热容器等，使绝热套与量热体系的温度都能迅速均匀分布。绝热套和量热体系的热容量要越小越好，以便对加热作用产生灵敏的效应。为了提高绝热效果，还可采用真空措施，特别是高温和低温绝热型量热仪多半是在真空条件下运行的。

应用绝热型量热仪在热量的原始数据测量、热量计算和当量标定等方面均与应用恒温型量热仪基本相同。绝热型量热仪与恒温型量热仪的不同之处，也是绝热型量热仪的优点，就是不需要对量热过程进行热损失的校正，而又能保障量热仪具有较高的准确度。

（2）绝热型氧弹量热仪　绝热型氧弹量热仪可用于测量固体或液体样品的热值，测量样品在一个密闭的容器（氧弹）中，充满氧气的环境里，燃烧所产生的热，测量的结果称为燃烧值、热值。绝热型氧弹量热仪的装置如图 1-6 所示。

该仪器由量热仪主机、氧弹、充氧仪、氧气减压器几部分组成。

① 量热仪主机　由外壳、内筒、外筒、搅拌器、温度传感器、热敏打印机和嵌入式液晶显示器组成，是整套仪器的核心部分。

② 氧弹　由氧弹头、氧弹盖、弹筒、点火电极、燃烧坩埚几部分组成，为试样提供过量氧气的密封燃烧环境。

③ 充氧仪　由充氧头、压力表、手柄、支架和高压输氧管几部分组成，它同氧弹配套使用，也可用于其他型号量热仪的气压自封式新型氧弹。

一般测定某物质的发热量在氧弹量热仪中进行，一定量的分析试样，在充有过量氧气的氧弹内燃烧，燃烧产生的热量由弹筒壁传导给一定量的内筒水和量热系统（包括内筒、氧弹、搅拌叶、测温探头）吸收，水的温升与试样燃烧释放的热量成正比。

热容量是量热系统每升高 1℃所吸收的热量，单位为 J/K，热容量通过在相似条件下燃烧一定量的基准量热物质苯甲酸来确定。发热量测定时，根据试样点燃前后量热系统产生的温升以及系统热容量，并对点火热等附加热进行校正后即可求得试样的弹筒发热量，单位为 J/g。从弹筒发热量中扣除硝酸形成热和硫酸校正热（硫酸与二氧化硫形成热之差）后即得高位发热量。

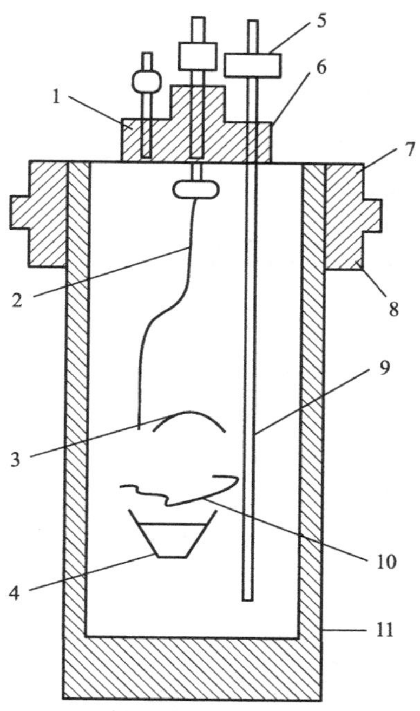

图 1-6 绝热型氧弹量热仪装置

1—放气孔；2—金属弯杆；3—燃烧挡板；4—坩埚；5—电极；6—进气孔；7—橡皮垫圈；8—弹盖；9—进气管；10—燃烧丝；11—弹体圆筒

2. 热力学数据测定

(1) 燃烧热的测定 燃烧热是指物质与氧气进行完全燃烧反应时放出的热量。它一般用单位物质的量、单位质量或单位体积的燃料燃烧时放出的能量计量。燃烧反应通常是烃类在氧气中燃烧生成二氧化碳、水并放热的反应。燃烧热可以用氧弹式量热仪测量，也可以直接查表获得反应物、产物的生成焓再相减求得。

由热力学第一定律可知，燃烧时体系状态发生变化，体系内能改变。若燃烧在恒容下进行，体系不对外做功，恒容燃烧热等于体系内能的改变，即

$$\Delta U = Q_V \tag{1-18}$$

将某定量的物质放在充氧的氧弹中，使其完全燃烧，放出的热量使体系的温度升高 (ΔT)，再根据体系的比定容热容 (c_V)，则可计算燃烧反应的热效应，即

$$Q_V = -c_V \Delta T \tag{1-19}$$

式中，负号是指体系放出热量，放热时体系的内能降低，而 c_V 和 ΔT 均为正值，故加负号表示。

一般燃烧热是指恒压燃烧热 Q_p，Q_p 值可由 Q_V 值算得。

$$Q_p = \Delta H_m = \Delta U + p\Delta V = Q_V + p\Delta V \tag{1-20}$$

对理想气体

$$Q_p = Q_V + \Delta nRT \tag{1-21}$$

这样，由反应前后气态物质物质的量的变化 Δn，就可算出恒压燃烧热 Q_p。

(2) 反应热的测定 反应热是指当一个化学反应在恒压以及不做非膨胀功的情况下发生后，若使生成物的温度回到反应物的起始温度，这时体系所放出或吸收的热量称为反应热。也就是说，反应热通常是指：体系在等温、等压过程中发生化学变化时所放出或吸收的热量。化学反应热是重要的热力学数据，它是通过实验测定的，所用的主要仪器称为“量热仪”。

可采用热导式自动量热仪测定化学反应的焓变。当量热仪处于热平衡状态时，量热仪内的量热元件无温差、电势输出，记录仪的记录笔走出一条平行于时间轴的基线。如果量热仪

的量热容器里有化学反应发生，必然伴随放热或吸热的过程，这时量热容器与量热仪本体之间就会产生温差。这个温差被量热元件检测，以微伏级的电势输给记录仪。于是，记录笔就开始偏离基线，逐渐记录出一个放热峰或吸热峰，最后又回复到基线。这里峰面积与化学反应放出（或吸收）的热量成正比。如果能够标定与单位峰面积相当的热量数值，就不难求出化学反应的热效应。

三、化学反应实验技术

1. 微波合成技术

在微波的条件下，利用其快速加热、均质与选择性等优点，应用于现代有机合成研究中的技术，称为微波合成技术。

由于微波能够深入物质的内部，而不是依靠物质本身的热传导，因此微波合成加热速度非常快，一般只需要常规方法十分之一到百分之一的时间就可完成整个加热过程。而且微波合成技术热能利用率较高，能节省能源，所以微波合成技术应用广泛。

（1）微波加热原理　直流电源提供微波发生器的磁控管所需的直流功率，微波发生器产生交变电场，该电场作用在处于微波场的物体上，由于电荷分布不平衡的小分子迅速吸收电磁波而使极性分子产生 25 亿次/s 以上的转动和碰撞，从而极性分子随外电场变化而摆动并产生热效应。又因为分子本身的热运动和相邻分子之间的相互作用，使分子随电场变化而摆动的规则受到了阻碍，这样就产生了类似于摩擦的效应，一部分能量转化为分子热能，造成分子运动的加剧，分子的高速旋转和振动使分子处于亚稳态，这有利于分子进一步电离或处于反应的准备状态，因此被加热物质的温度在很短的时间内得以迅速升高。

（2）微波合成反应装置　用于化学反应的微波装置一般可以分为两种，即微波炉装置和反应容器。

① 微波炉装置　目前，绝大部分利用微波技术进行的化学反应都是在家用微波炉内完成的。这种微波装置价格便宜，体积小，适用于各种实验室应用。不经改造的微波炉，很难进行回流反应。在家用微波炉中进行反应，只能采取封闭和敞口两种方法，对于一些易挥发和易燃烧的物质，敞口反应不太安全，所以一般实验室使用前均需经过改造，以便可以进行回流操作。即在微波炉的侧面或者顶部打孔，插入玻璃管同反应器连接，在反应器上安装冷凝管，用以冷却。为了防止微波泄漏，在炉外打孔处需连接金属管加以保护。

随着微波技术的不断成熟和改进，一种新型的微波连续技术反应装置应运而生，该系统是 1994 年 Cablenski 等研制成功的，总体积约为 50mL，盘管长约 3m，加工功率约 1L/h，能够在 200℃和 1400kPa 时运转良好。该装置适用于加工一定量的原料及用于优化反应，但其并不适用于固体和高黏度的液体。

② 反应容器　一般而言，对微波无吸收、微波可以穿透的材料都可以制造成反应容器，如玻璃、聚四氟乙烯、聚苯乙烯等。由于微波对物质的加热速率较快，在密闭体系内进行的反应容易发生爆裂现象，因此，制成的微波反应器需要能够承受特定的压力。对于非密闭系统，对容器的要求不是很严格。

（3）微波合成应用　微波加热具有快速、均质与高选择性的特点，已被广泛应用于各种材料的合成、加工中。通过设计特殊的微波吸收材料与微波场的分布，可以达成特定区域的材料加工效果，如粉体表面改性、高致密性成膜、异质材料间的结合等。微波对化学反应过程的催化效果，可以使反应物有更高的反应速率，产物在微波作用下有更好的结晶性。微波的高穿透性与特定材料作用性，使原不易制作的材料，如良好结晶与分散性的纳米粉体粒子可经由材料合成设计与微波场作用来获得，微波能量的作用提供了纳米材料新结构的合成方法。

采用微波辐射在溶液中制得表面包覆改性的纳米粉体，具有高结晶性与分散性的优点，且产物的产率很高。在薄膜制备领域，在有机基板上制成厚数微米的膜层，在微波能量作用下，膜层具有高度致密性，特性与直接使用粉体烧结的块材相当，对有机基板上制作高介电性、压电性、磁性、导电性膜，微波的纳米粉体成膜技术提供了新的方法。

微波在材料处理领域也应用广泛，微波场的高穿透性提供了材料均质加热的可行性，具有对特定区域瞬间加温的作用，增加材料热处理的自由度，瞬间高温作用同时提供传统加温无法制作的材料特性，使微波场在材料改性与加工技术领域产生新的应用。材料的纳米化会使材料具有很多特殊的功能，微波的引入为材料特殊功能的实现提供了一种新的思路。虽然材料在纳米尺度的微波场行为仍待研究，但微波场作用的强化效果，为纳米材料的合成提供了新的技术。

2. 电化学合成技术

有机电化学合成（organic electrochemical synthesis），又称有机电解合成，简称有机电合成，是用电化学的方法进行有机合成的技术，通过有机分子或催化媒质在“电极/溶液”界面上的电荷传递、电能与化学能相互转化实现旧键断裂和新键形成。

（1）电化学合成技术的原理　与一般有机合成相比，有机电化学合成反应是通过在电极上得失电子实现的，一般无需加入氧化剂或还原剂，通过调节电势、电流密度控制反应。电化学合成技术反应步骤简单，基本没有副产物，“三废”产生少，对环境友好，被称为21世纪生产“绿色产品”的高新技术。

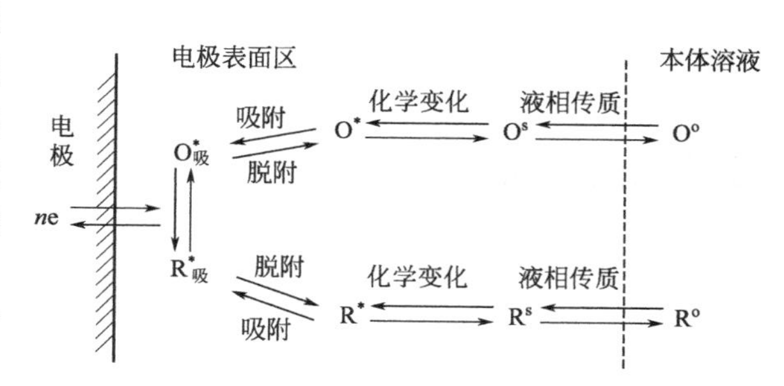

图 1-7　有机电化学合成原理图

有机电化学合成与其他电极反应的原理一致，详见图 1-7。

电化学反应中，两个分子并不彼此接触，而是通过电解池的外部回流交换电子。可通过调节加在电极上的电压改变反应活化能。

在电解池的阴阳两极可发生不同种类的反应：

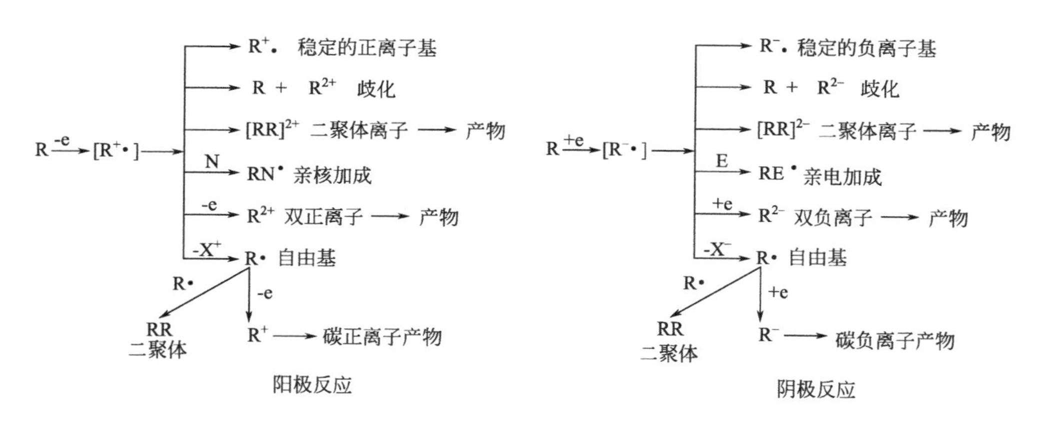

（2）电化学合成装置　电化学合成实验的装置非常简单，将一对电极放在含导电溶液的烧杯中，接上直流电源即可。两电极间的距离保持在 1～5mm 之间以减小电阻并达到所要求的电流密度。另外常常要使用搅拌器、温度计、冷却夹套、电压表和电流表等，甚至通入惰性气体。电极和盛放电解液的容器构成电解池，工业上称为电解槽。

实验室研究一般选用 20A/20V 的电源就足够了，工业电解过程通常采用高电压、大电流的直流整流器作为电源。电解方式主要有恒电位电解和恒电流电解两种。恒电位电解是利用恒电位仪使工作电极电势恒定的一种电解方式；恒电流电解则是通过采用恒电流仪来实现的，对于恒电位电解，由于电位恒定，电解反应选择性高，产物纯度好，且易于分离。因此实验室研究大多采用恒电位电解方式。但恒电位电解过程中，要达到较高产率需要很长时间，恒电位仪价格也较高，因此工业上常采用恒电流电解方式。

电解槽又称为电解池或电化学反应器。电解槽分为一室电解槽（见图 1-8）和两室电解槽（见图 1-9），两室电解槽也称为隔膜式电解池，主要是对于某些反应，为了防止产物从一个电极扩散到另一个电极而被消耗掉而采用的。实验室中常用的两室电解槽如图 1-9 所示，其中图 1-9（a）所示为 H 形玻璃电解池，常用砂芯玻璃隔膜；图 1-9（b）所示为用管状隔膜套住的棒状电极，隔膜外有圆筒状的另一极；图 1-9（c）所示的电解池由内外杯构成，内杯为砂芯玻璃或素瓷玻璃，外杯的底部常用可导电的汞作为电极；图 1-9（d）所示为长方形电解池，中间有隔膜（如离子交换树脂膜）分离。

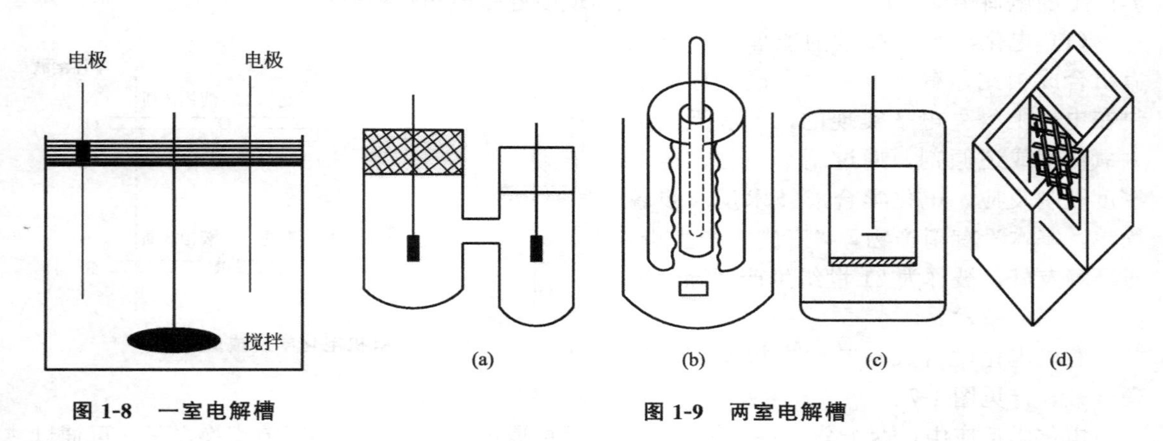

图 1-8　一室电解槽

图 1-9　两室电解槽

一般来说，在实验室中进行电极反应时，电极氧化反应多数采用一室电解槽，电极还原反应多采用双槽式反应器，工业生产则一般采用一室电解槽。

3. 催化反应技术

工业反应过程中催化反应过程应用广泛。催化剂对提高反应速率、选择性和收率，强化生产，降低成本，提高化工生产的经济效益具有显著作用，是化学反应过程最重要的强化措施之一。工业催化剂就是具有工业生产意义能用于实际操作条件下大规模生产的催化剂。一个好的催化剂至少应具备三个方面的基本要求，即优良的活性、选择性和稳定性。此外还必须具有较宽温度范围的耐热性、抗毒性、足够的机械强度和寿命，并且希望原料价格便宜、制备技术简单、重现性好以及无毒害产生等。

催化剂的性质除了取决于组成催化剂的组分、含量等外，与催化剂的制备方法、工艺条件密切相关。同一种原料，相同的催化剂组成和含量，但制备方法不同时，其性能和效率可有很大差异。

（1）沉淀法　沉淀法是借助沉淀反应，用沉淀剂（如碱类物质）将可溶性的催化剂组分（金属盐类的水溶液）转化为难溶化合物，再经过分离、洗涤、干燥、焙烧、成型等工序制得成品催化剂。沉淀法是制备固体催化剂最常用的方法之一，广泛用于制备高含量的非贵金属、金属氧化物、金属盐催化剂或催化剂载体。

① 沉淀剂的选择　在选择沉淀剂时，沉淀剂必须无毒，不造成环境污染。选择的沉淀剂应尽可能不带入其他不溶物质和杂质，沉淀剂应具有较大的溶解度，而沉淀物的溶解度要小，形成的沉淀物必须便于过滤和洗涤。

目前生产中采用的沉淀剂有：碱类（NH_4OH、NaOH、KOH）、碳酸盐［$(NH_4)_2CO_3$、Na_2CO_3］、CO_2、有机酸（乙酸、草酸）等。其中最常用的是 NH_4OH 和 $(NH_4)_2CO_3$，因为铵盐在洗涤和热处理时容易除去，一般不会遗留在催化剂中，为制备高纯度的催化剂创造了条件。

② 沉淀法的影响因素　催化剂的孔结构与催化剂的催化性能密切相关，而催化剂的孔结构主要由结晶沉淀过程决定。影响结晶沉淀操作的因素很多。

a. 溶液饱和度的影响　只有当溶液过饱和时，才有固体沉淀生成。结晶沉淀包括晶核生成、晶体生长两个过程。过饱和度影响这两个过程的速率，从而影响最终生成的晶粒大小。

b. 温度影响　溶液的过饱和度对晶核的生成及长大有直接的影响，而溶液的过饱和度又与温度有密切的关系。当溶液中的溶质数量一定时，升高温度过饱和度降低，使晶核生成速率减小，降低温度溶液的过饱和度增大，因而使晶核生成速率增大。

c. 溶液 pH 值的影响　沉淀法常用碱性物质做沉淀剂，当然沉淀物的生成过程必然受到溶液 pH 值的影响。通常提高溶液 pH 值，能使沉淀更加完全。但也有少数两性化合物，当 pH 值过高时重新溶解。另外在不同 pH 值时，可能生成不同结构的氢氧化物或碳酸盐。在多组分共沉淀时选择合适的 pH 值尤为重要。

d. 加料顺序的影响　加料顺序不同对沉淀物的性能也会有很大的影响。加料方式（金属盐溶液加入沉淀剂或沉淀剂加入金属盐溶液）和加料速率将影响和改变局部浓度分布。因此加料方式和加料速度对沉淀结果的影响与溶液过饱和度的影响相类似。

③ 均匀沉淀法与共沉淀法　均匀沉淀法不是把沉淀剂直接加入到待沉淀溶液中，也不是加入沉淀剂后立即产生沉淀，而是首先将待沉淀溶液与沉淀母体充分混合，从而使金属离子产生均匀沉淀。

共沉淀法是将含有两种以上金属离子的混合液与一种沉淀剂作用，同时形成含有几种金属组分的沉淀物。利用共沉淀法可以制备多组分的催化剂，这是工业生产中最常见的方法之一。

（2）浸渍法　浸渍法是将载体浸泡在含有活性组分（主、助催化剂组分）的可溶性化合物溶液中，接触一定的时间后除去过剩的溶液，再经过干燥、焙烧和活化，即可制得催化剂。

① 载体的选择　载体需根据工业反应的要求和活性组分与载体、反应物和产物等物理化学性质而正确选择。通常可以归纳为满足以下几个要求。

a. 机械强度好。能经受反应过程中温度、压力、相变等变化的影响，催化剂颗粒不会破裂或粉碎。

b. 具有适用于反应过程的形状、大小，具有足够的比表面积、合适的孔结构和吸水率，以便于负载活性组分。

c. 耐热性好。能在较宽温度范围内适用，以免操作温度波动时，烧坏催化剂，并具有合适的热导率、比热容及表面酸性。

d. 不与浸渍液发生化学反应，不会使催化剂中毒和导致副反应增加的物质。

e. 原料易得，制备方便，不造成环境污染。

f. 常用的载体有硅胶、氧化铝、分子筛、活性炭、硅藻土、碳纤维、碳酸钙等。

② 浸渍液的选择　用浸渍方法制备金属或金属氧化物催化剂时，浸渍液通常是含所需活性物质的金属易溶盐的水溶液。所用的活性组分化合物应该是易溶于水或其他溶剂的，且在焙烧时能分解成所需的活性组分，或能在还原后变成金属活性组分，同时还必须使用无用组分，特别是对催化剂有毒的物质在热分解或还原过程中挥发除去。因此，通常用硝酸盐、铵盐和有机酸盐，一般以去离子水为溶剂，但当载体能溶于水或活性组分不溶于水时，则可用醇或烃作为溶剂。

③ 浸渍操作方式

a. 浸没法　在槽式容器中将载体浸泡在过量的浸渍液里，经过一段时间后，取出浸泡过的载体，滤去浸渍液，经干燥和煅烧，即可获得催化剂产品。

b. 喷洒法　将载体放置在转鼓中，然后将浸渍液不断喷洒在连续翻动着的载体上。用此方法所加入的浸渍液全部负载在载体上，没有过剩的浸渍液。这种方法的关键是确定合适的浸渍液量和保证载体翻动均匀。

（3）混合法　混合法是工业上制备多组分固体催化剂时常采用的方法。它是将几种组分用机械混合的方法制成多组分催化剂。混合的目的是促进物料间的均匀分布，提高分散度。因此，在制备时应尽可能使组分混合均匀。尽管如此，这种单纯的机械混合，组分间的分散度不及其他方法。为了提高机械强度，在混合过程中一般要加入一定量的黏结剂。

混合法又分为干混法和湿混法两种。干混法操作步骤最为简单，只要把制备催化剂的活性组分、助催化剂、载体或黏结剂、润滑剂、造孔剂等放入混合器内进行机械混合，然后送往成型工序，制成球状或柱状、环状的催化剂，再经过热处理后即为成品。

湿混法的制备工艺要复杂一些，活性组分往往以沉淀得到的盐类或氢氧化物形式，与干的助催化剂或载体、黏结剂进行湿式混合，然后成型，经干燥、焙烧、过筛、包装，即为成品。

（4）离子交换法　离子交换法是利用载体表面上存在可进行交换的离子，将活性组分通过离子交换（通常是阳离子交换）交换到载体上，然后再经过适当的后处理，如洗涤、干燥、焙烧、还原，最后得到金属负载型催化剂。离子交换反应在载体表面的交换基团和具有催化性能的离子之间进行，遵循化学计量关系，一般是可逆的过程。该法制备的催化剂分散度好、活性高，尤其适用于制备低含量、高利用率的贵金属催化剂。均相络合催化剂的固相化和沸石分子筛、离子交换树脂的改性过程也采用这种方法。

（5）熔融法　熔融法是在高温条件下进行催化剂组分的熔合，使其成为均匀的混合体、合金固溶体或氧化物固溶体。在熔融温度下金属、金属氧化物均呈流体状态，有利于混合均匀，促使助催化剂组分在主活性相上的分布，无论在晶相内或晶相间都达到高度分散，并以混晶或固溶体形态出现。

熔融法制造工艺是高温下的过程，因此温度是关键性的控制因素。熔融温度的高低，视金属或金属氧化物的种类和组分而定。熔融法制备的催化剂活性好、机械强度高且生产能力大。局限性是通用性不大，主要用于制备氨合成的熔铁催化剂、F-T 合成催化剂、甲醇氧化的 Zn-Ga-Al 合金催化剂及 Raney 型骨架催化剂的前驱物等。

四、分离和提纯技术

1. 精馏

（1）精馏原理 精馏通常在精馏塔中进行，气液两相通过逆流接触，进行相际传热传质。液相中的易挥发组分进入气相，气相中的难挥发组分转入液相，于是在塔顶可得到几乎纯的易挥发组分，塔底可得到几乎纯的难挥发组分。料液从塔的中部加入，进料口以上的塔段，把上升蒸气中易挥发组分进一步增浓，称为精馏段；进料口以下的塔段，从下降液体中提取易挥发组分，称为提馏段。从塔顶引出的蒸气经冷凝，一部分凝液作为回流液从塔顶返回精馏塔，其余馏出液即为塔顶产品。塔底引出的液体经再沸器部分汽化，蒸气沿塔上升，余下的液体作为塔底产品。塔顶回流入塔的液体量与塔顶产品量之比称为回流比，其大小会影响精馏操作的分离效果和能耗。

（2）基本装置 精馏在精馏装置中进行，它由精馏塔、冷凝器和再沸器等构成，图 1-10 表明了板式塔中气液两相物流。精馏塔是精馏装置的核心，板式塔中的塔板是气液两相发生接触传质的场所，填料中气液两相的接触传质则发生在润湿的填料表面，从而造成气相中易挥发组分含量沿塔上升过程中逐步增大，而液相中易挥发组分含量在沿塔下降过程中逐步减小。

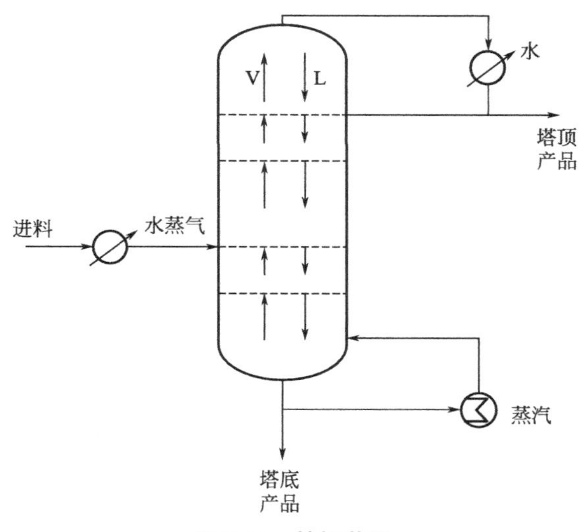

图 1-10 精馏装置

（3）操作步骤

① 原料液经预热后，送入精馏塔内。

② 在进料板上与自塔上部下降的回流液体汇合后，逐板溢流，最后流入塔底再沸器中。

③ 在每层板上，回流液体与上升蒸气接触，进行热和质的传递过程。

④ 操作时，连续地从再沸器取出部分液体作为塔底产品（釜残液），部分液体汽化，产生上升蒸气，依次通过各层塔板。

⑤ 塔顶蒸气进入冷凝器中被全部冷凝，并将部分冷凝液借助重力作用（也可用泵）送回塔顶作为回流液体，其余部分经冷却器后被送出作为塔顶产品（馏出液）。

2. 吸收

（1）吸收原理 气体混合物与选用适当的液体相接触，混合物中某些能溶解的组分便进入液相形成溶液，不能溶解的组分仍然留在气相，这样气体混合物就分离成两部分。这种利用溶解度的差异来分离气体混合物的操作称为吸收。吸收操作中所用的液体称为溶剂（吸收剂），以 S 表示；混合气体中能溶解的部分称为溶质（或吸收质），以 A 表示，不能溶解的组分称为惰性组分（或载体），以 B 表示；吸收操作所得的溶液称为吸收液，排出的气体称为吸收尾气，吸收过程在吸收塔中进行。

（2）基本装置 气体吸收过程一般分为吸收和解吸，如图 1-11 所示。在气体吸收中，很多有价值的工业操作都涉及溶解的气体与液相之间的化学反应。它将促使单位体积液体所能溶解的气体量大大增加，又可降低液面上的气相平衡分压，加快液相内的反应速率，从而提高了传质系数。如果反应是可逆的，则吸收了气体的溶液（富液）还可以由加热所产生的蒸气或惰性气体提馏带走所释放出来的气体，进行溶液的再生，然后重新进入吸收器中。

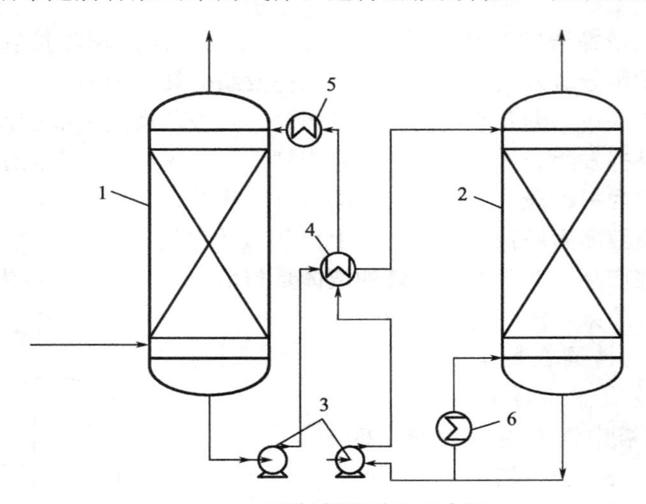

图 1-11 吸收-解吸过程示意图

1—吸收塔；2—再生塔；3—泵；4—换热器；5—水冷器；6—再沸器

(3) 吸收的工业流程

无论物理吸收还是化学吸收，在化学和相关的工业部门应用极为广泛。作为重要的分离过程之一，常有下列用途。

① 获得产品　采用吸收剂将气体中有效组分吸收下来得到成品，吸收剂不再去解吸。例如，硫酸吸收 SO_3 制硫酸，水吸收 HCl 制盐酸，水吸收甲醛制福尔马林溶液以及氨水吸收 CO_2 制碳酸氢铵等。

② 气体混合物的分离　吸收剂选择性地吸收气体中某一组分借此达到分离的目的。例如从焦炉气或城市煤气中分离苯，从裂化气或天然气的高温裂解气中分离乙炔，从乙醇催化裂解气中分离丁二烯等。

③ 气体净化　气体净化大致可分为两类：一类为原料气的净化，其主要目的是清除杂质，它们会使催化剂中毒或会产生副反应，例如合成氨原料气中的脱 CO_2、脱 CO 和脱 H_2S，石油气和焦炉气的脱 H_2S 以及硫酸原料气的干燥脱水等。另一类是尾气、废气的净化以保护环境，例如燃煤锅炉烟气、冶炼废气等脱除 SO_2，硝酸尾气脱除 NO_x，磷肥生产中除去气态氟化物以及液氯生产时弛放气中脱除氯气等。

上述所说脱除的物质诸如 CO_2、H_2S、SO_2 等，回收后一般都是有用的化工原料，吸收剂一次弃去也不经济，所以这类吸收常伴有解吸过程。这样，既保证吸收液的循环使用又能回收有价值的产品，变废为宝。

3. 萃取

(1) 基本原理　液液萃取（liquid-liquid extraction）也称为溶剂萃取（solvent extraction），简称萃取。液液萃取是利用溶质在互不相溶的溶剂中的溶解度差异，而实现溶质的提纯与分离。对于由溶质 A 与溶剂 B 组成的溶液，利用萃取剂 C 进行萃取。当萃取剂加入到溶液中时，搅拌使溶液和萃取剂充分接触，此时溶质 A 会部分进入萃取剂 C 中，达到溶解平衡。

溶质在两种溶剂之间的分配比例满足能斯特分配定律，即：$K=\frac{\text{溶质 A 在溶剂 B 中的浓度}}{\text{溶质 A 在溶剂 C 中的浓度}}$

K 是一个常数，称为“分配系数”。达到分配平衡后，将两溶剂分开，然后在溶剂 B 中再加入纯溶剂 C，于是残存在 B 中的溶质又会在溶剂 B 与 C 之间进行分配，这样经过若干次萃取，就可以将绝大部分溶质从溶剂 B 中转移到溶剂 C 中。利用分配定律，可以计算出经过多次萃取后溶质的剩余量及萃取效率。

$$m_n=m_0\left(\frac{KV}{KV+S}\right)^n \tag{1-22}$$

$$\text{萃取效率}=\frac{m_0-m_n}{m_0} \tag{1-23}$$

式中 m_0——萃取前溶质的总质量；

m_n——萃取 n 次溶质的总质量；

S——萃取剂的体积；

n——萃取次数；

V——原溶液的体积。

由式（1-22）可知，当萃取次数足够多时，溶剂 B 中溶解的溶质 m_n 可以被忽略。在使用相同体积的溶剂进行萃取的条件下，多次萃取的效果优于单次萃取的效果，因此在萃取中始终坚持少量多次的原则。当分配系数比较大的时候，萃取次数取 3～5 次。

（2）基本操作 常用的液液萃取操作包括：用有机溶剂从水溶液中萃取有机反应产物；用水从混合物中萃取酸、碱催化剂或者无机盐类；用稀碱或无机酸萃取有机溶液中的有机酸和有机碱。在青海盐湖化工中，经常用有机溶剂从盐湖卤水中萃取无机盐。

萃取时首先应注意萃取剂的选择。选择萃取剂的依据是：

① 萃取剂对提取物的选择性要大，而对杂质的溶解度要小，与被提取液的互溶度要小；

② 萃取剂要有适宜的相对密度和沸点，性质稳定，毒性小；

③ 对于难溶于水的物质首选石油醚；

④ 对于比较容易溶于水的物质选用乙醚或者苯；

⑤ 对于极易溶于水的物质则可以选用乙酸乙酯。

萃取操作主要在分液漏斗中完成，具体操作步骤如下。

① 检查分液漏斗的盖子和旋塞是否严密，以防出现漏液的现象。

② 将液体与萃取剂自分液漏斗上口倒入，盖好盖子，振荡漏斗，使两液层充分接触，静置片刻。一般装入的液体不要超过分液漏斗容量的 2/3，以免降低萃取效率。

③ 静置足够时间后，液体出现分层，进行分液，下层液体经旋塞放出，上层液体应从上口倒出。

为确保萃取完全，可从最后一次提取液中取出少量，经干燥剂干燥后，再在表面皿上蒸发溶剂，检查是否有残留物。

萃取某些碱性或表面活性较强的物质时，常常会发生乳化现象。另外，当溶剂与溶液部分互溶或它们的密度相差较小时，都会使两液层不能清晰地分层。避免出现乳化现象的方法有：

① 较长时间静置。

② 由于溶剂与溶液部分互溶而发生乳化现象时，可加入少量的电解质，利用“盐析”作用加以破坏。

③ 因碱性物质存在而发生乳化现象时，可加入少量稀硫酸。

④ 滴加少量醇类化合物，改变其表面张力，以避免出现乳浊液。

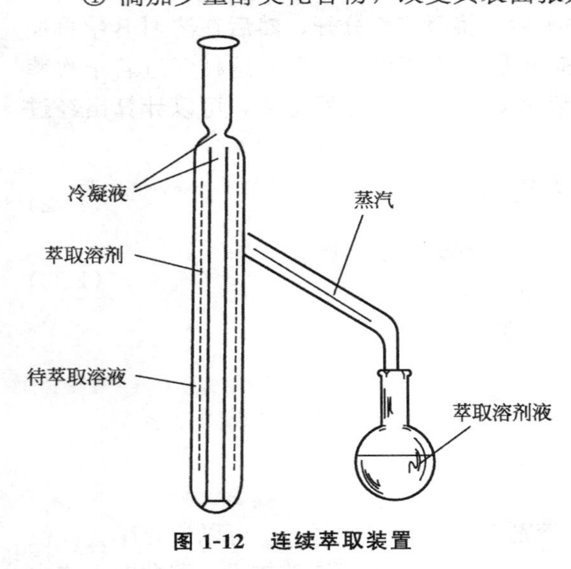

图 1-12　连续萃取装置

当有机化合物在原有溶剂中的溶解度比在萃取溶剂中的溶解度大时，若用分液漏斗多次萃取不但效率偏低而且还需要大量的溶剂，应采用连续萃取装置，使溶液萃取后能自动流入到加热瓶中，再经汽化和冷凝变为液体，继续进行萃取，详见图 1-12。

4. 重结晶

（1）重结晶原理　重结晶是纯化、精制固体物质，尤其是有机物质的一种重要手段，是将晶体溶于溶剂或熔融以后，又重新从溶液或熔体中结晶的过程。主要是利用混合物中各组分在某种溶剂中溶解度不同或在同一溶剂中不同温度时的溶解度不同而使它们相互分离。

（2）溶剂的选择　重结晶过程中溶剂的选择较为重要，应考虑以下原则：

① 不与被提纯物质起化学反应；

② 在较高温度时能溶解多量的被提纯物质；而在室温或更低温度时，只能溶解很少量的该种物质；

③ 对杂质溶解度非常大或者非常小（前一种情况是要使杂质留在母液中不随被提纯物晶体一同析出；后一种情况是使杂质在热过滤的时候被滤去）；

④ 容易挥发（溶剂的沸点较低），易与结晶分离除去；

⑤ 能给出较好的晶体；

⑥ 无毒或毒性很小，便于操作；

⑦ 价廉易得。

（3）操作步骤

① 用选定的溶剂将固体加热溶解，在溶剂沸腾温度下制成近似饱和溶液；

② 若待提纯物中含有有色物质，则应优先选用合适的吸附剂进行脱色；

③ 趁热过滤，除去不溶性固体物质，操作时，注意过滤器的预热和溶液的保温，并尽可能尽快过滤；

④ 大多数情况下，热过滤后的滤液冷却数分钟或数小时后，便有晶体析出。析出晶体的纯度与晶体颗粒的大小有关，颗粒的大小又取决于冷却速度，通常冷却速度缓慢，得到的晶体颗粒越大，纯度也越高；

⑤ 结晶完全后，可采用减压过滤收集晶体并干燥。

对于一些溶液冷却后，已经形成饱和溶液但未出现结晶，通常可以采用诱导结晶的方法获得平衡。常用的方法有扰动法、种晶法、低温冷却法。

① 扰动法　用玻璃棒摩擦液面以下的器壁是一种应用最广的诱导结晶法。

② 种晶法　向饱和溶液中加入相同物质的结晶，这样在溶液中就有了一定量的晶体的晶核，从而可以诱导结晶。这种方法可以成功地分离采用其他方法难以分离的混合物。

③ 低温冷却法 溶液在低温中冷却，有利于晶核的生成，但不利于晶体的生长。因此，一旦有晶体出现，应立即移出冷浴，使温度回升，以获得较好的晶体。

5. 膜分离

（1）膜分离原理 膜分离是利用天然或者人工制备的、具有选择透过性能的薄膜对双组分或者多组分液体或气体进行分离、提纯或富集。当膜两侧存在某种推动力时，原料侧组分选择性地透过膜，以达到分离的效果。推动力有两种：一种是通过外界能量，物质由低位向高位流动；另一种是通过化学位差，物质发生由高位向低位的流动。

描述膜渗透机理的主要模型有：

① 溶解-扩散模型 用于液体膜、均质膜或非对称膜表皮层内的物质传递。在推动力作用下，渗透物质先溶解进入膜的上游侧，然后扩散至膜的下游侧，扩散是控制步骤。例如气体的渗透分离过程中，推动力是膜两侧渗透物质的分压差。当溶解服从亨利定律时，组分的渗透率是组分在膜中的扩散系数和溶解度系数的乘积。混合气体的分离依赖于各组分在膜中渗透率的差异。溶解-扩散模型用于渗透蒸发（又称汽渗，上游侧为溶液，下游侧抽真空或用惰性气体携带，使透过物质汽化而分离）时，还须包括膜的气液界面上各组分的热力学平衡关系。

② 优先吸附-毛细管流动模型 由于膜表面对渗透物的优先吸附作用，在膜的上游侧表面形成一层该物质富集的吸附液体层。然后，在压力作用下通过膜的毛细管，连续进入产品溶液中。此模型能描述多孔膜的反渗透过程。

③ 从不可逆热力学导出的模型 膜分离过程通常不只依赖于单一的推动力，而且还有伴生效应（如浓差极化）。不可逆热力学唯象理论统一关联了压力差、浓度差、电位差对传质通量的关系，采用线性唯象方程描述这种具有伴生效应的过程，并以配偶唯象系数描述伴生效应的影响。

（2）膜材料 膜材料的化学性质和膜的结构对膜分离的性能起到了决定性的影响。对膜材料的要求是具有良好的成膜性、热稳定性、化学稳定性，耐酸、碱、微生物侵蚀和耐氧化性能。

根据材料的不同，可分为无机膜和有机膜，无机膜主要是陶瓷膜和金属膜，其过滤精度较低，选择性较小。有机膜是由高分子材料做成的，如醋酸纤维素、芳香族聚酰胺、聚醚砜、含氟聚合物等。

① 无机膜材料 制备无机膜的材料主要是金属、金属氧化物、陶瓷、玻璃以及沸石等无机材料，详见表 1-7。与有机膜材料相比，无机膜具有孔径分布较窄、孔径容易控制、化学稳定性好、通量较大、使用周期较长等优点，但也存在种类较少、力学性能高、膜较脆易碎等缺点。

表 1-7 无机膜材料

类型	膜材料
金属	银、钯、镍、钛、铂以及合金等
金属氧化物	二氧化钛、三氧化二铝以及三氧化锆
其他	氧化硅、玻璃、陶瓷以及沸石等

② 有机膜材料 有机膜也称为聚合物膜材料，是通过对聚合物进行改性或膜表面进行改性的方法，使膜具有所需的特性。常见的有机膜材料见表 1-8 所示。

表 1-8 有机膜材料

材料类别	主要聚合物
纤维素类	二醋酸纤维素、三硝基纤维素、醋酸丙酸纤维素、再生纤维素、硝基纤维素、聚酯纤维、醋酸丁酸纤维素
聚酰胺类	芳香聚酰胺、尼龙 66、芳香聚酰胺肼、聚酰胺甲胺
芳香杂环类	聚苯并咪唑、聚苯并咪唑酮、聚哌嗪酰胺
聚砜类	聚砜、聚醚砜、磺化聚砜、聚苯砜对苯二甲酰胺
聚烯烃类	聚乙烯醇、聚乙烯、聚丙烯、聚丙烯腈、聚丙烯酸、聚四甲基戊烯、聚氯乙烯
硅橡胶类	聚二甲基硅氧烷、聚三甲基硅氧烷丙炔、聚乙烯基三甲基硅烷
含氟聚合物	聚全氟磺酸、聚偏氟乙烯、聚四氟乙烯
其他	聚碳酸酯、聚电解质配合物、聚吡咯

在上述材料中，纤维素膜材料是应用最早的，也是目前应用最多的，主要用于反渗透、超滤、微滤。芳香聚酰胺类和杂环类主要用于反渗透。聚酰亚胺由于其可耐高温、抗化学试剂，已用于超滤膜、反渗透膜、气体分离膜的制造。聚砜类由于其性能稳定、力学性能优良，可用于许多复合膜的支撑材料。

(3) 技术特点　膜分离过程是一个高效、环保的分离过程，是多学科交叉的高新技术，在物理、化学和生物性质上呈现出各种各样的特性，具有较多的优势。它与传统过滤的不同在于，膜可以在分子范围内进行分离，并且这过程是一种物理过程，不需发生相的变化和添加助剂。

膜的孔径一般为微米级，依据其孔径的不同（或称为截留分子量），可将膜分为微滤膜、超滤膜、纳滤膜和反渗透膜。

① 微滤（MF）　又称微孔过滤，它属于精密过滤，其基本原理是筛孔分离过程。微滤膜的材质分为有机和无机两大类，有机聚合物有醋酸纤维素、聚丙烯、聚碳酸酯、聚砜、聚酰胺等。无机膜材料有陶瓷和金属等。鉴于微孔滤膜的分离特征，微孔滤膜的应用范围主要是从气相和液相中截留微粒、细菌以及其他污染物，以达到净化、分离、浓缩的目的。

对于微滤而言，膜的截留特性是以膜的孔径来表征，通常孔径范围在 0.1～1μm，故微滤膜能对大直径的菌体、悬浮固体等进行分离。可用于一般料液的澄清、过滤、除菌。

② 超滤（UF）　是介于微滤和纳滤之间的一种膜过程，膜孔径在 0.05μm～1nm 之间。超滤是一种能够将溶液进行净化、分离、浓缩的膜分离技术，超滤过程通常可以理解成与膜孔径大小相关的筛分过程。以膜两侧的压力差为驱动力，以超滤膜为过滤介质，在一定的压力下，当水流过膜表面时，只允许水及比膜孔径小的小分子物质通过，达到溶液的净化、分离、浓缩的目的。

对于超滤而言，膜的截留特性是以对标准有机物的截留分子量来表征，通常截留分子量范围在 1000～300000，故超滤膜能对大分子有机物（如蛋白质、细菌）、胶体、悬浮固体等进行分离，广泛应用于料液的澄清、大分子有机物的分离纯化、除热源。

③ 纳滤（NF）　是介于超滤与反渗透之间的一种膜分离技术，其截留分子量在 80～1000 的范围内，孔径为几纳米，因此称纳滤。基于纳滤分离技术的优越特性，其在制药、生物化工、食品工业等诸多领域显示出广阔的应用前景。

对于纳滤而言，膜的截留特性是以对标准 NaCl、$MgSO_4$、$CaCl_2$ 溶液的截留率来表征，通常截留率范围在 60%～90%，相应截留分子量范围在 80～1000，故纳滤膜能对小分子有机物等与水、无机盐进行分离，实现脱盐与浓缩的同时进行。

④ 反渗透（RO） 是利用反渗透膜只能透过溶剂（通常是水）而截留离子物质或小分子物质的选择透过性，以膜两侧静压为推动力，而实现的对液体混合物分离的膜过程。反渗透是膜分离技术的一个重要组成部分，因具有产水水质高、运行成本低、无污染、操作方便、运行可靠等诸多优点，而成为海水和苦咸水淡化，以及纯水制备的最节能、最简便的技术。已广泛应用于医药、电子、化工、食品、海水淡化等诸多行业。反渗透技术已成为现代工业中首选的水处理技术。

反渗透的截留对象是所有的离子，仅让水透过膜，对氯化钠的截留率在98%以上，出水为无离子水。反渗透法能够去除可溶性的金属盐、有机物、细菌、胶体粒子、发热物质，即能截留所有的离子，在生产纯净水、软化水、无离子水及产品浓缩、废水处理方面反渗透膜已经应用广泛，如垃圾渗滤液的处理。

第三节 化工专业实验常用设备及使用方法

一、常用测量仪器

1. 电子分析天平

（1）工作原理 电磁感应式电子分析天平是利用电磁力或电磁力矩平衡的原理进行设计的。

如图1-13所示，使用天平时，在空载状态下接通电源，天平下端线圈中会有标准电流通过，产生电磁力F，使天平处于平衡位置（零点）。其中线圈通电后横梁的位置改变量是由接收发光二极管和差动变压器进行测量。在平衡状态下，当天平托盘放上待测物时，横梁发生倾斜，则位置检测器产生不平衡信号，传给天平底部的一个内部检测电路。该电路产生补偿电流流过线圈，并产生更大的电磁力，以维持天平的平衡。直到不平衡信号消失，天平则重新处于平衡状态。这时流过线圈的电流与天平在空载平衡时流过的电流存在一个增值，这个增值与电磁力F成严格的比例关系，也就与待测物重力成正比例，所以可用这个电流增值大小来表示待测物的质量。

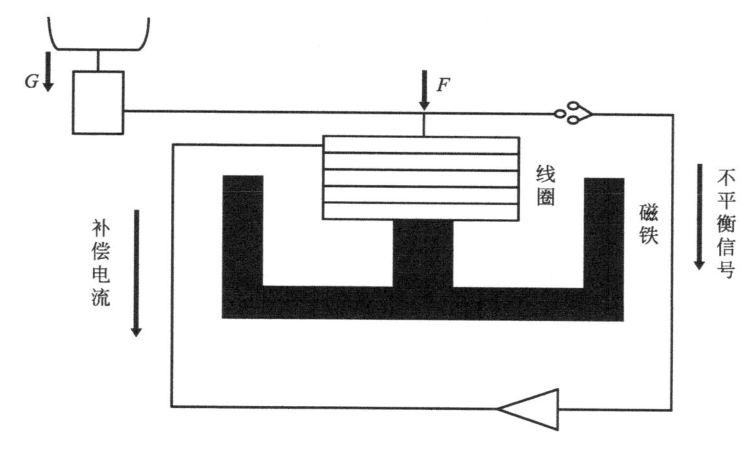

图1-13 电子分析天平的工作原理

如图 1-14 所示，为了实现数字显示的目的，线圈中的电流增值必须流经电阻转变为电压信号，再经放大、滤波等信号处理后，进行模/数转换。电流模拟信号变换成数字信号后，再经微机处理，最终在显示器上显示出称量值。

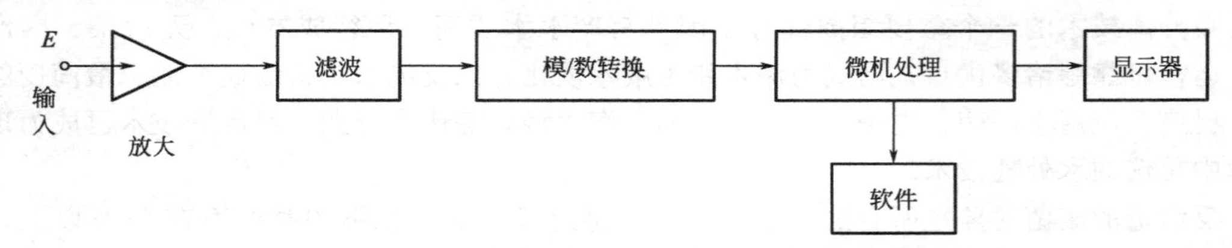

图 1-14 电子分析天平的输出信号处理图

(2) 注意事项

① 注意天平的称量范围，避免超载。

② 不得称量带磁性的物质。

③ 称量完毕要清洁秤盘及秤盘周围，然后切断电源，罩上防尘罩。

④ 天平玻璃框内需放防潮剂，最好用变色硅胶，并注意更换。

⑤ 搬动电子分析天平时一定要卸下横梁、吊耳和秤盘，严防倒置。

2. 比重计

(1) 工作原理　比重计是根据阿基米德定律和物体浮在液面上平衡的条件制成的，是测定液体密度的一种仪器。它是一根密闭的玻璃管，一端粗细均匀，内壁贴有刻度纸，刻度不均匀，上疏下密，另一头稍膨大呈泡状，泡里装有小铅粒或水银，使玻璃管能在被检测的液体中竖直地浸入到足够的深度，并能稳定地浮在液体中，也就是当它受到任何摇动时，能自动地恢复成垂直的静止位置。

(2) 使用方法

① 使用前先检查比重计和玻璃套管有没有破裂，橡胶有没有损坏，定位孔有没有松脱。

② 把比重计套入玻璃管内，并套好吸管。注意：有刻度的一头向上放进去。

③ 先把上面橡胶挤扁，然后竖着把管放在被测液体里缓慢放松挤橡胶的手，把液体吸到玻璃管内。

④ 当管内液体超过比重计定位孔 1cm 时，停止吸取液体。

⑤ 当前水平面比重计的刻度就是被测液体的相对密度。

[附注] 波美度

波美度（°Bé）是表示溶液浓度的一种方法，在盐湖化工中经常用波美度来表示盐溶液的浓度。它是用波美比重计或波美表来测定的。波美度测定简单，数值规整，故在工业生产中应用比较方便。在 15℃时相对密度和波美度的换算公式为：

相对密度大于 1 的液体：相对密度 $d=\dfrac{144.3}{144.3-{}^{\circ}\mathrm{B\acute{e}}}$

相对密度小于 1 的液体：相对密度 $d=\dfrac{144.3}{144.3+{}^{\circ}\mathrm{B\acute{e}}}$

3. 酸度计

(1) 工作原理　酸度计也称为 pH 计，是指用来测定溶液酸碱度值的仪器，酸度计主要由参比电极、测量电极和精密电位计三部分组成。其基本原理是：将一个连有内参比电极的可逆氢离子指示电极和一个外参比电极同时浸入到某一待测溶液中而形成原电池，在一定温度下产生一个内外参比电极之间的电池电动势。这个电动势与溶液中氢离子活度有关，而与其他离子的存在基本没有关系。仪器通过测量该电动势的大小，最后转化为待测液的 pH 值而显示出来。

（2）使用方法　以 pSH-25 型酸度计为例说明酸度计的一般使用方法。图 1-15 为 pSH-25 型酸度计外部结构。

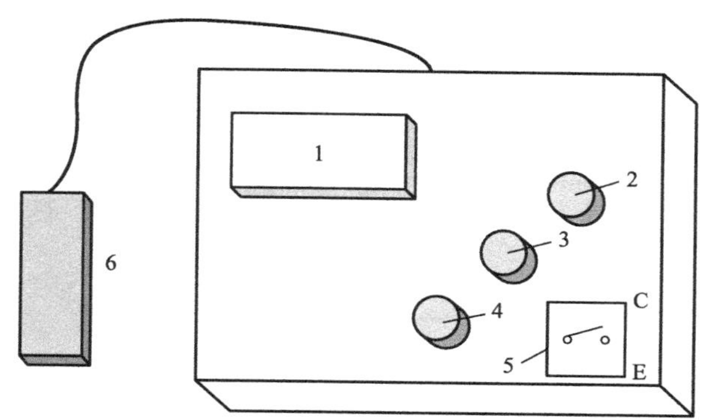

图 1-15　pSH-25 型酸度计外部结构

1—数据显示屏；2—定位调节旋钮；3—斜度调节旋钮；4—温度调节旋钮；5—开关选择（pH/mV）；6—电极

① 开机：按下电源开关，电源接通后，预热 10 min。

② 仪器选择开关置“pH”挡或“mV”挡。

③ 将复合电极加液口上所套的橡胶套和下端的橡皮套全取下，以保持电极内氯化钾溶液的液压差恒定。

④ 将电极夹向上移出，用蒸馏水清洗电极头部，并用滤纸吸干。

⑤ 把电极插在被测溶液内，调节温度调节器，使所指示的温度与溶液的温度相同。摇动试杯使溶液均匀，读数稳定后，读出该溶液的 pH 值。

⑥ 测试完成后关闭仪器电源，用蒸馏水清洗电极头部，并用滤纸吸干，之后浸泡在饱和氯化钾溶液中保存。

4. 电导率仪

（1）工作原理　电导率仪，是指以电化学测量方法测定电解质溶液的电导率的仪器。电导率仪由振荡器、电导池、放大器和指示器等部分组成。电导率仪的工作原理如图 1-16 所示。

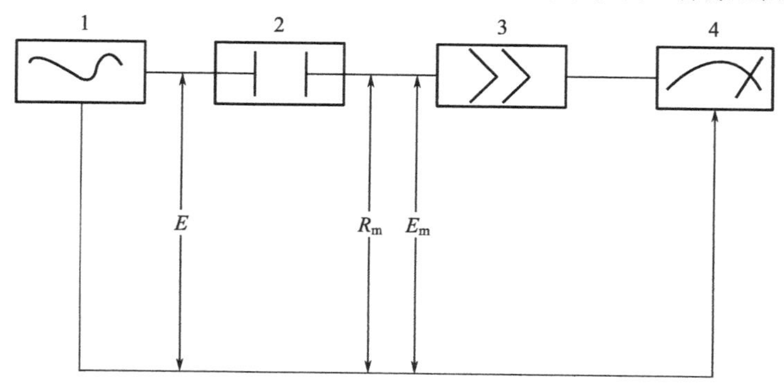

图 1-16　电导率仪工作原理

1—振荡器；2—电导池；3—放大器；4—指示器

由欧姆定律可知：

$$E_{\mathrm{m}}=\frac{ER_{\mathrm{m}}}{(R_{\mathrm{m}}+R_{x})}=ER_{\mathrm{m}}\div(R_{\mathrm{m}}+\frac{K_{\mathrm{cell}}}{k}) \tag{1-24}$$

式中，E 为振荡器产生的交流电压；R_x 为电导池的等效电阻；R_{m} 为分压电阻；E_{m} 为 R_{m} 上的交流分压；K_{cell} 为电导池常数；k 为电导率。

当 E、R_{m} 和 K_{cell} 均为常数时，由电导率 k 的变化必将引起 E_{m} 作相应变化，所以测量 E_{m} 的大小，也就测得溶液电导率的数值。将 E_{m} 送至交流放大器放大，再经过信号整流，以获得推动表头的直流信号输出，表头直读电导率。

电导率是电解质溶液导电能力的表现，在多数情况下和溶液中离子的浓度成正比，因此通过电导率的测定可以确定溶液中离子的总浓度或含盐量。

（2）使用方法　以 DDS-307 电导率仪为例说明一般使用方法。图 1-17 为 DDS-307 电导率仪外部结构。

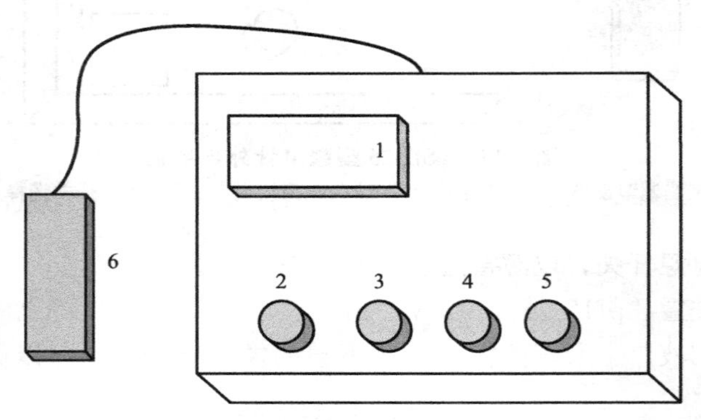

图 1-17　电导率仪外部结构

1—数据显示屏；2—电源开关；3—量程开关；4—常数补偿；5—温度补偿旋钮；6—电极

① 按下电源开关，预热 30min。

② 将“量程”开关旋钮指向“检查”，“常数”补偿调节旋钮指向“1”刻度线，“温度”补偿调节旋钮指向“25”刻度线，调节“校准”调节旋钮，使仪器显示 100.0 $\mu S\cdot cm^{-1}$。

③ 调节“常数”补偿旋钮使显示值与电极上所标常数值一致。

④ 调节“温度”补偿旋钮至待测溶液实际温度值。

⑤ 调节“量程”开关至显示器有读数，若显示值熄灭表示量程太小。

⑥ 先用蒸馏水清洗电极，滤纸吸干，再用被测溶液清洗一次，把电极浸入被测溶液中，用玻璃棒搅拌溶液，使溶液均匀，读出溶液的电导率值。

⑦ 用蒸馏水清洗电极，关机。

（3）注意事项

① 清洗电极等过程应将选择开关置于“检查”位置。

② 使用完毕请将电极浸泡在蒸馏水中；关闭电源开关，不要拔下电极和电源插座。

5. 分光光度计

（1）工作原理　可见光的波长范围在 400～760nm，紫外光为 200～400nm，红外光为 760～500000nm。可见光因波长不同呈现不同颜色，这些波长在一定范围内呈现不同颜色的光称单色光。

物质吸收由光源发出的某些波长的光可形成吸收光谱，由于物质的分子结构不同，对光的吸收能力不同，因此每种物质都有特定的吸收光谱，而且在一定条件下其吸收程度与该物质的浓度成正比，分光光度法就是利用物质的这种吸收特征对不同物质进行定性或定量分析的方法。

在比色分析中，有色物质溶液颜色的深度决定于入射光的强度、有色物质溶液的浓度及液层的厚度。当一束单色光照射溶液时，入射光强度愈强，溶液浓度愈大，液层厚度愈厚，溶液对光的吸收愈多，它们之间的关系，符合物质对光吸收的定量定律，即朗伯-比尔(Lambert-Beer）定律。这就是分光光度法用于物质定量分析的理论依据。

朗伯-比尔定律　物理意义：当一束平行单色光垂直通过某一均匀非散射的吸光物质时，与其吸光度 A 与吸光物质的浓度 c 及吸收层厚度 b 成正比。

数学表达式：$A=\lg(1/T)=Kbc$

式中　A——吸光度；

T——透光率，是透射光强度与入射光强度之比；

K——摩尔吸收系数，它与吸收物质的性质及入射光的波长 λ 有关；

c——吸光物质的浓度；

b——吸收层厚度。

实验室常用的分光光度计有 72 型、721 型、751 型，其原理基本相同，只是结构、测量精度、测量范围有差别。以 721 型分光光度计为例说明其工作原理，如图 1-18 所示。

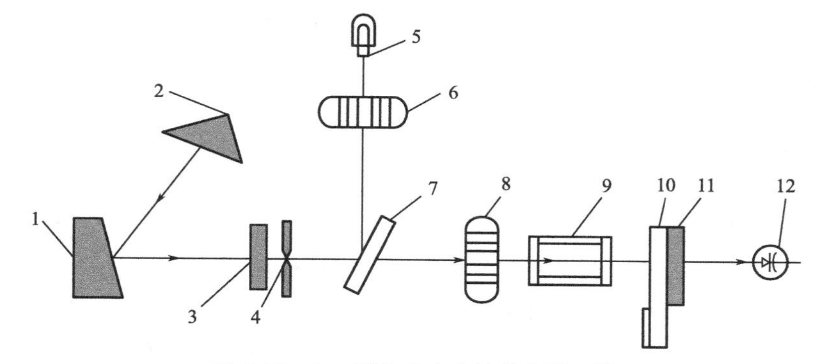

图 1-18　721 型分光光度计的光学系统

1—准直镜；2—色散棱镜；3—保护玻璃；4—狭缝；5—光源灯；6—聚光透镜；7—反射镜；8—聚光透镜；9—比色皿；10—光门；11—保护玻璃；12—光电管

由光源灯发出的连续辐射光线，射到聚光透镜上，会聚后再经过平面镜转角 90°，反射至狭缝，由此射到单射光器内，狭缝正好位于准直镜的焦面上，当入射光反射后就以一束平行光射向色散棱镜，光线进入棱镜后，就在其中色散，入射光在铝面上反射后按照原路稍微偏转一个角度返回，这样从棱镜色散后出来的光线再经过物镜反射后，就会聚在出光狭缝上，出射狭缝和入射狭缝是一体的，为了减少谱线通过棱镜后呈弯曲状，对于单色性的影响，因此把狭缝的二片刀口作成弧形的，以便近似地吻合谱线的弯曲程度，使仪器有一定幅度的单色性。

(2) 使用方法

① 检查仪器各调节钮的起始位置是否正确，接通电源开关，打开样品室暗箱盖，使电表指针处于“0”位，预热 20min 后，再选择须用的单色光波长和相应的放大灵敏度挡，用调“0”电位器调整电表为 $T=0\%$。

② 盖上样品室盖使光电管受光，推动试样架拉手，使参比溶液池（溶液装入 4/5 高度，置第一格）置于光路上，调节 100%透光率调节器，使电表指针指 $T=100\%$。

③ 重复打开样品室盖，调 0，盖上样品室盖，调 T 为 100%的操作至仪器稳定。

④ 盖上样品室盖，推动试样架拉手，使样品溶液池置于光路上，读出吸光度值。读数后应立即打开样品室盖。

⑤ 测量完毕，取出比色皿，洗净后倒置于滤纸上晾干。各旋钮置于原来位置，电源开关置于“关”，拔下电源插头。

⑥ 放大器各挡的灵敏度为：“1”×1 倍；“2”×10 倍；“3”×20 倍，灵敏度依次增大。由于单色光波长不同时，光能量不同，需选不同的灵敏度挡。选择原则是在能使参比溶液调到 $T=100\%$处时，尽量使用灵敏度较低的挡，以提高仪器的稳定性。改变灵敏度挡后，应重新调“0”和“100”。

（3）注意事项

① 测试前，比色皿需用被测液清洗 2～3 次，以避免改变被测溶液的浓度；

② 需擦干比色皿外表面的溶液，拿比色皿时，注意手指只能拿毛玻璃的两面；

③ 在不测定时，开启暗箱盖，连续使用仪器不应超过 2h；

④ 测定时，应尽量保证吸光度在 0.1～0.65，以确保更高的准确度；

⑤ 仪器应放在干燥的房间内，使用时放置在坚固平稳的工作台上，室内照明不宜太强。热天时不能用电扇直接向仪器吹风，防止灯泡灯丝发亮不稳定。

二、大型分析仪器

1. 气相色谱仪

气相色谱法是利用气体作流动相的色层分离分析方法。气化的试样被载气（流动相）带入色谱柱中，柱中的固定相与试样中各组分分子作用力不同，各组分从色谱柱中流出时间不同，组分彼此分离。采用适当的鉴别和记录系统，制作标出各组分流出色谱柱的时间和浓度的色谱图。根据图中表明的出峰时间和顺序，可对化合物进行定性分析；根据峰的高低和面积大小，可对化合物进行定量分析。具有效能高、灵敏度高、选择性强、分析速度快、应用广泛、操作简便等特点。适用于易挥发有机化合物的定性、定量分析。对非挥发性的液体和固体物质，可通过高温裂解，气化后进行分析。

（1）检测流程　气相色谱仪一般由 5 部分组成，分别是载气系统、进样系统、色谱柱和柱箱、检测系统以及记录系统。其中载气系统主要包括气源、气体净化、气体流速控制和测量；进样系统包括进样器以及气化室；色谱柱和柱箱包括恒温控制装置，是色谱仪的心脏部分；检测系统包括检测器和控温装置；记录系统包括放大器、记录仪和数据处理装置。

其一般检测流程如图 1-19 所示。载气由高压钢瓶供给后进入载气净化干燥管以除去载气中的水分，经过进样器（气化室），试样就由进样器注入，并由载气带入色谱柱，试样中各组分按分配大小顺序，依次被载气带出色谱柱，继而进入检测器，检测器将物质的浓度或质量的变化转变成电信号，由记录系统记录，得到色谱图。

（2）检测器　气相色谱法中可以使用的检测器有很多种，最常用的有火焰电离检测器（FID）与热导检测器（TCD）。这两种检测器都对很多种分析成分有灵敏的响应，同时可以测定一个很大范围内的浓度。TCD 从本质上来说是通用性的，可以用于检测除了载气之外的任何物质（只要它们的热导性能在检测器检测的温度下与载气不同），而 FID 则主要对烃

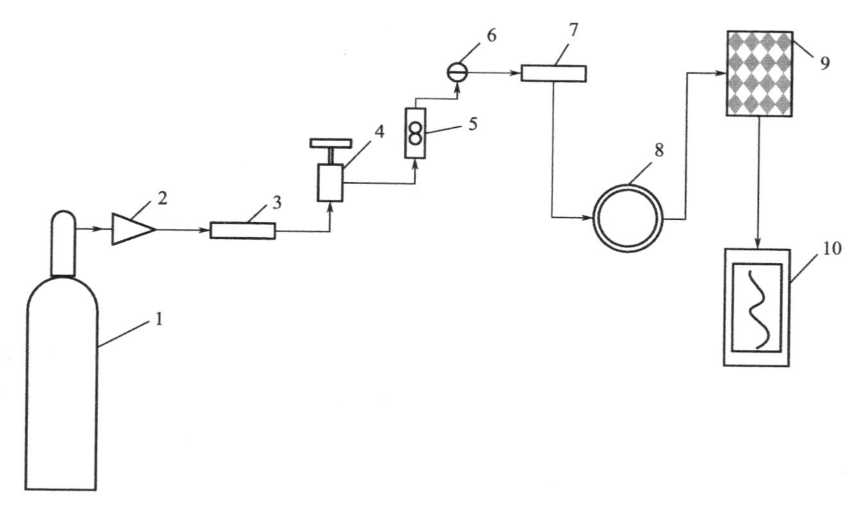

图 1-19 气相色谱仪检测流程

1—高压钢瓶；2—减压阀；3—载气净化干燥管；4—针形阀；5—流量计；
6—压力表；7—进样器；8—色谱柱；9—检测器；10—记录仪

类响应灵敏。FID 对烃类的检测比 TCD 更灵敏，但却不能用来检测水。两种检测器都很强大。由于 TCD 的检测是非破坏性的，它可以与破坏性的 FID 串联使用（连接在 FID 之前），从而对同一分析物给出两个相互补充的分析信息。

（3）定性分析

① 已知物对照法　测定时只要在相同的操作条件下，分别测出已知物和未知物的保留值，在未知样品色谱图中对应于已知物保留值的位置上若有峰，则判定样品可能含有此已知物组分。

② 利用相对保留值　在给定的条件下，表示组分在色谱柱内移动速度的调整保留时间是判断组分是什么物质的指标。对于一些组分简单的已知范围的混合物，无已知物的情况下，可用这种方法分析。将所得各组分的相对保留时间与色谱手册数据对比定性，其中t'_{R_1}为未知物，t'_{R_2}为标准物。

$$r_{1,2}=\frac{t'_{R_1}}{t'_{R_2}} \tag{1-25}$$

由式（1-25）可看出 $r_{1,2}$ 的数值只决定于组分的性质、柱温与固定液的性质，而与固定液的用量、柱长、流速和填充情况等无关。

利用此法时，应先查手册，根据手册的实验条件及所用的标准物进行实验。取所规定的标准物加入被测样品中，混匀，进样，再求出 $r_{1,2}$，与手册数据对比定性。

由于只能说相同物质具有相同保留值的色谱峰，而不能说相同保留值的色谱峰都是一种物质，所以为了更好地对色谱峰进行定性分析，还常采用其他手段来直接定性，例如采用气相色谱和质谱或光谱联用，使用选择性的色谱检测器，用化学试剂检测和利用化学反应等。

（4）定量分析　色谱定量分析的依据是组分的量（m_i）与检测器的响应信号（峰面积 A_i）成比例，$m_i=f_iA_i$，因此必须求得峰面积和定量校正因子 f_i（简称校正因子）。新型的色谱仪都有积分仪或微处理机给出更精确的峰面积。应该注意，组分进入检测器产生的相应的色谱信号大小（峰面积）随所用检测器类别和载气的不同而异，有时甚至受到物质浓度和仪器结构的影响。所以须将所得的色谱信号予以校正，才能与组分的量一致，即需要用下

式校正 $f_i'=\frac{f_i}{f_s}=\frac{m_iA_s}{m_sA_i}$，式中 f_i'为该组分的定量校正因子，m_i 和 m_s 分别为组分和标准物的量，A_i 和 A_s 分别为组分和标准物的峰面积。

色谱定量法分为归一化法、内标法和外标法。

① 归一化法　将组分的色谱峰面积乘以各自的定量校正因子，然后按式（1-26）计算。

$$C_i\%=\frac{A_if_i}{\sum_{i=1}^{n}A_if_i}\times 100\% \tag{1-26}$$

归一化法的优点是简便，定量结果与进样量无关，操作条件变化时对结果影响较小。缺点是必须所有组分在色谱图中都能给出各自的峰面积，还必须知道各组分的校正因子。

② 内标法　内标法是指一定量的纯物质作为内标物，加入准确称量的样品中，根据样品和内标物的质量及其在色谱图中相应的峰面积比，求出某组分的含量。向样品中加入内标物后，进行色谱分析，然后用它对组分进行定量分析。例如称取样品 mg，将内标物 m_sg 加入其中，进行色谱分析后，得到欲测定的组分与内标物的色谱峰面积分别为 A_i 和 A_s，则可导出测定样品中的组分 i（质量 m_i）的百分含量 $C_i\%$：

$$C_i\%=\frac{m_s}{m}\times\frac{A_if_i}{A_sf_s}\times 100\% \tag{1-27}$$

由上式可以看到，内标法是通过测定内标物及被测组分的峰面积的相对值来进行计算的，因而由于操作条件而引起的误差，都将同时反映在内标物及被测组分上而得到抵消，所以可得到较准确的结果。不足之处是要求准确称取样品和内标物的质量，选择合适的内标物。

内标物的选择应满足：内标物应是样品中不存在的纯物质；加入的量应该接近被测组分；内标物色谱峰位于被测组分色谱峰附近，或几个被测组分色谱峰中间，并与这些组分能完全分离。

③ 外标法　在一定操作条件下，用标准品配成不同浓度的标准液，定量进样，用峰面积或峰高对标准品的质量作标准曲线，求出斜率、截距，而后计算样品的含量。通常截距为零，若截距较大，则说明存在一定的系统误差。若标准曲线线性好，截距近似为零，可用外标一点法（比较法）定量。

外标一点法是用一种浓度的 i 组分的标准溶液，进样一次，或同样体积进样多次，取峰面积平均值，与样品溶液在相同条件下进样，所得峰面积用下式计算含量：

$$m_i=\frac{A_i}{(A_i)_s}\times(m_i)_s \tag{1-28}$$

式中，m_i 与 A_i 分别代表在样品溶液进样体积中；所含 i 组分的质量及相应峰面积；$(m_i)_s$ 及 $(A_i)_s$ 分别代表 i 组分标准溶液在进样体积中所含 i 组分的质量及相应峰面积。

外标法的优点是操作简单，不必校正因子，不必加内标物，适用于工厂控制分析，特别是气体分析；缺点是难以做到进样量固定和操作条件稳定。

2. 高效液相色谱仪

高效液相色谱法（high performance liquid chromatography，HPLC）是在经典色谱法的基础上，引用了气相色谱的理论，在技术上，流动相改为高压输送（最高输送压力可达29.4MPa）；色谱柱是以特殊的方法用小粒径的填料填充而成，从而使柱效大大高于经典液相色谱（每米塔板数可达几万或几十万）；同时柱后连有高灵敏度的检测器，可对流出物进行连续检测。

高效液相色谱法分析对象广，它只要求样品能制成溶液，而不需要气化，因此不受样品挥发性的约束。更适用于不易挥发、热稳定性差、分子量大的高分子化合物以及离子型化合物的分析检测。

(1) 高效液相色谱仪的结构 高效液相色谱仪主要由流动液相输送系统、进样器系统、柱系统、检测系统以及数据处理系统组成，详见结构示意图1-20。

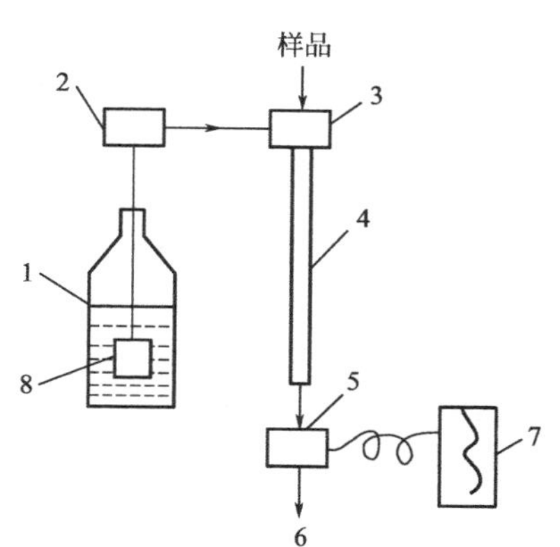

图1-20 高效液相色谱仪结构

1—流动相储瓶；2—输液泵；3—进样器；4—色谱柱；5—检测器；6—废液出口；7—记录仪；8—过滤器

由泵将储瓶中的溶剂吸入色谱系统，然后输出，经流量与压力测量之后，导入进样器。被测物由进样器注入，并随流动相通过色谱柱，在柱上进行分离后进入检测器，检测信号由数据处理设备采集与处理，并记录色谱图。废液流入废液瓶。遇到复杂的混合物分离（极性范围比较宽）还可用梯度控制器作梯度洗脱。这和气相色谱的程序升温类似，不同的是气相色谱改变温度，而HPLC改变的是流动相极性，使样品各组分在最佳条件下得以分离。

(2) HPLC方法的建立 应用HPLC对样品进行分离、分析，主要依据样品的性质选择合适的流动相、检测器等。

① 样品的性质 样品中待测组分的分子量大小、化学结构、溶解性等物理和化学性质决定了色谱的分离类型。

如果样品是复杂的混合物，则需要柱效高的色谱柱，也可以考虑梯度洗脱。如果只需要测定混合物中1～2个组分或者测定反应物与产物的情况时，可以选择简单的分离方法，不需要将所有组分全部都分开。

② 流动相的选择 如果使用缓冲系统，色谱柱使用的流动相pH范围在2～8为宜。酸性太强会使键合的烷基脱落，碱性太强会使硅胶溶解，通常用缓冲溶液维持一定的pH。常用的缓冲溶液是醋酸盐和磷酸盐缓冲液。

③ 检测器的选择 HPLC检测中，常用的检测器为紫外检测器（UVD）、荧光检测器（FD）、电化学检测器（ECD）等。一般当样品有紫外吸收时，选择紫外检测器，荧光检测器或电化学检测器的灵敏度更高，但不是所有的化合物都有荧光，无荧光的物质可以通过衍生作用形成有荧光的化合物。电化学检测更适用有氧化还原性质的化合物。

(3) 定性和定量分析 液相色谱的定性和定量分析与气相色谱法有很多相似之处，其中定性分析又可分为色谱鉴定法、非色谱鉴定法。定量分析可分为归一化法、外标法和内标法，可参见“气相色谱法”这一小节。

3. 比表面积及孔径分析测定仪

测定比表面积的方法有很多，常用的方法是吸附法，它又可以分为物理吸附法和化学吸附法。化学吸附法是通过吸附质对多组分固体进行选择吸附而测定各组分的比表面积。物理吸附法是通过吸附质对多孔物质进行非选择性吸附来测定的，物理吸附法又分为BET法和气相色谱法。下面简单介绍BET法的测定原理。

(1) 测定原理 BET理论计算是建立在Brunauer、Emmett和Teller三人从经典统计理论推导出的多分子层吸附公式基础上，即著名的BET方程：

$$\frac{p}{V(p_0-p)}=\frac{1}{V_mC}+\frac{C-1}{V_mC}\left(\frac{p}{p_0}\right) \tag{1-29}$$

式中 p——吸附质分压；

p_0——吸附剂饱和蒸气压；

V——样品实际吸附量；

V_m——单层饱和吸附量；

C——与样品吸附能力相关的常数。

由上式可以看出，BET方程建立了单层饱和吸附量 V_m 与多层吸附量 V 之间的数量关系，为比表面积测定提供了很好的理论基础。

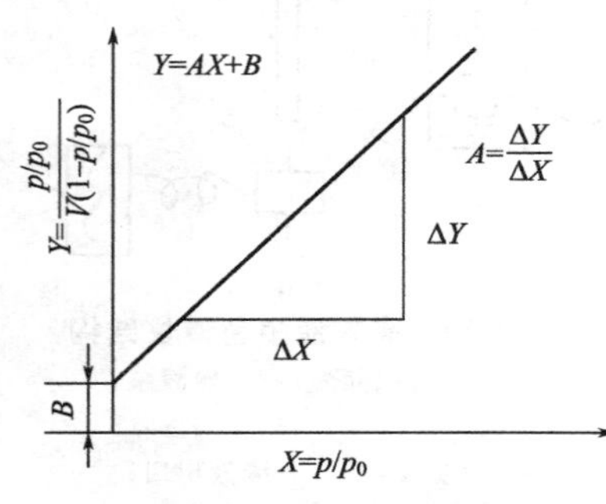

图 1-21 线性拟合图形

BET方程是建立在多层吸附的理论基础之上，与许多物质的实际吸附过程更接近，因此测试结果可靠性更高。实际测试过程中，通常实测3～5组被测样品在不同气体分压下多层吸附量 V，以 p/p_0 为 X 轴，$\frac{p}{V(p_0-p)}$ 为 Y 轴，由BET方程作图进行线性拟合，得到直线的斜率和截距，从而求得 V_m 值计算出被测样品比表面积（图1-21）。理论和实践表明，当 p/p_0 取点在0.05～0.35范围内时，BET方程与实际吸附过程相吻合，图形线性也很好，因此实际测试过程中选点需在此范围内。由于选取了3～5组 p/p_0 进行测定，通常称为多点BET。当被测样品的吸附能力很强，即 C 值很大时，直线的截距接近于零，可近似认为直线通过原点，此时可只测定一组 p/p_0 数据与原点相连求出比表面积，称为单点BET。与多点BET相比，单点BET结果误差会大一些。

若采用流动法来进行BET测定，测量系统需具备能精确调节气体分压 p/p_0 的装置，以实现不同 p/p_0 下吸附量测定。对于每一点 p/p_0 下BET吸脱附过程与直接对比法相近似，不同的是BET法需标定样品实际吸附气体量的体积大小，而直接对比法则不需要。

（2）使用方法

① 先烘干样品管（用水洗，再用无水乙醇润洗），装样，0.1～0.2g，安装样品管，保温套。

② 装有样品的样品管，放到前处理设备上面，进行加热、抽真空处理。

③ 将前处理过后的样品，安装到设备上。安装过程中需要注意：螺母与管口需要持平。当分析样品的数量不足四个样品时，请将未使用的分析口安装空的样品管。

④ 给测试主机通气。

⑤ 打开测试主机电源。

⑥ 进行参数设置。

a. 串口设置和仪器设置。

b. 参数设置需要重新设置，依据所测的样品实际情况进行设置。

⑦ 系统预热，点击软件的系统预热进行预热。

⑧ 添加液氮，然后开始吸附。实验过程中无需添加液氮。

⑨ 实验结束，进行数据处理。

⑩ 实验结束，关闭软件，关闭主机电源，关闭气路。

4. X射线衍射仪

X射线衍射相分析是利用X射线在晶体物质中的衍射效应进行物质结构分析的技术。

每一种结晶物质，都有其特定的晶体结构，包括点阵类型、晶面间距等参数，用具有足够能量的X射线照射试样，试样中的物质受激发，会产生二次荧光X射线（标识X射线），晶体的晶面反射遵循布拉格定律。通过测定衍射角位置（峰位）可以进行化合物的定性分析，测定谱线的积分强度（峰强度）可以进行定量分析，而测定谱线强度随角度的变化关系可进行晶粒的大小和形状的检测。

（1）基本原理　X射线衍射仪主要包括四大部分：X射线发生器、样品系统、检测器、计算机分析处理系统。如图1-22所示。

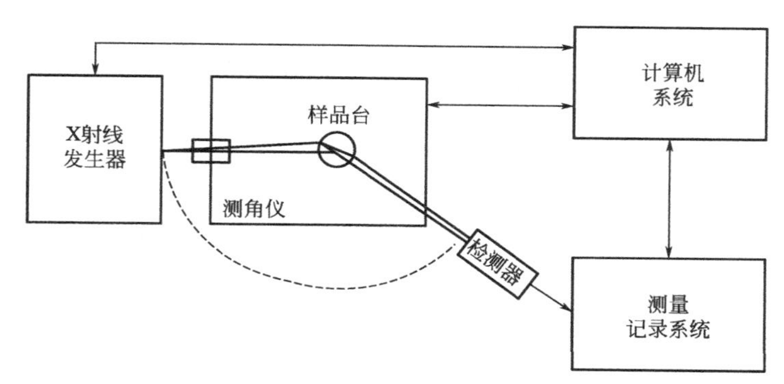

图1-22　X射线衍射仪结构简图

X射线发生器产生由阳极靶材（Cu靶、Co靶、Fe靶等）成分决定的特征X射线入射到晶体上会产生衍射，其衍射方向由晶体结构周期的重复方向决定，即晶体对X射线的衍射方向与晶体的晶胞大小和形状具有函数关系。对于晶体空间点阵的平行点阵族（hkl），设其晶面间距为d_{hkl}，射线入射角为θ，波长为λ，只有满足以下Bragg衍射方程才能发生相互加强的衍射。

$$2d_{hkl}\sin\theta_n=n\lambda \tag{1-30}$$

式中，n为自然整数。

用衍射指标代替晶面指标（hkl），则得到的Bragg衍射方程，用来计算衍射面间距d_{hkl}。

$$2d_{hkl}\sin\theta_n=\lambda \tag{1-31}$$

晶体由晶胞排列不同的原子构成，原子又包括不同的电子，所以X射线衍射的强度是各电子散射强度的贡献之和。多晶的粉末衍射谱图上的衍射强度是试验测定的相对强度，除与具体测量方法及试验影响因素有关外，主要受偏振因子P、结构因子F_{hkl}、倍数因子J、洛伦兹因子L、吸收因子$A(\theta)$以及温度因子$\exp(-2M)$的影响。

$$I_{hkl}=|F_{hkl}|^2JA(\theta)\exp(-2M)\left(\frac{1+\cos^2 2\theta}{\sin^2\theta\cos\theta}\right) \tag{1-32}$$

（2）使用方法

① 将被测样品在玛瑙研钵中研成不大于500目的细粉。

② 将适量研磨好的细粉填入凹槽，并用平整的玻璃板将其压紧。

③ 将槽外或高出样品中板面的多余粉末刮去，重新将样品压平，使样品表面平整光滑。若是使用带有窗孔的样品板，则把样板放在表面平整光滑的玻璃板上，将粉末填入窗孔，捣实压紧即成；在样品测试时，应使紧贴玻璃板的一面对着入射X射线。

④ 打开冷却水泵：检查水泵水温设置及实际水温指示。

⑤ 制样：按照JY/T 009—1996型号转靶多晶X射线衍射方法的要求制样。将制备好的样品平放在衍射仪的样品台支架上。

⑥ 接通电源：接通主机和计算机系统的电源，开启主机，启动DX-2500系统控制软件。

⑦ 数据采集：填写参数表后，点击“开始采集数据”按钮，系统将自动开高压、光闸，开始测量，测量结束后将自动关光闸。

⑧ 测量结束后，手动退出DX-2500系统控制软件。

⑨ 关闭仪器主机电源。

⑩ 20min后关闭冷却水泵。

(3) 物相定性分析 X射线照射到晶体所产生的衍射具有一定的特征，可用衍射线的方向及强度特征，根据衍射特征来鉴定晶体物相，这种方法称为物相分析法。物相分析法主要有图谱直接对比法、数据对比法、计算机自动检索鉴定法。

① 图谱直接对比法 直接比较待测样品和已知物相的谱图。该法可直观简便地对物相进行鉴定，但相互比较的谱图应在相同的实验条件下获取。该法比较适合于常见物相及可推测的物相的分析。

② 数据对比法 将实际测定的数据（2θ、d、I/I_1）与标准衍射数据比较，就可对物相进行鉴定。

③ 计算机自动检索鉴定法 建立标准物相衍射数据库。将样品的实测数据输入计算机，由计算机按相应的程序进行检索。到目前为止，这种方法还在不断完善。

5. 电感耦合等离子体发射光谱仪

电感耦合等离子体发射光谱仪（ICP-AES），是指以电感耦合等离子体作为激发光源，根据处于激发态的待测元素原子回到基态时发射的特征谱线对待测元素进行分析的仪器。待测元素原子的能级结构不同，因此发射谱线的特征不同，据此可对样品进行定性分析；而待测元素原子的浓度不同，因此发射强度不同，可实现元素的定量测定。

(1) 电感耦合等离子体发射光谱仪结构 电感耦合等离子体发射光谱仪由样品引入系统、电感耦合等离子体（ICP）光源、分光系统、检测系统等构成，另有计算机控制及数据处理系统、冷却系统、气体控制系统等，详见图1-23。

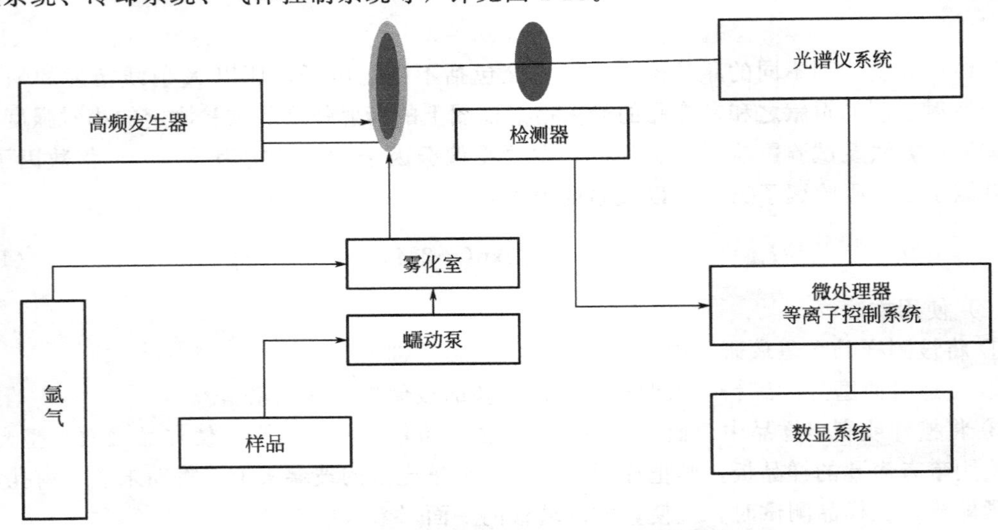

图1-23 电感耦合等离子体发射光谱仪结构

样品由载气（氩气）引入雾化系统进行雾化后，以气溶胶形式进入等离子体的轴向通道，在高温和惰性气氛中被充分蒸发、原子化、电离和激发，发射出所含元素的特征谱线。根据特征谱线的存在与否，鉴别样品中是否含有某种元素（定性分析）；根据特征谱线强度确定样品中相应元素的含量（定量分析）。

（2）定量测定 分析谱线的选择原则一般是选择干扰少、灵敏度高的谱线；同时应考虑分析对象：对于微量元素的分析，采用灵敏线，而对于高含量元素的分析，可采用弱线。

① 标准曲线法 在选定的分析条件下，测定待测元素三个或三个以上的含有不同浓度的标准系列溶液（标准溶液的介质和酸度应与待测溶液一致），以分析线的响应值为纵坐标，浓度为横坐标，绘制标准曲线，计算回归方程，相关系数应不低于 0.99。在同样的分析条件下，同时测定待测溶液和试剂空白，扣除试剂空白，从标准曲线或回归方程中查得相应的浓度，计算样品中各待测元素的含量。

② 内标校正的标准曲线法 在每个样品（包括标准溶液、待测溶液和试剂空白）中添加相同浓度的内标（ISTD）元素，以标准溶液待测元素分析线的响应值与内标元素参比线响应值的比值为纵坐标，浓度为横坐标，绘制标准曲线，计算回归方程。利用供试品中待测元素分析线的响应值和内标元素参比线响应值的比值，从标准曲线或回归方程中查得相应的浓度，计算样品中含待测元素的含量。

内标元素的选择原则：a. 外加内标元素在分析样品中应不存在或含量极微；如样品基体元素的含量较稳时，亦可用该基体元素作内标；b. 内标元素与待测元素应有相近的特性；c. 同族元素，具有相近的电离能。

参比线的选择原则：a. 激发能应尽量相近；b. 分析线与参比线的波长及强度接近；c. 无自吸现象且不受其他元素干扰；d. 背景应尽量小。内标的加入可以通过在每个样品和标准溶液中分别加入，也可通过蠕动泵在线加入。

③ 标准加入法 取同体积的待测溶液 4 份，分别放置于 4 个同体积的量瓶中，除第 1 个量瓶外，在其他 3 个量瓶中分别精密加入不同浓度的待测元素标准溶液，分别稀释至刻度，摇匀，制成系列待测溶液。在选定的分析条件下分别测定，以分析线的响应值为纵坐标，待测元素加入量为横坐标，绘制标准曲线，将标准曲线延长交于横坐标，交点与原点的距离所对应的值，即为待测溶液用量中待测元素的含量。此法仅适用于第①法中标准曲线呈线性并通过原点的情况。

6. 热重分析仪

热重分析（thermogravimetric analysis，TG 或 TGA）是指在程序控制温度下测量待测样品的质量与温度变化关系的一种热分析技术，用来研究材料的热稳定性和组分。热重分析在研发和质量控制方面都是比较常用的检测手段。热重分析在实际的材料分析中经常与其他分析方法联用，进行综合热分析，全面准确分析材料。

（1）基本原理 随温度的升高，物质会产生相应的变化，如水分蒸发，失去结晶水，低分子易挥发物的逸出，物质的分解氧化等。

将物质的质量变化和温度变化的信息记录下来，就得到了物质的质量温度曲线，即热重曲线。热重曲线纵坐标表示质量（mg），向下表示质量减少，向上表示质量增加；横坐标表示温度 T（℃或 K），有时也可用时间 t，从左向右表示 T 或 t 增加，如图 1-24 所示。

（2）使用方法

① 开机预热 30min，打开软件，待仪器稳定。

② 取两个空白坩埚（若测试超过500℃，必须使用陶瓷坩埚!）放于测试杆上，盖上炉盖，点击仪器操作面板上的“清零”，“DSC”和“TG”数值为零，方可进行下一步操作。

③ 在电脑操作平面上点击“设置”→“通信连接”，连接仪器与电脑；点击“设置”，选择“参数设置”，输入所需参数；点击“设置”，点击三角符号的“开始”按钮，进行测试。

④ 空白实验结束后，待仪器冷却至室温，把坩埚放至测试杆上，点击仪器控制面板“清零”键，待“DSC”和“TG”数值为零后取出一只坩埚，装样品，再将坩埚放入炉内。点击“设置”，选择“参数设置”，输入所需参数后点击“设置”“文件”，选择“调入基线”，选择所需基线，点击“开始”，进行测试。

⑤ 测量结束后，手动退出系统软件。

⑥ 关闭仪器主机电源。

(3) 热重计算与分析　TG 曲线关键温度表示法如图 1-25 所示。

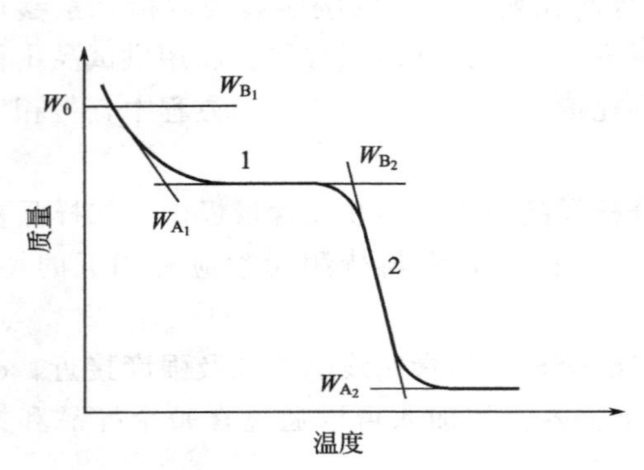

图 1-24　TG 曲线图 (1)

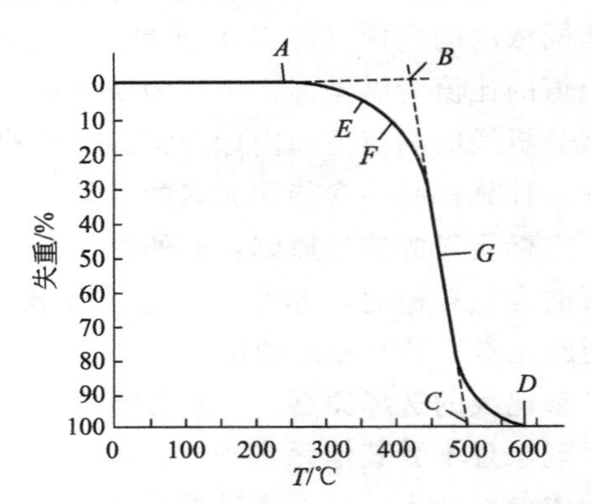

图 1-25　TG 曲线关键温度表示法

A—起始分解温度；B—外延起始温度；
C—外延终止温度；D—终止温度；
E—分解 5% 的温度；F—分解 10% 的温度；
G—分解 50%的温度

根据 TG 曲线图 1-24 所示，TG 曲线失重量表示方法如下：

$$W_{组分1}=\frac{W_{B_1}-W_{A_1}}{W_0}\times100\% \qquad (1\text{-}33)$$

$$W_{组分2}=\frac{W_{B_2}-W_{A_2}}{W_0}\times100\% \qquad (1\text{-}34)$$

$$W_{残留物}=\frac{W_{A_2}}{W_0}\times100\% \qquad (1\text{-}35)$$

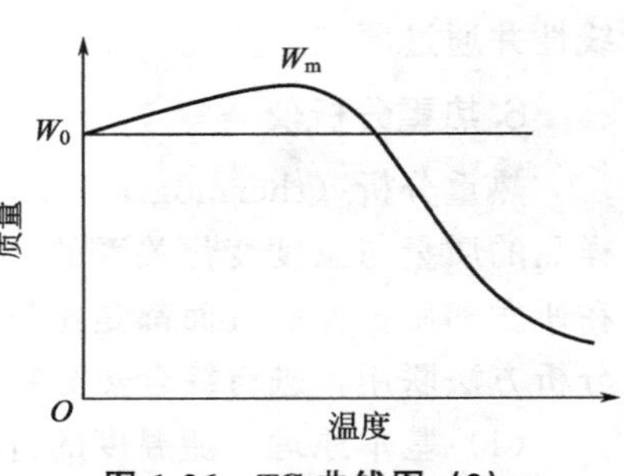

图 1-26　TG 曲线图 (2)

根据 TG 曲线图 1-26 所示，TG 增重量表示方法如下：

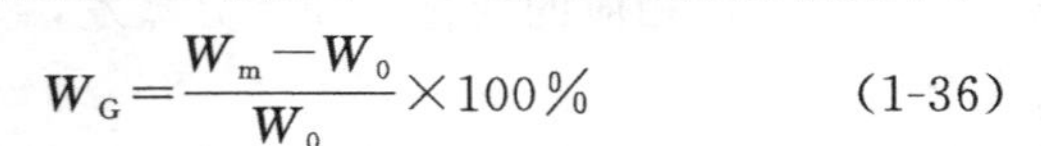

$$W_G=\frac{W_m-W_0}{W_0}\times100\% \qquad (1\text{-}36)$$

三、反应器

1. 气-固相催化反应器

常用的气-固相催化反应动力学研究的实验室反应器有：平推流等温积分反应器、平推流等温直流微分反应器和无梯度反应器。

(1) 平推流等温积分反应器　平推流等温积分反应器大多数装置在电炉内的直圆管，在电炉炉膛及反应测试管之间装有金属块，以加强传热和平稳反应管内的温度。有时也用装置在盐浴、油浴或流化床由内而外绕有预热用蛇形管的反应器。

在平推流等温积分反应器中获得的数据，不是某一瞬间的反应速率，而是在一定的质量空速下，反应物经过催化床的轴向浓度变化，它反映了在平推流及等温下由入口浓度 c_{A0} 经历催化反应达到出口浓度 c_{Af}，可按平推流反应器的规律来处理实验数据。

如果空速较大，催化床进、出口处转化率变化不太大，以至于反应热较小，另一方面等温电炉或盐浴装置设计得较好，而又在催化床中将催化剂与一定数量的同粒度的惰性材料相混合，可以期望催化床的轴向温度差在±0.5℃以内。

为了消除催化床层中的径向浓度差和温度差，一方面用惰性物料稀释催化床，另一方面可以选用较小的反应管直径和适当的反应管直径 d_t 与颗粒直径 d_p 之比，当 d_t/d_p 大于 8 时，可以忽略壁效应。

增大催化床高度 L 能保证消除催化床中的轴向返混。对于 n 级反应而言，消除轴向返混的最低高度 L 应满足：

$$\frac{L}{d_p}>\frac{20u}{Pe_L}\ln\left(\frac{c_{A0}}{c_{Af}}\right) \tag{1-37}$$

式中，Pe_L 为轴向 Peclet 数，对于气相反应，可取 2。

根据消除径向温度差及浓度差的要求来看，平推流等温积分反应器只适用于测试细小颗粒催化剂的本征反应动力学。

在测定本征反应动力学数据时，一定要保证消除内、外扩散过程的影响，有效的措施是采用较大的气体质量流率和直径较小的催化剂。因此在测定前，往往需要做改变粒度的预实验：在测试温度范围内，选用较高的反应温度，选用相同质量空速和进口气体组成，改变催化剂粒度大小，随着催化剂粒度的减小，内扩散的影响也会相应减小，出口转化率会相应增加，当粒度减小到一定的时候，出口转化率不再变化，便可认为在此粒度下已经消除了内扩散对反应的影响。而不改变催化剂粒度、质量空速、反应温度和进口气体组成的情况下，改变催化剂的用量，当催化剂用量不断减少，则相同质量空速的气体流速增加，如果出口转化率不变，即说明消除了外扩散对反应的影响。

(2) 平推流等温直流微分反应器　如果平推流等温积分反应器在高空速下操作，以至于主要反映组分 A 的转化率变化 Δx_A 相当小，这时可以用进出口组分浓度的算术平均值作为计算反应速率的瞬时浓度，称为平推流等温直流微分反应器。

直流微分反应器的操作空速比积分反应器高，外扩散影响更易消除，并且由于转化率相当小，单位床层体积的反应热小，催化床易于做到等温。

(3) 无梯度反应器　如果大量气体在反应器进出口处循环流动，循环的气体与补充的气体混合后导出系统，循环的气体与补充的气体混合后再通过催化床，当循环气流量与原料气流量之比值足够大时，反应气体在催化床进、出口处的组成变化很小，反应器气体不存在浓度梯度，按出口浓度计算的反应速率即为催化床中的反应速率。如果无梯度反应器的温度控制装置设计合理，反应器中也无温度梯度。无梯度反应器实质上可以看做是全混流反应器。

对反应器进口处做物料衡算，如以 V_0 及 V_c 分别表示原料气及循环气体积流量，c_0 表示反应组分的初始浓度，而 c_i 和 c_f 分别表示反应器进口及出口处反应组分的浓度，则

$$V_0c_0+V_cc_f=(V_0+V_c)c_i \tag{1-38}$$

$$c_i=\frac{V_0}{V_0+V_c}c_0+\frac{V_c}{V_0+V_c}c_f=\frac{c_0+R_c c_i}{1+R_c} \tag{1-39}$$

式中，R_c 为循环比，$R_c=\frac{V_c}{V_0}$。

由式（1-39）可见，当循环比增加时，反应器进口处浓度 c_i 接近出口处浓度 c_f。当循环比 R_c 大于 25 时，反应器相当于一个全混流反应器。

对于全混流反应器，可以方便地计算反应速率

$$r_A=r_{Af}=\frac{V_0(c_0-c_f)}{V_R} \tag{1-40}$$

式中，V_R 为反应器体积。

如果按照催化剂质量 m 计算反应速率，则

$$r_A=\frac{V_0(c_0-c_f)}{m}=N_{\tau 0}\ \frac{y_{A0}-y_{Af}}{m} \tag{1-41}$$

总之，从反应动力学测试要求来看，上述各类反应器有以下特点：

① 平推流等温积分反应器只适用于内、外扩散已经消除的细小颗粒催化剂的本征动力学测试。

② 无梯度反应器中气体在反应器内被强制循环，消除了反应器气相中的浓度梯度和温度梯度，所获得的又是瞬时的反应速率，简化了数据处理过程，是测试工业颗粒催化剂总体速率的良好装置。

③ 对于多重反应系统，积分反应器便于考察多重反应的综合效应，而在积分反应器后再装置无梯度反应器，便于在微分反应器中考察不同气体组成对瞬间反应速率的影响。

④ 如果需要测定固体催化剂由于中毒而失活的失活本征动力学，则选用无梯度反应器为宜。

2. 流固相非催化反应器

常用的研究液-固相非催化反应动力学的实验装置是搅拌槽式反应器，常用的研究气-固相非催化反应动力学的实验装置是热天平。由于固相反应物的组成随反应时间而变，所用的研究装置都是适用于间歇反应的实验装置。

（1）搅拌槽式反应器　大多数液-固相反应的工业装置、实验室装置都是搅拌槽式反应器。一般采用置于恒温槽中的三口烧瓶，其中安装有搅拌器、温度计、液相取样口，预先放入一定量的某种反应液，开始计入反应时间。一般液-固相反应的反应速率较慢，达到比较高的转化率需要数小时或者更长时间。在等温下反应一定时间后，取出三口烧瓶，停止反应，立即分析固相中反应组分的含量，这种操作方式是测定相当长反应时间后的总转化率。另一种测定方式是开始反应后，间隔一定的时间，如 30min，取出数毫升的悬浮液进行分析，再隔 30min 再取样分析，如此连续进行，即可测定转化率随时间的变化。改变反应液相的组成及液固比，改变反应温度或固体颗粒的粒度，根据一定的液固反应模型，可整理出反应动力学方程。

（2）热天平　在一定的反应温度，一定的反应气体组成和流量的条件下，对一定初始程度的固相颗粒，直接测定固体质量随时间的变化，即可测得固相反应组分的转化率随反应时间的变化关系。

3. 气液反应器

气-液反应的实验研究内容主要包括测定气-液反应系统的动力学特性以及确定气-液反应

器的流体力学和传质特性。用实验的方法测定气-液反应系统动力学特性是最为常见的实验研究目的，此时，可视气-液反应的属性来选择实验反应器的类别。一般而言，慢速反应选择鼓泡反应器、搅拌鼓泡反应器，快速反应可以选择降膜反应器和板式反应器等。

（1）填充床反应器　填充床反应器适用于快速和瞬间反应过程。其轴向返混几乎可以忽略，而且气相流动的压降降低，操作费用较小。填充床反应器具有操作适应性好、结构简单、能耐腐蚀等优点，广泛应用于带有化学反应的气体净化过程。

（2）板式反应器　板式反应器适用于快速和中速反应过程。采用多板可以将轴向返混降低至最小程度，并且它可以在很小的流体流率下进行操作，从而能在单塔中直接获得极高的液体转化率。同时，板式反应器的气液传质系数较大，可以在板上安装冷却或加热元件，以维持所需温度的要求。但是板式反应器具有气相流动压降较大和传质表面较低等缺点。

（3）降膜反应器　降膜反应器为膜式反应设备。通常借助管内的流动液膜进行气液反应，管外使用载热流体导入反应的热量。降膜反应器可适用于瞬间和快速反应过程，它特别适宜于较大热效应的气-液加工过程，除此以外，降膜反应器还有压降小和无轴向返混的优点。由于降膜反应器中液体的停留时间较短，因此不适用于慢速反应。同时，降膜管的安装垂直度要求较高，液体成膜和均匀分布是降膜反应器的关键问题。

（4）鼓泡反应器　鼓泡反应器具有极高的储液量，适宜于慢速反应和放热较大的反应。鼓泡反应器液相轴向返混很严重，在不太大的高径比情况下，可认为液相处于理想混合状态，因此较难在单一连续反应器中达到较高的液相转化率，为了解决这一问题，处理量较少的情况通常采用半间歇操作方式，处理量较大的情况则采用多级鼓泡反应器串联的操作方式。

（5）搅拌鼓泡反应器　搅拌鼓泡反应器也适用于慢速反应过程，尤其对高黏性的非牛顿型液体更为适用。例如，发酵工业和高分子材料工业中，借搅动作用使气体高度分散减弱了传质系数对液体黏度影响，使高黏性流体气液反应以较快速率反应。

第四节　实验数据处理

实验研究的目的，是期望通过实验数据获得可靠的、有价值的实验结果。而实验结果是否可靠，是否准确，是否真实地反映了对象的本质，不能只凭经验和主观臆断，必须应用科学的、有理论依据的数学方法加以处理、分析和归纳。因此，掌握和应用误差分析、统计理论和科学的数据处理方法是十分必要的。

一、实验数据的误差分析

由于实验方法和实验设备的不完善，周围环境的影响，以及人的观察力，测量程序等限制，实验观测值和真值之间，总是存在一定的差异。人们常用绝对误差、相对误差或有效数字来说明一个近似值的准确程度。为了评定实验数据的精确性或误差，认清误差的来源及其影响，需要对实验的误差进行分析和讨论。由此可以判定哪些因素是影响实验精确度的主要方面，从而在以后实验中，进一步改进实验方案，缩小实验观测值和真值之间的差值，提高实验的精确性。

1. 误差的基本概念

测量是人类认识事物本质不可缺少的手段。通过测量和实验能使人们对事物获得定量的概念和发现事物的规律性。科学上很多新的发现和突破都是以实验测量为基础的。测量就是用实验的方法，将被测物理量与所选用作为标准的同类量进行比较，从而确定它的大小。

(1) 真值与平均值　真值是待测物理量客观存在的确定值，也称理论值或定义值。通常真值是无法测得的。若在实验中，测量的次数无限多时，根据误差的分布定律，正负误差出现的概率相等。再经过细致地消除系统误差，将测量值加以平均，可以获得非常接近于真值的数值。但是实际上实验测量的次数总是有限的。用有限测量值求得的平均值只能是近似真值，常用的平均值有下列几种：

① 算术平均值　设 x_1、$x_2 \cdots x_n$ 为各次测量值，n 代表测量次数，则算术平均值为

$$\overline{x}_{算}=\frac{x_1+x_2+\cdots+x_n}{n}=\frac{\sum_{i=1}^{n} x_i}{n} \tag{1-42}$$

② 几何平均值　几何平均值是将一组 n 个测量值连乘并开 n 次方求得的平均值。即

$$\overline{x}_{几}=\sqrt[n]{x_1 \cdot x_2 \cdots x_n} \tag{1-43}$$

③ 均方根平均值

$$\overline{x}_{均}=\sqrt{\frac{x_1^2+x_2^2+\cdots+x_n^2}{n}}=\sqrt{\frac{\sum_{i=1}^{n} x_i^2}{n}} \tag{1-44}$$

④ 对数平均值　在化学反应、热量和质量传递中，其分布曲线多具有对数的特性，在这种情况下表征平均值常用对数平均值。设两个量 x_1、x_2，其对数平均值

$$\overline{x}_{对}=\frac{x_1-x_2}{\ln x_1-\ln x_2}=\frac{x_1-x_2}{\ln \frac{x_1}{x_2}} \tag{1-45}$$

以上介绍各平均值的目的是要从一组测定值中找出最接近真值的那个值。在化工实验和科学研究中，数据的分布较多属于正态分布，所以通常采用算术平均值。

(2) 误差的分类　根据误差的性质和产生的原因，一般分为三类：

① 系统误差　系统误差是指在测量和实验中未发觉或未确认的因素所引起的误差，而这些因素影响结果永远朝一个方向偏移，其大小及符号在同一组实验测定中完全相同，当实验条件一经确定，系统误差就获得一个客观上的恒定值。

当改变实验条件时，就能发现系统误差的变化规律。

系统误差产生的原因：测量仪器不良，如刻度不准，仪表零点未校正或标准表本身存在偏差等；周围环境的改变，如温度、压力、湿度等偏离校准值；实验人员的习惯和偏向，如读数偏高或偏低等引起的误差。针对仪器的缺点、外界条件变化影响的大小、个人的偏向，待分别加以校正后，系统误差是可以清除的。

② 偶然误差　在已消除系统误差的一切量值的观测中，所测数据仍在末一位或末两位数字上有差别，而且它们的绝对值和符号的变化，时大时小，时正时负，没有确定的规律，这类误差称为偶然误差或随机误差。偶然误差产生的原因不明，因而无法控制和补偿。但是，倘若对某一量值作足够多次的等精度测量后，就会发现偶然误差完全服从统计规律，误差的大小或正负的出现完全由概率决定。因此，随着测量次数的增加，随机误差的算术平均值趋近于零，所以多次测量结果的算数平均值将更接近于真值。

③ 过失误差　过失误差是一种显然与事实不符的误差，它往往是由于实验人员粗心大

意、过度疲劳和操作不正确等原因引起的。此类误差无规则可寻，只要加强责任感、多方警惕、细心操作，过失误差是可以避免的。

（3）精密度、准确度和精确度　反映测量结果与真实值接近程度的量，称为精度（亦称精确度）。它与误差大小相对应，测量的精度越高，其测量误差就越小。“精度”应包括精密度和准确度两层含义。

① 精密度　测量中所测得数值重现性的程度，称为精密度。它反映偶然误差的影响程度，精密度高就表示偶然误差小。

② 准确度　测量值与真值的偏移程度，称为准确度。它反映系统误差的影响精度，准确度高就表示系统误差小。

③ 精确度（精度）它反映测量中所有系统误差和偶然误差综合的影响程度。

在一组测量中，精密度高的准确度不一定高，准确度高的精密度也不一定高，但精确度高，则精密度和准确度都高。

（4）误差的表示方法　利用任何量具或仪器进行测量时，总存在误差，测量结果总不可能准确地等于被测量的真值，而只是它的近似值。测量的质量高低以测量精确度作指标，根据测量误差的大小来估计测量的精确度。测量结果的误差愈小，则认为测量就愈精确。

① 绝对误差　测量值 X 和真值 A_0 之差为绝对误差，通常称为误差。记为：

$$D=X-A_0 \tag{1-46}$$

由于真值 A_0 一般无法求得，因而上式只有理论意义。常用高一级标准仪器的示值作为实际值 A 以代替真值 A_0。由于高一级标准仪器存在较小的误差，因而 A 不等于 A_0，但总比 X 更接近于 A_0。X 与 A 之差称为仪器的示值绝对误差。记为

$$d=X-A \tag{1-47}$$

与 d 相反的数称为修正值，记为

$$C=-d=A-X \tag{1-48}$$

通过检定，可以由高一级标准仪器给出被检仪器的修正值 C。利用修正值便可以求出该仪器的实际值 A。即

$$A=X+C \tag{1-49}$$

② 相对误差　衡量某一测量值的准确程度，一般用相对误差来表示。示值绝对误差 d 与被测量的实际值 A 的百分比值称为实际相对误差。记为

$$\delta_A=\frac{d}{A}\times 100\% \tag{1-50}$$

以仪器的示值 X 代替实际值 A 的相对误差称为示值相对误差。记为

$$\delta_X=\frac{d}{X}\times 100\% \tag{1-51}$$

一般来说，除了某些理论分析外，用示值相对误差较为适宜。

③ 引用误差　为了计算和划分仪表精确度等级，提出引用误差概念。其定义为仪表示值的绝对误差与量程范围之比。

$$\delta_A=\frac{\text{示值绝对误差}}{\text{量程范围}}\times 100\%=\frac{d}{X_n}\times 100\% \tag{1-52}$$

式中　d——示值绝对误差；

X_n——标尺上限值－标尺下限值。

④ 算术平均误差　算术平均误差是各个测量点的误差的平均值。

$$\delta_{平}=\frac{\sum |d_i|}{n} \quad (i=1,2,\cdots,n) \tag{1-53}$$

式中 n——测量次数；

d_i——第 i 次测量的误差。

⑤ 标准误差　标准误差亦称为均方根误差。其定义为

$$\sigma=\sqrt{\frac{\sum d_i^2}{n}} \tag{1-54}$$

上式适用于无限测量的场合。实际测量工作中，测量次数是有限的，则改用下式

$$\sigma=\sqrt{\frac{\sum d_i^2}{n-1}} \tag{1-55}$$

标准误差不是一个具体的误差，σ 的大小只说明在一定条件下等精度测量集合所属的每一个观测值对其算术平均值的分散程度，如果 σ 的值愈小则说明每一次测量值对其算术平均值分散度就小，测量的精度就高，反之精度就低。

(5) 测量仪表精确度　测量仪表的精确等级是用最大引用误差（又称允许误差）来标明的。它等于仪表示值中的最大绝对误差与仪表的量程范围之比的百分数。

$$\delta_{max}=\frac{最大示值绝对误差}{量程范围}\times100\%=\frac{d_{max}}{X_n}\times100\% \tag{1-56}$$

式中 δ_{max}——仪表的最大测量引用误差；

d_{max}——仪表示值的最大绝对误差；

X_n——标尺上限值－标尺下限值。

通常情况下是用标准仪表校验较低级的仪表。所以，最大示值绝对误差就是被校表与标准表之间的最大绝对误差。

2. 有效数字及其运算规则

在科学与工程中，该用几位有效数字来表示测量或计算结果，总是以一定位数的数字来表示。不是说一个数值中小数点后面位数越多越准确。实验中从测量仪表上所读数值的位数是有限的，而取决于测量仪表的精度，其最后一位数字往往是仪表精度所决定的估计数字。即一般应读到测量仪表最小刻度的十分之一位。数值准确度大小由有效数字位数来决定。

(1) 有效数字　一个数据，其中除了起定位作用的“0”外，其他数都是有效数字。如 0.0037 只有两位有效数字，而 370.0 则有四位有效数字。一般要求测试数据有效数字为四位。要注意有效数字不一定都是可靠数字。如测流体阻力所用的 U 形管压差计，最小刻度是 1mm，但我们可以读到 0.1mm，如 342.4mmHg。又如二等标准温度计最小刻度为 0.1℃，我们可以读到 0.01℃，如 15.16℃，此时有效数字为四位，而可靠数字只有三位，最后一位是不可靠的，称为可疑数字。记录测量数值时只保留一位可疑数字。

为了清楚地表示数值的精度，明确读出有效数字位数，常用指数的形式表示，即写成一个小数与相应 10 的整数幂的乘积。这种以 10 的整数幂来记数的方法称为科学记数法。

(2) 有效数字运算规则

① 记录测量数值时，只保留一位可疑数字。

② 当有效数字位数确定后，其余数字一律舍弃。舍弃办法是四舍六入，即末位有效数字后边第一位小于 5，则舍弃不计；大于 5 则在前一位数上增 1；等于 5 时，前一位为奇数，

则进 1 为偶数，前一位为偶数，则舍弃不计。这种舍入原则可简述为："小则舍，大则入，正好等于奇变偶"。如：保留 4 位有效数字 3.1415926→3.142。

③ 在加减计算中，各数所保留的位数，应与各数中小数点后位数最少的相同。例如将 24.65、0.0082、1.632 三个数字相加时，应写为 24.65＋0.01＋1.63＝26.29。

④ 在乘除运算中，各数所保留的位数，以各数中有效数字位数最少的那个数为准；其结果的有效数字位数亦应与原来各数中有效数字最少的那个数相同。例如：0.0126×55.58×2.0338 应写成 0.0126×55.6×2.03＝1.42。上例说明，虽然这三个数的乘积为 1.4221368，但只应取其积为 1.42。

⑤ 在对数计算中，所取对数位数应与真数有效数字位数相同。

二、实验数据的处理方法

实验的目的或是测量某个量的值，或是确定某些量之间的函数关系。数据处理的中心内容是估算待测量的最佳值，估算测量结果的不确定度或寻求多个待测量间的函数关系。实验数据处理常使用的方法有四种：列表法、作图法、回归分析法和最小二乘曲线拟合。

1. 列表法

用合适的表格将实验数据（包括原始数据与运算数值）记录出来就是列表法。实验数据既可以是同一个物理量的多次测量值及结果，也可以是相关几个量按一定格式有序排列的对应的数值。

数据列表本身就能直接反映有关量之间的函数关系。此外，列表法还有一些明显的优点，便于检查测量结果和运算结果是否合理，若列出了计算的中间结果，可以及时发现运算是否有错，便于日后对原始数据与运算进行核查。

数据列表时的要求如下：

（1）表格力求简单明了，分类清楚，便于显示有关量之间的关系。

（2）表中各量应写明单位，单位写在标题栏内，一般不要写在每个数字的后面。

（3）表格中的数据要正确地表示出被测量的有效数字。

2. 作图法

在坐标纸上描绘出所测物理量的一系列数据间关系的图线就是作图法。该方法简便直观，易于揭示出物理量之间的变化规律，粗略显示出对应的函数关系，是寻求经验公式最常用的方法之一。作图规则如下：

（1）选用合适的坐标纸与坐标分度值　一般常用毫米方格坐标纸，再认真选取坐标分度值。坐标分度值的选取要符合测量值的准确度，即应能反映出测量值的有效数字位数。一般以一小格（1 mm）或二小格对应于测量仪表的最小分度值或对应于测量值的次末位数，即倒数第二位数，以保证图上读数的有效数字不少于测量数据的有效数位，即不降低数据的精度，当然也不应夸大精度。分度时应使各个点的坐标值都能迅速方便地从图中读出，一般一大格（10mm）代表 1、2、5、10 个单位较好，而不采用一大格代表 3、6、7、9 个单位。也不应该用 3、6、7、9 个小格（1mm）代表一个单位。否则，不仅标实验点和读数不方便，也容易出错。两轴的比例可以不同。坐标范围应恰好包括全部测量值，并略有富余，一般图面不要小于 $10\times10cm^2$。最小坐标值不必都从零开始，以便作出的图线大体上能充满全图，布局美观合理。原点处的坐标值，一般可选取略小于数据最小值的整数开始。

（2）标明坐标轴　以横轴代表自变量（一般为实验中可以准确控制的量，如温度、时间等)，以纵轴代表因变量，用粗实线在坐标纸上描出坐标轴，在轴端注明物理量名称、符号、单位，并按顺序标出轴线整分格上的量值。

(3) 标实验点　实验点可用＋、×、⊙、△等符号中的一种标明，不要仅用“•”标实验点。同一条图线上的数据用同一种符号，若图上有两条图线，应用两种不同符号以便于区别。

(4) 连成图线　使用直尺、曲线板等工具，按实验点的总趋势连成光滑的曲线。由于存在测量误差，且各点误差不同，不可强求曲线通过每一个实验点，但应尽量使曲线两侧的实验点靠近图线，且分布大体均匀。

描绘仪器仪表的校正曲线时，相邻两点一律用直线连接，呈折线形式，这是因为在校正点处已经检测了明确的对应关系，而相邻两个校正点之间的对应关系却是未知的，因而用线性插入法予以近似。

(5) 写出图线名称　在图纸下方或空白位置写出图线的名称，必要时还可写出某些说明。

3. 回归分析法

回归分析法指利用数据统计原理，对大量统计数据进行数学处理，并确定因变量与某些自变量的相关关系，建立一个相关性较好的回归方程（函数表达式），并加以外推，用于预测因变量变化的分析方法。根据因变量和自变量的个数分为：一元回归分析和多元回归分析；根据因变量和自变量的函数表达式分为：线性回归分析和非线性回归分析。

在化工专业实验数据处理过程中，需要将离散的实验数据回归成某一特定的函数形式，用来表达变量之间的相互关系。在化工过程开发的实验研究中，涉及的变量较多，这些变量处于同一系统中，既相互联系又相互制约，但是，由于受到各种无法控制的实验因素的影响，它们之间的关系不能用确切的数学关系式来表示，只能从统计学的角度来寻求其规律，一般可以采用回归分析法。

用回归分析法处理实验数据的步骤是：

① 根据自变量与因变量的现有数据以及关系，初步设定回归方程；

② 求出合理的回归系数；

③ 进行相关性检验，确定相关系数；

④ 在符合相关性要求后，即可根据已得的回归方程与具体条件相结合，来确定事物的未来状况，并计算预测值的置信区间。

4. 最小二乘曲线拟合

测定某一数据如浓度、吸光度等时，常常同一样品、同一实验条件，做 n 次实验，会得到 n 次不同的实验结果。设在某一实验中，可控制的物理量选取 x_1，x_2，…，x_m 时，对应的物理量依次取 y_1，y_2，…，y_m。曲线拟合解决的是 x 与 y 可能是一对多的情况下，如何将数据近似用曲线表达，并使之误差较小。假设对 x_i 值的观测误差很小，而主要误差都出现在 y_i 的观测上，显然对于一组数据，若接近直线，则设线性方程为 $y=a+bx$。按这一经验公式做出的图线不一定能通过每一个实验点，但是它是以最接近这些试验点的方式通过的。很显然，对应于每一个 x_i 值，测定的 y_i 值和经验公式中的 y 值之间存在一偏差 δy_i，称 δy_i 为观测值 y_i 的偏差，即

$$\delta y_i = y_i - y = y_i - (a + bx_i),\ i=1,2,\cdots,n \tag{1-57}$$

若使每一个点上 $[y_i-(a+bx_i)]$ 最小，则它应该满足 $I=\sum_{i=0}^{n}[y_i-(a+bx_i)]^2=\min$（极小），这就是最小二乘曲线拟合的思想。式（1-57）中 x_i 和 y_i 都是测得值，所以解决直线拟合的问题就变成了由实验数据组（x_i，y_i）来确定待定系数 a 和 b 的过程。

令 I 对 b 的偏导数为零，即

$$\frac{\partial I}{\partial b}=-2\sum(y_i-bx_i-a)x_i=0 \tag{1-58}$$

令 I 对 a 的偏导数为零，即

$$\frac{\partial I}{\partial a}=-2\sum(y_i-bx_i-a)=0 \tag{1-59}$$

由式（1-58）及式（1-59）可解得

$$b=\frac{\sum x_i\sum y_i-n\sum x_iy_i}{(\sum x_i)^2-n\sum x_i{}^2},\ a=\frac{\sum x_i\sum x_iy_i-\sum x_i{}^2y_i}{(\sum x_i)^2-n\sum x_i{}^2} \tag{1-60}$$

将式（1-60）计算得出的 a 与 b 值代入直线方程 $y=a+bx$ 中，即得到最佳的经验公式。

若得到的一组实验数据不是线性的，应先将非线性模型转化为线性的。如：$\frac{1}{y}=a+\frac{b}{x}$ 双曲线，应将其转化为 $Y=\frac{1}{y}$，$X=\frac{1}{x}$，则可将非线性方程转化为线性方程 $Y=a+bX$。

在做实验时，常得到数据表格，但不知道函数表达式，此时要先通过描图方式，看图形属于哪类函数图形，写出函数的近似表达式，再通过非线性拟合方程求出函数表达式的系数。

第五节　实验报告的撰写要求

一、预习报告的要求

学生在实验前应认真阅读实验教材，了解实验目的、实验内容、实验原理、实验步骤和注意事项等，并按要求写出预习报告，上实验课时应携带预习报告，并交辅导教师审阅。

一般情况下，预习报告应包括以下内容：

（1）实验目的；

（2）实验原理；

（3）实验所需药品、仪器及使用方法；

（4）实验注意事项；

（5）实验操作步骤；

（6）设计实验数据记录表格；

（7）预习思考题。

二、实验记录要求

实验记录是对实验过程和实验结果的记录，实验中观察到的现象、结果和数据等应及时、如实地记录在案。

实验记录的基本要求如下：

（1）实验记录是记录实验的过程和结果，对每项实验，必须完成和记录实验过程的各项内容（包括实验步骤、试剂的制备方法等）；

（2）实验记录字迹需工整，采用规范的专业术语、计量单位以及外文符号；

（3）实验记录应尊重客观事实；

（4）实验记录应包括实验日期、时间和地点，实验名称，所使用的仪器、药品，主要操作条件和实验结果等；

（5）实验记录还应包括实验中的意外情况，如仪器故障、异常的实验现象等。

三、实验数据处理及实验报告的撰写

实验报告是对实验工作的整理和总结，实验报告的撰写需体现原始性，实验报告记录和表达的实验数据一般比较原始，数据处理的结果通常用图或者表的形式表示，比较直观；实验报告还需体现纪实性，实验报告的内容侧重于实验过程、操作方式、分析方法、实验现象、实验结果的详尽描述，一般不做深入的理论分析。实验报告的书写是一项重要的基本技能训练，它不仅是对每次实验的总结，还可以初步地培养和训练学生的逻辑归纳能力、综合分析能力和文字表达能力，是科学论文写作的基础。

因此，根据上述要求，建议专业实验报告的内容至少应包括表 1-9 中的内容。

表 1-9　实验报告格式

《专业实验》实验报告
实验名称：____________________
专　　业：____________________
实验班级：____________________
姓　　名：____________________
学　　号：____________________
指导教师：____________________
实验时间：____________________
实验地点：____________________
实验组别：____________________
同组成员：____________________
成　　绩：____________________
一、实验目的
二、实验装置及流程简介
三、实验原理
四、实验操作步骤与方法
五、实验过程注意事项
六、数据处理(包括计算过程、数据图表)
七、实验结果及讨论
八、思考题
九、实验体会与收获

参考文献

[1] 乐清华，等. 化学工程与工艺专业实验. 3 版. 北京：化学工业出版社，2017.

[2] 乐清华. 化学工程与工艺专业实验. 2 版. 北京：化学工业出版社，2008.

[3] 李振花，等. 化工安全概论. 3 版. 北京：化学工业出版社，2017.

[4] 许文，等. 化工安全工程概论. 2 版. 北京：化学工业出版社，2011.

[5] 赵劲松，等. 化工过程安全. 北京：化学工业出版社，2015.

[6] 陈卫航，等. 化工安全概论. 北京：化学工业出版社，2016.

[7] 田民波. 材料学概论. 北京:清华大学出版社,2015.
[8] 姚开安，等. 仪器分析. 2 版. 南京:南京大学出版社,2017.
[9] 严拯宇. 仪器分析. 2 版. 南京:东南大学出版社,2018.
[10] 许越. 催化剂设计与制备工艺. 北京:化学工业出版社,2004.
[11] 黄仲涛，等. 工业催化. 3 版. 北京:化学工业出版社,2012.

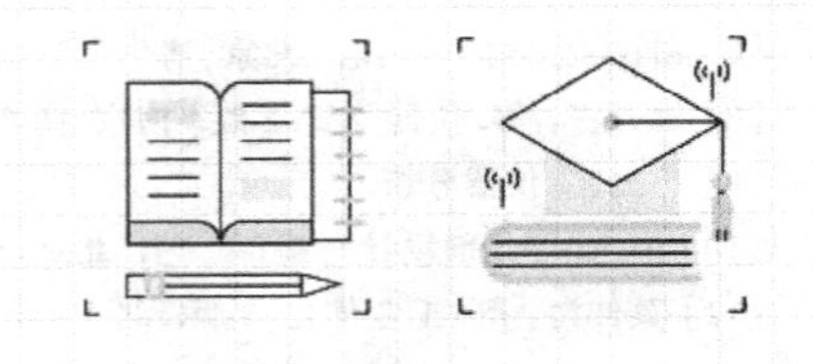

第二章
化工基础实验

实验 1　燃烧热的测定

一、实验目的

（1）明确燃烧热的定义，了解恒压燃烧热与恒容燃烧热的区别与联系。

（2）测定萘的燃烧热，掌握量热技术基本原理。

（3）了解氧弹量热仪的基本原理，掌握氧弹量热仪的基本实验技术。

（4）使用雷诺校正法对温度进行校正。

二、实验原理

1. 基本概念

1mol 物质在标准压力下完全燃烧所放出的热量，即为物质的标准摩尔燃烧焓，用 $\Delta_c H_m^\ominus$ 表示。若在恒容条件下，所测得的 1mol 物质的燃烧热则称为恒容摩尔燃烧热，用 $Q_{V,m}$ 表示，此时该数值亦等于这个燃烧反应过程的热力学能变 $\Delta_r U_m$。同理，在恒压条件下可得到恒压摩尔燃烧热，用 $Q_{p,m}$ 表示，此时该数值亦等于这个燃烧反应过程的摩尔焓变 $\Delta_r H_m$。化学反应的热效应通常用恒压热效应 $\Delta_r H_m$ 来表示。假若 1mol 物质在标准压力下参加燃烧反应，恒压热效应 $\Delta_r H_m^\ominus$ 即为该有机物的标准摩尔燃烧热 $\Delta_c H_m^\ominus$。

把燃烧反应中涉及的气体看做是理想气体，遵循以下关系式：

$$Q_{p,m}=Q_{V,m}+(\sum \nu_B)RT \tag{2-1}$$

2. 氧弹量热仪

本实验采用外槽恒温式量热仪，为高度抛光刚性容器，耐高压，密封性好。量热仪的内筒，包括其内部的水、氧弹及其搅拌棒等近似构成一个绝热体系。为了尽可能将热量全部传递给体系，而不与内筒以外的部分发生热交换，量热仪在设计上采取了一系列措施。为了减少热传导，在量热仪外面设置一个套壳。内筒与外筒空气层绝热，并且设置了挡板以减少空气对流。量热仪壁高度抛光，以减少热辐射。为了保证样品在氧弹内燃烧完全，必须往氧弹中充入高压氧气，这就要求要把粉末状样品压成片状，以免充气时或燃烧时冲散样品。

3. 量热反应测量的基本原理

量热反应测量的基本原理是能量守恒定律。通过数字式贝克曼温度计测量出燃烧反应前后的温度差为 ΔT，若已知量热仪的热容 C，则总共产生的热量即为 $Q_V=C\Delta T$。那么，此

样品的恒容摩尔燃烧热为

$$Q_{V,m}=-\frac{C\Delta T}{n} \tag{2-2}$$

式（2-2）是最理想的情况。但由能量守恒原理可知，此热量的来源包括样品燃烧放热和点火丝放热两部分。即

$$-nQ_{V,m}-m_{点火丝}Q_{点火丝}=C\Delta T \tag{2-3}$$

仪器热容 C 的求法是通过已知燃烧焓的物质，例如本实验使用的苯甲酸，放在量热仪中进行燃烧反应，测其始末温度，代入式（2-3），即可求取 C 的值。

4. 雷诺校正

由于氧弹量热仪不可能完全绝热，其与周围环境的热交换是无法完全避免的，因此燃烧前后温度的变化不能直接用测定到的燃烧前后的温度差来计算，必须经过雷诺校正才能得到准确的温度变化。

三、实验仪器与试剂

1. 实验仪器

本实验所用仪器详见表 2-1 所示。

表 2-1 燃烧热测定实验仪器

实验仪器名称	数量	实验仪器名称	数量
外槽恒温式氧弹量热仪	1 个	氧气钢瓶	1 瓶
压片机	2 台	数字式贝克曼温度计	1 台
万用电表	1 个	0～100℃温度计	1 支

2. 实验试剂

本实验所用试剂详见表 2-2 所示。

表 2-2 燃烧热测定实验试剂

实验试剂	规格	单位	数量
萘	分析纯	瓶	1
苯甲酸	分析纯	瓶	1
点火丝(铁丝)	10cm		1

四、实验步骤

1. 测定氧弹量热仪和水的总热容 C

（1）样品压片　先称取 8g 左右的苯甲酸试剂，准确称量点火丝的质量，记为 $m_{点火丝}$。然后将点火丝与苯甲酸一同压片，注意在压片前要先将压片模具擦拭干净，使点火丝能够黏附在样品的样片上。

（2）装置氧弹、充氧气　将苯甲酸压片的点火丝的两端系在氧弹的两根电极上，旋紧氧弹盖，用万用电表检查电极是否通路。若电阻过大（$R>20\Omega$），则应检查点火丝是否系好，点火丝是否已经断裂。若电阻值合适（$R<20\Omega$），则可进行下一步。

连接好氧气瓶和氧气减压阀，并用高压管将减压表与氧弹进气管相连接，往氧弹中充入

约 10MPa 的氧气。为了排除氧弹内的空气，应反复充气放气 3 次。最后氧弹内保留有约 10MPa 的氧气。再用万用表测量电极是否仍然通路。

(3) 燃烧温度的测量　往量热仪中装入 3000mL 水，再将氧弹放入量热仪的水中，连接好打火装置。盖上量热仪盖子后，先用水银温度计测量水温，再将数字式贝克曼温度计探头插入水中。启动搅拌装置，待读数稳定后，每 30s 读取贝克曼温度计数据。由此记录 10 个数据即为燃烧的前期温度。

记录完 10 个数据之后迅速按下点火按钮。判断点火成功有两个标准：一是点火器电流表指针因通电发生偏转，接着又因点火丝燃断而迅速归零。二是温度会在 1min 内迅速上升，否则应检查点火失败的原因。点火之后仍然是每 30s 读取一个温度数据，直到温度基本维持不变。此阶段记录的数据为燃烧期间的温度。

温度稳定并开始下降后仍需要记录 5min，即读取 10 个数据作为后期温度。

实验结束后，取出数字式贝克曼温度计探头，解开点火导线。氧弹经放气后打开，检查样品是否完全燃烧。若氧弹内有许多黑色的残渣，则表示样品燃烧不完全，实验失败。假若燃烧完全，要从氧弹取出未燃烧的点火丝，称重。

2. 萘燃烧热的测定

称取 0.5g 左右的萘样品，重复 1. 的步骤。最后倒去自来水，擦干量热仪水桶待下次实验使用。

五、数据处理

(1) 根据所记录的温度，绘制出苯甲酸燃烧时温度随时间的变化曲线图。当中的温度为体系与环境的温度差值，由贝克曼温度计测出。使用温差，经雷诺校正后得出的 ΔT 与使用实际温度校正后所得的 ΔT 值相同，计算量热仪热容 C。

(2) 根据所记录的温度，绘制出萘燃烧时温度随时间的变化曲线图，计算萘的恒容摩尔燃烧热 $Q_{V,\mathrm{m}}$。

(3) 计算萘的恒压摩尔燃烧热 $Q_{p,\mathrm{m}}$。

(4) 计算 298.15K 时的 $\Delta_c H_{\mathrm{m}}^{\ominus}$。

六、结果与讨论

(1) 在燃烧热测定实验中，分析体系和环境之间的热交换对实验结果的影响。

(2) 分析萘的恒压摩尔燃烧热和恒容摩尔燃烧热的区别与联系。

七、思考题

(1) 样品压片时，压得太紧或太松对实验有什么影响？

(2) 在燃烧热测定的实验中，哪些因素容易造成实验误差？如何提高实验的准确度？

实验 2　二氧化碳临界状态观测及 p-V-T 关系测定

一、实验目的

(1) 了解二氧化碳临界状态的观测方法。

（2）掌握二氧化碳 p-V-T 关系的测定方法。

（3）学会 p-V-T 关系测定实验中仪器的使用。

二、实验原理

一定量物质的 p-V-T 关系可用等温下的 p-V 图来表示，固定温度，改变体系的压力，测定体积随压力的变化，绘制等温线。当温度高于临界温度时，气体不能液化，等温线描述气体的 p-V 关系。当在临界温度下操作时，等温线出现拐点，这个点称为临界点，此时观察到气液不能区分的模糊现象。当测定的温度低于临界温度时，等温线描述了从气态到气液共存态再到液态的 p-V 关系。

本实验通过活塞式压力计对毛细管中的二氧化碳加压，测定一系列温度下单位质量二氧化碳的 p-V 关系，并且通过实验现象判断临界点。实验中由压力台送来的压力油进入高压容器和玻璃杯上半部，迫使水银进入预先装有二氧化碳气体的承压玻璃管。二氧化碳被压缩，其压力和容积通过压力台上的活塞杆来调节，温度由恒温器的水温来调节。二氧化碳的压力由压力表读出，温度由插在恒温水套中的温度计读出，比容首先由承压玻璃管内二氧化碳柱的高度来测定，再根据承压玻璃管内径均匀、面积不变等条件换算得出。

三、实验装置

实验装置由压力台、恒温器、试验本体三大部分组成，实验整体结构示意图如图 2-1 所示；二氧化碳 p-V-T 关系实验台本体结构如图 2-2 所示。

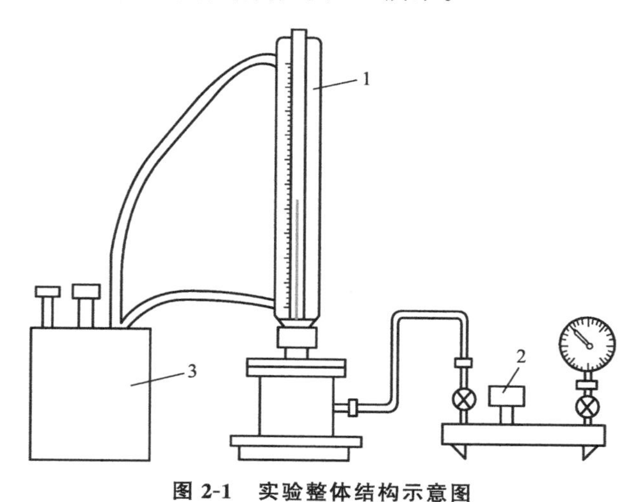

图 2-1　实验整体结构示意图

1—实验本体；2—活塞式压力计；3—恒温器

四、实验步骤

（1）按照实验原理图组装好实验设备，开启实验本体上的日光灯。

（2）将蒸馏水注入恒温器，并且使水循环流动。使用恒温器调节温度，实验先在低温下操作，再转到高温下操作。

（3）加压前的准备工作，由于压力台的油缸容量比主容器的容量小，需要多次抽油，才能在压力表上显示读数，压力台抽油步骤非常重要，若操作失误会损坏实验设备。关闭压力

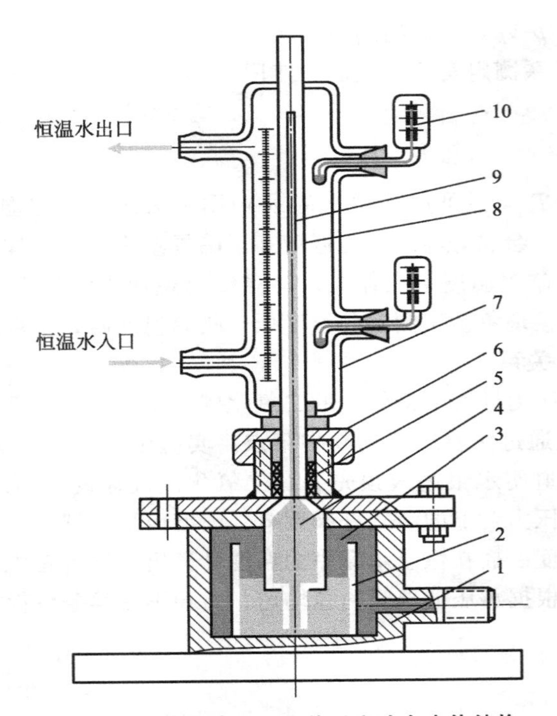

图 2-2 二氧化碳 *p-V-T* 关系实验台本体结构

1—高压容器；2—玻璃杯；3—压力；4—水银；5—密封填料；6—填料压盖；
7—恒温水管；8—承压玻璃管；9—二氧化碳空间；10—温度计

表以及本体油路的进入阀门，开启油泵阀门。摇退压力台上的活塞螺杆，给压力台油缸充油；关闭油泵阀门，打开油路阀和压力阀，观察本体中汞柱出现说明可以开始实验，如果汞柱没有出现，重复前面的操作，直至汞柱出现为止。

（4）在操作温度下记录不同压力下二氧化碳的体积数据，并观察不同等温下的相变过程。

（5）测定 20℃、24℃、26℃、30℃、30.10℃、35℃、40℃下的等温线，并注意观察 30.10℃下出现的临界现象：气液两相模糊不清、气液界面消失、出现临界乳光现象。

（6）缓慢卸压，关闭循环水，关掉日光灯，结束实验。

五、注意事项

（1）做各条等温线，实验压力 $p \leqslant 9.8\mathrm{MPa}$。

（2）不要在气体被压缩的情况下打开油泵阀门，致使二氧化碳瞬间膨胀而溢出玻璃管外，水银则被冲出玻璃杯，卸压时应该慢慢退出活塞杆，使压力逐渐降低。

（3）为保证二氧化碳 *p-V-T* 关系测定时恒温，除了要保证水套的水温恒定以外，加压（或减压）过程也要足够缓慢，从而保持二氧化碳管内外的温度恒定。

（4）实验过程中不要挪动实验装置，避免玻璃杯中的汞进入压力容器。

（5）加压时需要多次抽油，严格按照实验步骤操作，直到观察到汞柱出现。

六、数据处理

（1）由于玻璃管内的二氧化碳质量不便测量，而玻璃管内径或界面（*A*）又不易测准，因而实验中采用间接办法来确定二氧化碳的比容，认为二氧化碳的比容 ν 与其高度是一种线性关系。

已知二氧化碳液体在 20℃、9.8MPa 时的比容 ν（20℃，9.8MPa）为 $0.00117\text{m}^3/\text{kg}$，测定本试验台二氧化碳在 20℃、9.8MPa 时的二氧化碳液柱高度 Δh^*（m），

由此可知
$$\nu(20℃,\ 9.8\text{MPa})=\frac{\Delta h^* \times A}{m}=0.00117\text{m}^3/\text{kg} \tag{2-4}$$

$$\frac{m}{A}=\frac{\Delta h^*}{0.00117}=k(\text{kg/m}^2) \tag{2-5}$$

那么任意温度、压力下二氧化碳的比容为：

$$\nu=\frac{\Delta h}{m/A}=\frac{\Delta h}{k}(\text{m}^3/\text{kg}) \tag{2-6}$$

式中 Δh——任意温度、压力下二氧化碳液柱的高度，$\Delta h=h-h_f$；

h——任意温度、压力下汞柱的高度；

h_f——承压玻璃管内径顶端高度。

（2）将测定的二氧化碳等温下不同 p 与 V 的关系作成图。

（3）用范德华方程进行预测实验结果，并与测定的结果进行对比。

（4）对所测数据进行误差分析。

七、结果与讨论

（1）将实验测定的比容与按照理想气体状态方程以及范德华方程计算出的结果进行比较，并分析产生差异的原因。

（2）将实验测定的等温线与二氧化碳标准等温线比较，分析产生差异的原因。

八、思考题

（1）实验过程中加压和减压过程为什么要缓慢进行？

（2）何为临界点？临界点的数学特征是什么？

（3）除了范德华方程还有哪些方程可以用于此实验的理论计算，其精度与范德华方程相比如何？

实验 3 乙醇-水体系常压汽液平衡实验

一、实验目的

（1）测定乙醇-水二元体系在常压下的汽液平衡数据。

（2）通过实验了解平衡釜的构造，掌握汽液平衡数据的测定方法和技能。

（3）应用 Wilson 方程关联实验数据。

二、实验原理

根据汽液平衡的条件，当气液两相达到平衡时，气相与液相的分逸度相等，气相与液相中的物质处于动态平衡中。实验中当体系的温度恒定时说明气液两相达到了平衡。根据测定

气液相平衡组成和平衡温度来求得活度系数。以循环法测定汽液平衡数据的平衡釜类型虽多，但基本原理相同，如图 2-3 所示。

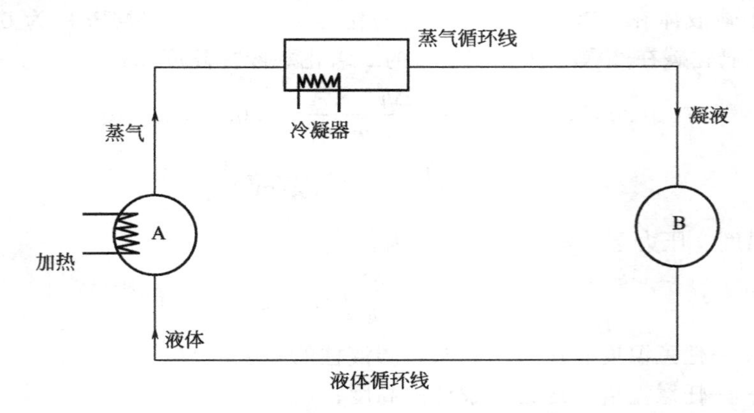

图 2-3 平衡法测定汽液平衡原理图

如上所述，气液两相达到平衡时： $f_i^v = f_i^l$ (2-7)

气相： $f_i^v = p\hat{\varphi}_i^v y_i$ (2-8)

液相： $f_i^l = f_i^0 x_i \gamma_i$ (2-9)

对低压汽液平衡，其气相可以认为是理想气体混合物，即 $\hat{\varphi}_i^v = 1$。若取体系温度，压力下的纯组分作为标准态，再忽略它对液体逸度的影响，

则 $f_i^0 = f_i^s = p_i^s$，从而得出汽液平衡下的关系式：

$$y_i p = \gamma_i x_i p_i^s \tag{2-10}$$

由实验测得等压下汽液平衡数据，则可由式 $\gamma_i = \dfrac{y_i p}{x_i p_i^s}$ (2-11)

计算出不同组成下的活度系数。

Wilson 方程：

$$\ln\gamma_1 = -\ln(x_1 + \Lambda_{12}x_2) + x_2\left[\frac{\Lambda_{12}}{x_1+\Lambda_{12}x_2} - \frac{\Lambda_{21}}{x_2+\Lambda_{21}x_1}\right]$$

$$\ln\gamma_1 = -\ln(x_2 + \Lambda_{21}x_1) + x_1\left[\frac{\Lambda_{21}}{x_2+\Lambda_{21}x_1} - \frac{\Lambda_{12}}{x_1+\Lambda_{12}x_2}\right] \tag{2-12}$$

Antoine 公式： $\lg p_i^s = A_i - \dfrac{B_i}{C_i + t}$ (2-13)

体系活度系数与组成关系可采用 Wilson 方程或 van Laar 方程关联计算。

Wilson 方程二元配偶参数 Λ_{12}，Λ_{21} 采用非线型最小二乘法，由二元汽液平衡数据直接回归而得。目标函数

$$F = \sum_j^n \left[(y_{1实} - y_{1计})_j^2 + (y_{2实} - y_{2计})_j^2\right] \tag{2-14}$$

三、实验装置

1. 实验主体装置

如图 2-4 所示，实验主体为改进的 Rose 平衡釜——气液双循环式平衡釜。样品组成采

用折射率法分析。

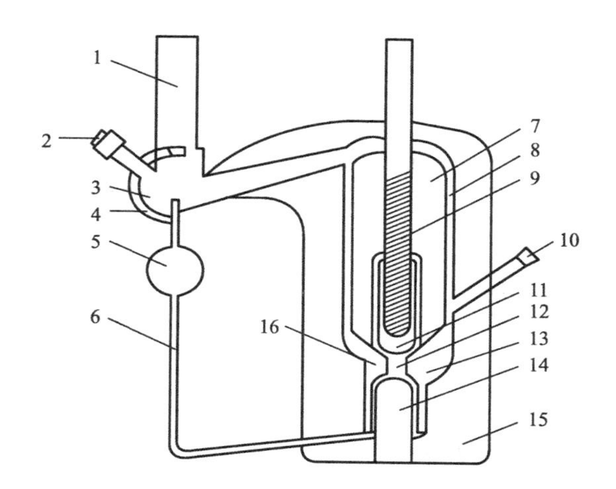

图 2-4 汽液平衡釜示意图

1—磨口；2—气相取样口；3—气相贮液槽；4—连通管；5—缓冲球；6—回流管；7—平衡室；8—钟罩；9—温度计套管；10—液相取样口；11—液相贮液槽；12—提升管；13—沸腾室；14—加热套管；15—真空夹套；16—加料液面

2. 其他装置

平衡釜、阿贝折射仪、超级恒温槽、温度计、注射器（3 支）、容量瓶。

四、实验步骤

1. 准备工作

药品：无水乙醇溶液（分析纯）、蒸馏水。

实验器具：注射器、容量瓶。

2. 操作步骤

（1）向平衡釜中加入一定比例的乙醇、水，一般总液体量为 40mL。加液后保证液体不要太多，以免加热时液体从取样口喷出。

（2）打开冷凝水，打开平衡釜开关，先将加热电压调至 360V，等到液体沸腾时将电压调至 220V。注意观察液体的沸腾情况，根据沸腾情况进行加热电压调节。观察气液两相的平衡情况，当气体不断冷凝进入液相，循环一段时间后，温度显示保持两分钟内不变时，说明气液两相达到了平衡，可以取样分析。记录取样时的温度和压力。

（3）取样前先调好阿贝折射仪，阿贝折射仪的具体操作不再赘述。使用阿贝折射仪测定不同浓度乙醇的折射率，将折射率与浓度的关系作图，可得到乙醇水溶液的折射率-浓度标准曲线，通过此标准曲线可以计算待测样品的浓度。

（4）用带有长针头的注射器分别抽取液相和气相中的液体，注意抽取气液两相液体时尽量快速和同步。抽取待测样品等稍冷后注入阿贝折射仪测定其折射率。

（5）用注射器从气液平衡釜中抽取 2mL 液体，然后向平衡釜加入同量的乙醇或水，重新加热使溶液建立相平衡。重复上面的过程，测定一组汽液平衡数据。实验中要求测定至少五组汽液平衡数据。

（6）关闭汽液平衡釜和阿贝折射仪的电源，等汽液平衡釜内的液体冷却后关闭冷凝水，将汽液平衡釜中的液体排出，实验结束。

五、注意事项

（1）实验前先查看汽液平衡釜的取样口橡胶垫是否完好。

（2）实验时调节汽液平衡釜的操作电压时要视每个釜的情况而定，对于加热功率比较大的釜，加热电压可以适当降低。

（3）乙醇的挥发性很强，实验操作时要迅速。

（4）用注射器取气相液体时要谨慎操作，实验前尽量多练习几次，做到准确快速。

六、数据处理

（1）将实验测得的平衡数据以表格形式列出。

（2）由实验测得几组 T-x-y 数据后，应用 Wilosn 方程计算，根据测定的数据计算活度系数，将此活度系数与按照汽液平衡式计算出的活度系数进行比较。

（3）由实验值和计算值作出 T-x-y 图。

（4）对误差进行分析。

七、结果与讨论

（1）将计算得到的活度系数与实验得到的活度系数进行比较，并分析偏差原因。

（2）除用 Wilosn 方程处理数据外，还有哪些方程可以用于乙醇-水汽液平衡数据的处理。

（3）讨论实验过程中应如何操作才能尽量减少实验误差。

八、思考题

（1）实验中怎样判断气液两相已达到平衡，判断的依据是什么？

（2）计算活度系数时还需要知道哪些参数，这些参数如何获取？

（3）影响汽液平衡实验数据测定准确性的因素有哪些？

实验 4　连续循环管式反应器中返混状况的测定

一、实验目的

（1）了解连续均相管式循环反应器的返混特性。

（2）分析观察连续均相管式循环反应器的流动特性。

（3）研究不同循环比下的返混程度，计算模型参数 n。

二、实验原理

化学反应进行的完全程度与反应物料在反应器内停留时间的长短有关，时间越长，反应进行得越完全，这是众所周知的。可见研究反应物料在反应器内的停留时间问题具有十分重要的意义。

对于连续流动体系，由于流体在系统中流速分布的不均匀，流体的分子扩散和涡流扩散，搅拌而引起的强制对流，以及由于设备设计与安装不良而产生的死区、沟流和短路等原因，流体在系统中的停留时间有长有短，从而形成了一定的停留时间分布。

停留时间分布的实验测定一般采用示踪响应技术。其中示踪剂的选择除了不与主流体发生反应外，还应遵循下列原则：

（1）示踪剂应当易于和主流体溶为（或混为）一体。除了显著区别于主流体的某一可检测性质外，两者应具有尽可能相同的物理性质。

（2）示踪剂浓度很低时也能够容易进行检测，这样可使示踪剂用量减少而不至于影响主流体的流动。

（3）示踪剂的浓度与要检测的物理量的关系应有较宽的线性范围，以便直接利用实验测定数据进行计算而不必再做校正。

（4）用于多相系统的示踪剂不发生从一相转移到另一相的情况。例如，气相示踪剂不能被液体所吸收，液相示踪剂不能挥发到气相中去。

（5）示踪剂本身应具有或易于转变为电信号或光信号的特点，从而能在实验中直接使用现代仪器和计算机采集数据做实时分析，以提高实验的速度和数据的精度。

根据示踪剂加入方式的不同，又可分为脉冲法、阶跃法、周期输入法，其中最常见的是前两种。

1. 脉冲法

脉冲法的实质是在无限短的时间内，在系统入口处向流进系统的液体加入一定量的示踪剂，从而测定其停留时间分布的方法。图 2-5（a）为脉冲法测定时间分布的示意图。图 2-5（b）表示在某个瞬时（$t=0$），用极短的时间，向进料中注入浓度为 c_0 的示踪物。图 2-5（c）表示注入同时在出口处测定示踪物浓度 c 随时间 t 的变化关系。

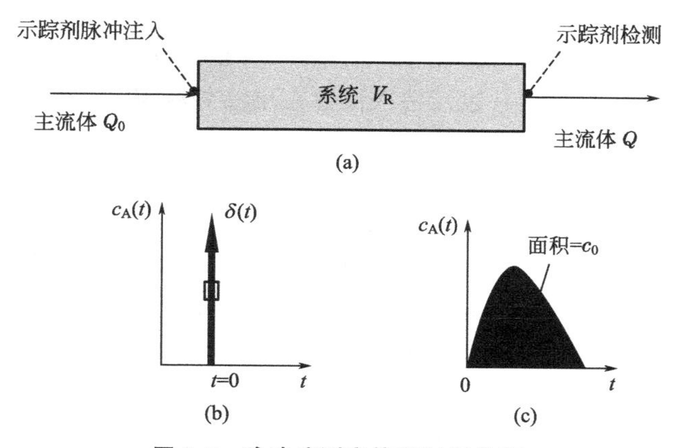

图 2-5 脉冲法测定停留时间分布

出口流体中示踪剂浓度 $c(t)$ 与时间 t 的关系曲线称为响应曲线，由响应曲线即可计算停留时间分布曲线。根据 $E(t)$ 的定义得：

$$Qc(t)\mathrm{d}t=mE(t)\ \mathrm{d}t \tag{2-15}$$

所以，

$$E(t)=\frac{Qc(t)}{m} \tag{2-16}$$

式中　m——示踪剂的加入量。

示踪剂的加入量 m 有时不能准确地知道，可通过下式计算：

$$m=\int_{0}^{\infty} Qc(t)\mathrm{d}t \tag{2-17}$$

若 Q 为常量，则响应曲线下的面积乘以主流体的体积流量 Q 应等于示踪剂的加入量，将式（2-17）代入式（2-16）可得：

$$E(t)=\frac{c(t)}{\int_{0}^{\infty} c(t)\mathrm{d}t} \tag{2-18}$$

2.阶跃法

阶跃法的实质是将在系统中稳定连续流动的流体切换为流量相同的示踪剂。阶跃法与脉冲法的区别是前者连续向系统加入示踪剂，后者则在极短的时间内一次加入全部示踪剂。

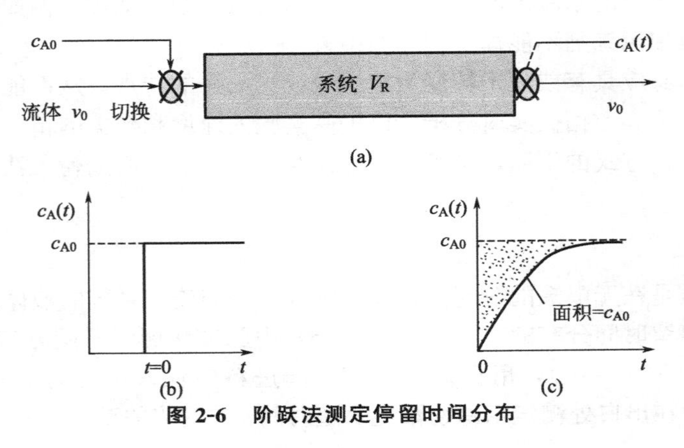

图 2-6　阶跃法测定停留时间分布

图 2-6（a）为阶跃法测定时间分布的示意图。图 2-6（b）表示在某个瞬时（$t=0$）开始，连续加入示踪物。图 2-6（c）表示注入同时在出口处测定示踪物浓度 c 随时间 t 的变化关系。

停留时间分布的实验在工业生产上，对某些反应为了控制反应物的合适浓度，以便控制温度、转化率和收率，同时需要使物料在反应器内有足够的停留时间，并具有一定的线速度，而将反应物的一部分物料返回到反应器进口，使其与新鲜的物料混合再进入反应器进行反应。在连续流动的反应器内，不同停留时间的物料之间的混合称为返混。对于这种反应器循环与返混之间的关系，需要通过实验来测定。

在连续均相管式循环反应器中，若循环流量等于零，则反应器的返混程度与平推流反应器相近，由于管内流体的速度分布和扩散，会造成较小的返混。若有循环操作，则反应器出口的流体被强制返回反应器入口，也就是返混。返混程度的大小与循环流量有关，通常定义循环比 R 为：

$$R=\frac{\text{循环物料的体积流量}}{\text{离开反应器物料的体积流量}} \tag{2-19}$$

循环比 R 是连续均相管式循环反应器的重要特征，可自零变至无穷大。

当 $R=0$ 时，相当于平推流管式反应器。

当 $R=\infty$ 时，相当于全混流反应器。

因此，对于连续均相管式循环反应器，可以通过调节循环比 R，得到不同返混程度的反应系统。一般情况下，循环比大于 20 时，系统的返混特性已经非常接近全混流反应器。

返混程度的大小，一般很难直接测定，通常是利用物料停留时间分布的测定来研究。然而测定不同状态的反应器内停留时间分布时，可以发现，相同的停留时间分布可以有不同的返混情况，即返混与停留时间分布不存在一一对应的关系，因此不能用停留时间分布的实验测定数据直接表示返混程度，而要借助于反应器数学模型来间接表达。

本实验采用脉冲法来测定停留时间分布，当系统达到稳定后，在系统的入口处瞬间注入一定量 Q 的示踪物料，同时开始在出口流体中检测示踪物料的浓度变化。

由停留时间分布密度函数的物理含义，可用式（2-18）来计算。

由此可见 $E(t)$ 与示踪剂浓度 $c(t)$ 成正比。因此，本实验中用水作为连续流动的物料，以饱和 KCl 作示踪剂，在反应器出口处检测溶液电导值。在一定范围内，KCl 浓度与电导值成正比，则可用电导值来表达物料的停留时间变化关系，即 $E(t) \propto L(t)$，这里 $L(t)=L_t-L_\infty$，L_t 为 t 时刻的电导值，L_∞ 为无示踪剂时电导值。

由实验测定的停留时间分布密度函数 $E(t)$，有两个重要的特征值，即平均停留时间 $\bar{t}$ 和方差 σ_t^2，可由实验数据计算得到。若用离散形式表达，则：

$$\bar{t}=\frac{\sum tc(t)\Delta t}{\sum c(t)\Delta t} \tag{2-20}$$

$$\sigma_t^2=\frac{\sum t^2 c(t)\Delta t}{\sum c(t)\Delta t}-(\bar{t})^2=\frac{\sum t^2 L(t)\Delta t}{\sum L(t)\Delta t}-\bar{t}^2 \tag{2-21}$$

若用无量纲对比时间 θ 来表示，即 $\theta=t/\bar{t}$， (2-22)

无量纲方差 $\sigma_\theta^2=\sigma_t^2/\bar{t}^2$。 (2-23)

在测定了一个系统的停留时间分布后，如何来评价其返混程度，则需要用反应器模型来描述，这里采用的是多釜串联模型。

所谓多釜串联模型是将一个实际反应器中的返混情况作为与若干个全混釜串联时的返混程度等效。这里的若干个全混釜个数 n 是虚拟值，并不代表反应器个数，n 称为模型参数。多釜串联模型假定每个反应器为全混釜，反应器之间无返混，每个全混釜体积相同，则可以推导得到多釜串联反应器的停留时间分布函数关系，并得到无量纲方差 σ_θ^2 与模型参数 n 存在关系为

$$n=\frac{1}{\sigma_\theta^2} \tag{2-24}$$

当 $n=1$，$\sigma_\theta^2=1$，为全混釜特征；

当 $n\to\infty$，$\sigma_\theta^2\to 0$，为平推流特征；

这里 n 是模型参数，是个虚拟釜数，并不限于整数。

三、实验装置

实验装置如图 2-7 所示，由管式反应器和循环系统组成。循环泵开关在仪表屏上控制，流量由循环管阀门控制，流量直接显示在仪表屏上，单位是：L/h。实验时，进水从转子流量计调节流入系统，稳定后在系统的入口处（反应管下部进样口）快速注入示踪剂（1mL 左右），由系统出口处电导电极检测示踪剂浓度变化，并显示在电导仪上，并可由记录仪记录。

电导仪输出的毫伏信号经电缆进入 A/D 卡，A/D 卡将模拟信号转换成数字信号，由计算机集中采集、显示并记录，实验结束后，计算机可将实验数据及计算结果储存或打印出来。

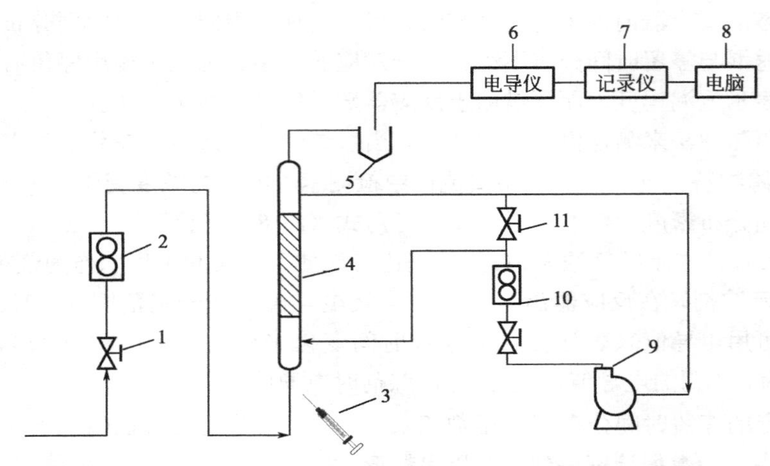

图 2-7 连续管式循环反应器返混状况测定实验装置示意图

1—进水阀；2—进水流量计；3—注射器；4—管式反应器；5—电极；6—电导仪；7—记录仪；8—电脑；9—循环泵；10—循环水流量计；11—放空

四、实验步骤

1. 准备工作

药品：饱和氯化钾溶液。

实验器具：两只 500mL 烧杯以及两支 5mL 针筒。

2. 操作步骤

(1) 开启电源开关，将电导率仪预热。打开电脑，点击“管式循环反应器数据采集”软件，准备开始。

(2) 先放空，开启转子流量计到 15L/h，保持流量稳定，使水注满反应管，并从反应器顶部稳定流出。

(3) 在“管式循环反应器数据采集”软件中“进水量 $Q=$”和“循环比 $\beta=$”对话框中分别输入当时的值。在实验中根据实际需要可同时进行单管的操作（不同的循环比如 $\beta=0$、$\beta=5$、$\beta=10$ 等）。

(4) 将配制好的饱和 KCl 快速注入（0.1～1.0s）管式反应器底部，同时点击“管式循环反应器数据采集”软件中“开始”按钮，自动进行数据采集，窗体中的图像框中会显示出来停留时间密度分布曲线。

(5) 当“管式循环反应器数据采集”软件中“当前值”小于或等于“基准值”时，采样结束。可选取［文件］菜单中的“存盘”和“打印”功能，或选择“计算结果显示”，则出现一个小窗体可给出平均停留时间、方差、无量纲方差和釜数这四个主要参数。

(6) 开启循环泵，调整不同的循环比如 $\beta=5$、$\beta=10$ 等，重复试验步骤（4）、(5)。

(7) 关闭仪器、电源、水源，排清釜中料液，实验结束。

五、注意事项

（1）实验循环比做三个，$\beta=0$，5，10，注入示踪剂要小于1mL。
（2）调节流量稳定后方可注入示踪剂，整个操作过程中注意控制流量。
（3）为便于观察，示踪剂中加入了颜料。抽取时勿吸入底层晶体，以免堵塞。
（4）示踪剂要求一次迅速注入；若遇针头堵塞，不可强行推入，应拔出后重新操作。
（5）一旦失误，应等示踪剂出峰全部走平后，再重做。

六、数据处理

（1）选择一组实验数据，用离散方法计算平均停留时间、方差，从而计算无量纲方差和模型参数，要求写清计算步骤。
（2）与计算机计算结果比较，分析偏差原因。
（3）列出数据处理结果表。
（4）根据实验数据绘制停留时间分布曲线图。
（5）讨论实验结果。

七、结果与讨论

（1）计算出不同条件下系统的平均停留时间，分析偏差原因。
（2）计算模型参数 n，讨论不同条件下系统的返混程度大小。
（3）讨论不同循环比对返混的影响，以及如何通过改变循环比限制或加大返混程度。

八、思考题

（1）脉冲示踪法中选用示踪剂的原则是什么？
（2）何为循环比？循环反应器的特征是什么？
（3）何为停留时间分布密度？何为停留时间分布函数？

实验5　单釜及多釜串联反应器中返混状况的测定

一、实验目的

（1）了解全混釜和多釜串联反应器的返混特性。
（2）掌握停留时间分布的测定方法。
（3）了解停留时间分布与多釜串联模型的关系。
（4）了解模型参数 n 的物理意义及计算方法。

二、实验原理

在连续流动釜式反应器中，激烈的搅拌使反应器内物料发生混合，反应器出口处的物料会返回流动与进口物料混合，这种空间上的反向流动就是返混，通常称为狭义上的返混。限制返混的措施是分割，有横向分割和纵向分割。当一个釜式反应器被分成多个反应器后，返混程度就会降低。返混程度的大小，通常用物料在反应器内的停留时间分布来测定。然而在测定不同状态反应器内停留时间分布时发现，相同的停留时间分布可以有不同的返混情况，即返混与停留时间分布不存在一一对应的关系，因此不能用停留时间分布的实验测定数据直接表示返混程度，而要借助于反应器数学模型来表达。

物料在反应器内的停留时间完全是一个随机过程，需用停留时间分布函数或者停留时间分布密度来定量描述。停留时间分布的测定方法有脉冲法、阶跃法等，本实验采用的是脉冲法。

脉冲法的原理是：在反应器入口处用进样器瞬间注入一定量（Q）的示踪物料——饱和 KCl 溶液，同时开始在出口流体中通过电导率仪检测示踪物料的浓度 $c(t)$ 随时间的变化。

由停留时间分布密度函数的物理含义，可知

$$QE(t)\mathrm{d}t = Vc(t)\mathrm{d}t \tag{2-25}$$

式中，V 代表流体流量。

示踪剂的加入量可用式（2-26）计算。

$$Q = \int_0^\infty Vc(t)\mathrm{d}t \tag{2-26}$$

在流体流量 V 不变的情况下，可以求出 $E(t)$。

$$E(t) = \frac{Vc(t)}{\int_0^\infty Vc(t)\mathrm{d}t} = \frac{c(t)}{\int_0^\infty c(t)\mathrm{d}t} \tag{2-27}$$

由此可见 $E(t)$ 与示踪剂浓度 $c(t)$ 成正比。因此，本实验中用水作为连续流动的物料，以饱和 KCl 作示踪剂，在反应器出口处检测溶液电导值。在一定范围内，KCl 浓度与电导值成正比，则可用电导值来表达物料的停留时间变化关系，即 $E(t) \propto L(t)$，这里 $L(t) = L_t - L_\infty$，L_t 为 t 时刻的电导值，L_∞ 为无示踪剂时电导值。

为了比较不同停留时间分布之间的差异，需要引入两个统计特征，即数学期望 $\bar{t}$ 和方差 σ_t^2。

数学期望对停留时间分布而言就是平均停留时间 $\bar{t}$，即：

$$\bar{t} = \int_0^\infty tE(t)\mathrm{d}t = \frac{\int_0^\infty tc(t)\mathrm{d}t}{\int_0^\infty c(t)\mathrm{d}t} \tag{2-28}$$

采用离散形式表达，则：

$$\bar{t} = \frac{\sum tc(t)\Delta t}{\sum c(t)\Delta t} \tag{2-29}$$

方差是和理想反应器模型关系密切的参数，它的表达式是：

$$\sigma_t^2 = \int_0^\infty (t-\bar{t})^2 E(t)\mathrm{d}t = \int_0^\infty t^2 E(t)\mathrm{d}t - \bar{t}^2 \tag{2-30}$$

也用离散形式表达，则：

$$\sigma_t^2 = \frac{\sum t^2 c(t)\Delta t}{\sum c(t)\Delta t} - (\bar{t})^2 = \frac{\sum t^2 L(t)\Delta t}{\sum L(t)\Delta t} - \bar{t}^2 \tag{2-31}$$

若用无量纲对比时间 θ 来表示，即 $\theta = t/\bar{t}$，　(2-32)

无量纲方差 $\sigma_\theta^2 = \sigma_t^2/\bar{t}^2$。　(2-33)

在测定了一个系统的停留时间分布后，如何来评价其返混程度，则需要用反应器模型来描述，这里我们采用的是多釜串联模型，关于多釜串联模型的更多介绍见本章实验 4。

三、实验装置

实验装置如图 2-8 所示，由单釜与三釜串联而成。三釜串联反应系统中每个釜的体积为1L，单釜反应器体积为 3L。实验时，水分别从两个转子流量计流入两个系统，稳定后在两个系统的入口处分别脉冲注入示踪剂，由每个反应釜出口处电导电极检测示踪剂浓度变化，并用记录仪自动记录下来。

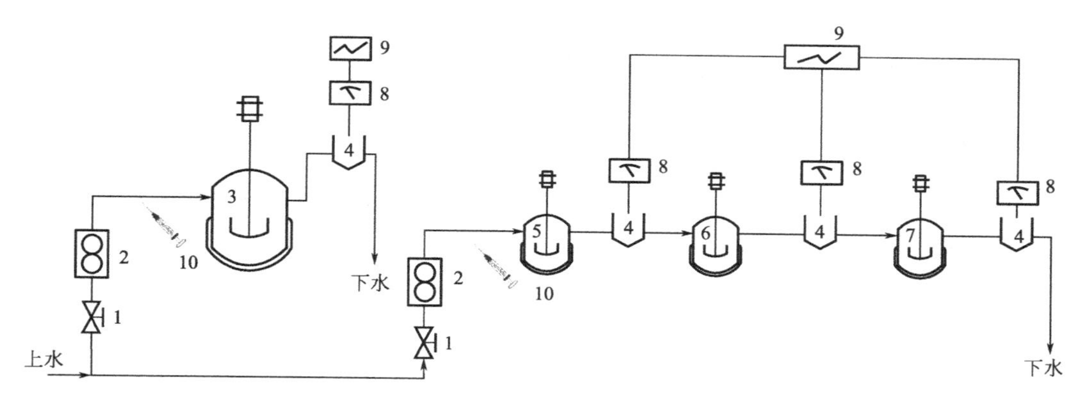

图 2-8 连续流动釜式反应器返混状况测定实验装置示意图

1—进水阀；2—进水流量计；3—全混釜（3L）；4—电导电极；5～7—全混釜（1L）；8—电导仪；9—计算机采集；10—进样器

四、实验步骤

1. 准备工作

药品：饱和氯化钾溶液。

实验器具：两只 500mL 烧杯以及两支 10mL 针筒。

2. 操作步骤

（1）开启电源开关，将电导率仪预热。打开电脑，点击“釜式反应器数据采集”软件，准备开始。

（2）开启水开关，开启转子流量计到 15L/h，保持流量稳定，使水注满反应釜，并从反应器底部稳定流出。

（3）开启并调整好电导仪，以备测量。

（4）开启搅拌装置，单釜转速调至 150r/min，三釜转速调至 300 r/min。

（5）将配制好的饱和 KCl 溶液 5mL 快速注入（0.1～1.0s）单釜反应器底部，同时点击“釜式反应器数据采集”软件中“开始”按钮，自动进行数据采集，窗体中的图像框中会显示出来停留时间密度分布曲线。

（6）将配制好的饱和 KCl 溶液 3mL 快速注入（0.1～1.0s）三釜中第一个釜的底部，同时点击“釜式反应器数据采集”软件中“开始”按钮，自动进行数据采集，窗体中的图像框中会显示出来停留时间密度分布曲线。

（7）当“釜式反应器数据采集”软件中“当前值”小于或等于“基准值”采样结束。可选取［文件］菜单中的“存盘”和“打印”功能，或选择“计算结果显示”，则出现一个小窗体可给出平均停留时间、方差、无量纲方差和釜数这四个主要参数。

（8）关闭仪器、电源、水源，排清釜中料液，实验结束。

五、注意事项

（1）调节流量稳定后方可注入示踪剂，整个操作过程中注意控制流量。

（2）为便于观察，示踪剂中加入了颜料。抽取时勿吸入底层晶体，以免堵塞。

（3）示踪剂要求一次迅速注入；若遇针头堵塞，不可强行推入，应拔出后重新操作。

（4）一旦失误，应等示踪剂出峰全部走平后，再重做。

六、数据处理

（1）选择一组实验数据，用离散方法计算平均停留时间、方差，从而计算无量纲方差和模型参数，要求写清计算步骤。

（2）与计算机计算结果比较，分析偏差原因。

（3）列出数据处理结果表。

（4）根据实验数据绘制停留时间分布曲线图。

（5）讨论实验结果。

七、结果与讨论

（1）将计算得到的单釜与三釜系统的平均停留时间与理论值进行比较，并分析偏差原因。

（2）根据计算得到的模型参数 n，讨论两种系统的返混程度大小。

（3）讨论在釜式反应器中如何限制或加剧返混程度。

八、思考题

（1）何谓返混？返混的起因是什么？限制返混的措施有哪些？

（2）测定停留时间分布的方法有哪些？本实验采用哪种方法？

实验 6　重量法测定盐湖卤水中的钾离子

一、实验目的

（1）了解重量法测定钾的原理、适用条件和准确操作过程。

（2）通过前期文献查阅，了解盐湖卤水的多组分共存特性。

二、实验原理

重量法即四苯硼化钠法测定钾是在微酸性溶液中，四苯硼化钠与钾离子反应，生成一种晶态的、具有一定组成且溶解度很小的白色沉淀，从而可应用于钾的测定。其反应为：

$$K^+ + NaB(C_6H_5)_4 \longrightarrow KB(C_6H_5)_4 \downarrow + Na^+$$

三、实验装置

重量法测定盐湖卤水中的钾离子，无需大型或贵重设备和装置。一般用到滴定管、锥形瓶、玻璃坩埚、烘箱、烧杯等实验室常备用品。

四、实验步骤

1. 配制测定所需溶液

（1）1% $NaB(C_6H_5)_4$ 溶液　取 10g$NaB(C_6H_5)_4$（A. R.）溶于水并稀释至 1000mL，转入棕色瓶中，放置过夜，使用前过滤。

（2）$KB(C_6H_5)_4$ 饱和溶液　取 3～4g$KB(C_6H_5)_4$ 沉淀于 1L 水中，强烈振荡，并放置过夜，使用前过滤。

（3）1∶100 HAc 溶液　取 10mL 冰醋酸（A. R.）溶于 1L 水中，摇匀。

2. 重量法测定钾实验步骤

取一定量试样溶液（含 K^+ 约为 2～20mg）于 100mL 烧杯中，加甲基红指示剂 1 滴，用 0.05mol/L HCl 或 0.05mol/L NaOH 溶液调节至呈酸性，再加 1mL 1∶100 HAc 溶液，用水稀释至 50mL，在不断搅拌下，滴加 1%的 $NaB(C_6H_5)_4$ 试剂，并在 2min 左右加完。沉淀放置 10min，用玻璃坩埚抽气过滤，并以 $KB(C_6H_5)_4$ 饱和溶液转移和洗涤沉淀。沉淀于 105～110℃烘干恒重。

五、注意事项

（1）$NaB(C_6H_5)_4$ 试剂的稳定性较差，故最好在使用前 1～2 天制备，并在用前过滤。

（2）$NaB(C_6H_5)_4$ 试剂加入速度不宜太快，太快则分析结果偏高，最好在 1.5～2min 内完成。若加入时间延续至 2min 以上，沉淀颗粒增大，便于过滤，对分析结果无妨。

（3）在微酸性溶液中，$NaB(C_6H_5)_4$ 试剂仅与 K^+、Rb^+、Cs^+、$NH_4{}^+$、Ce^{4+}、Hg^{2+} 等发生沉淀反应，而不与 Li^+、Na^+、Ca^{2+}、Mg^{2+}、Sr^{2+}、Ba^{2+}、Al^{3+}、Fe^{3+}、Sn^{2+}、Ti^{4+}、Co^{2+}、Cu^{2+}、Cr^{3+}、Mn^{2+}、Ni^{2+}、Zn^{2+}、Pb^{2+} 等离子发生沉淀反应，故在卤水分析中，一般只需考虑 $NH_4{}^+$ 的干扰及其排除问题。

（4）试样如果含有 $NH_4{}^+$，则应在沉淀前将被测溶液加酚酞指示剂 1 滴，用 2mol/L NaOH 碱化，加热 10～15min 以逐除 NH_3，然后重新调节酸度并进行测定。

（5）方法操作简单，准确度为±0.5%。

六、数据处理

重量法测钾（mg/L）结果计算公式为：

$$\rho(K^+)=\frac{0.1091m}{V}\times 10^6 \qquad (2\text{-}34)$$

式中　m——沉淀质量，g；

　　V——分析试样含原卤水的体积，mL。

七、结果与讨论

试分析重量法测定盐湖卤水中的钾离子含量的局限性。

八、思考题

(1) 钾测定方法都有哪些？列举3～5种方法并简单阐述各自的测定原理。

(2) 盐湖卤水是多组分共存的复杂体系，某单一组分测定中其他组分会有干扰和影响，请问盐湖卤水中钾测定时共存哪些元素可能产生影响。

实验7 容量法测定盐湖卤水中的钾离子

一、实验目的

(1) 了解容量法测定钾的原理、适用条件和准确操作过程。

(2) 通过前期文献查阅，了解盐湖卤水的多组分共存特性。

二、实验原理

容量法即四苯硼钠-季铵盐容量法，是指在pH值为3.7的溶液中加入四苯硼钠，与钾生成稳定的四苯硼钾沉淀，过剩的四苯硼钠以溴酚蓝为指示剂，用季铵盐进行返滴定，从而得到钾的含量。该方法相对误差约1%。

所指季铵盐为十六烷基三甲基溴化铵，因此，铵（NH_4^+）对钾的测定会产生干扰，可以通过加适量的碱加热除去，再以溴酚蓝为指示剂，用季铵盐滴定，从而得到纯净的钾含量。

三、实验装置

容量法测定盐湖卤水中的钾离子，无需大型或贵重设备和装置。一般用到滴定管、锥形瓶、玻璃坩埚、烘箱、烧杯等实验室常备用品。

四、实验步骤

1. 配制测定所需溶液

(1) 0.2%季铵盐　称取2g季铵盐（十六烷基三甲基溴化铵，A.R.），加40mL 95%乙醇，完全溶解后稀释至1000mL，摇匀，备用。

(2) 四苯硼钠沉淀剂　第一步，4.7g $Al(OH)_3 \cdot 6H_2O$ 溶于50mL水中，不断搅拌，缓慢加入2mol/L NaOH溶液，调节pH值在8～9之间（以酚酞为指示剂）；第二步，18g四苯硼钠溶于100mL水中；第三步，将第一步得到溶胶加入到第二步得到的溶液中，再加入41.6g氯化钠（A.R.）搅匀，加入500mL水，摇振30min，静置10min之后过滤，滤液用2mol/L NaOH溶液调pH值至9，最后稀释至1000mL。

(3) 乙酸-乙酸钠缓冲溶液　称取20g乙酸钠（A.R.），加300mL水，加100mL冰醋酸，稀释到 1000mL，存于白色试剂瓶中。

(4) 0.1%的溴酚蓝指示剂 0.1g 溴酚蓝溶于 3mL 0.05mol/L NaOH 中，完全溶解后加水稀释至 100mL。

2. 容量法测定钾实验步骤

(1) 标准和空白试验 准确吸取氯化钾标准溶液（约 1.50mg K^+/mL 溶液）10mL 于 50mL 容量瓶中，加入乙酸-乙酸钠缓冲溶液（pH=3.7）10mL，摇匀后加入四苯硼钠沉淀剂（1mL 该溶液≌1mg K^+）10mL，用水稀释至刻度，摇匀，干滤纸过滤，弃去初滤液，量取滤液 10mL 于锥形瓶中，加 0.1%的溴酚蓝指示剂 1～2 滴，用 0.2%季铵盐溶液滴至蓝色，记录消耗季铵盐体积 V_2(mL)（标准）。

另取一个 50mL 容量瓶，加 10mL 缓冲溶液、10mL 四苯硼钠溶液，稀释至刻度，摇匀，取此溶液 10mL 于锥形瓶中，加溴酚蓝指示剂 1～2 滴，用季铵盐溶液滴定至溶液呈蓝色，记录消耗季铵盐体积 V_1(mL)（空白）。

(2) 未知样品的分析步骤

① 对于含铵的总钾 取 10mL 含 K^+ 约 5～15mg 试样溶液于 50mL 容量瓶中，加 1～2 滴溴酚蓝指示剂，用 1mol/L 乙酸溶液或 1mol/L NaOH 溶液调试溶液呈紫色或黄色，依次加入 10mL 缓冲溶液和 10mL 四苯硼钠沉淀剂，摇匀，稀释至刻度，干滤纸过滤，取清液 10mL 于锥形瓶中，用季铵盐滴定溶液呈蓝色为终点，记录季铵盐消耗的体积 V_3(mL)。

② 对于不含铵的净钾 取同样的另一份待测试样溶液加入 1 滴 1%酚酞指示剂和 1～2mL 2mol/L NaOH 溶液，加热赶 NH_4^+，冷至室温后用 1∶1 HCl 溶液将颜色调至无色，然后用与①相同方法测定钾，即得到无干扰的净钾 V_3'(mL)。

五、注意事项

季铵盐溶液在低温下易结晶析出溶质，因此在冬季容量法测定钾离子时需要将季铵盐溶液加热至溶质全溶。

六、数据处理

(1) 季铵盐的滴定度：

$$T_{K^+}=\frac{10c_{K_B^+}}{V_1-V_2}\times\frac{10}{50} \tag{2-35}$$

式中 T_{K^+}——季铵盐对氯化钾标准溶液的滴定度，g/L；

$c_{K_B^+}$——氯化钾标准溶液浓度，g/L。

(2) 试样中的钾含量：

$$w_{K_{总}^+}=\frac{T_{K^+}(V_1-V_3)}{1000m}\times 100\% \tag{2-36}$$

$$w_{K_{净}^+}=\frac{T_{K^+}(V_1-V_3')}{1000m}\times 100\% \tag{2-37}$$

$$\rho_{K_{总}^+}(g\cdot L^{-1})=\frac{T_{K^+}(V_1-V_3)}{V_s} \tag{2-38}$$

$$\rho_{K_{净}^+}(g\cdot L^{-1})=\frac{T_{K^+}(V_1-V_3')}{V_s} \tag{2-39}$$

式中 $w_{K^+_{总}}$——试样中含铵的钾的含量；

$w_{K^+_{净}}$——不含铵的钾的含量；

m——分析试样质量，g；

V_s——分析试样中含原卤水的体积，mL。

七、结果与讨论

重量法和容量法测定溶液中的钾离子含量，二者的实验原理、操作步骤和实验结果的误差有所不同：重量法操作繁琐，但结果的精度高，适用于标准样品的测试和校核；容量法相对简单，但结果的误差稍高，适用于未知样品的初步粗测及大量样品的批量测定。

容量法测定溶液中的钾离子含量与第二章实验 6 中重量法测定溶液中的钾离子含量相比，二者的实验原理、操作步骤和实验结果的误差有所不同。

八、思考题

(1) 容量法和重量法测钾的不同之处有哪些？

(2) 容量法中氢氧化铝溶胶制备的必要性是什么？这种溶胶成功制备的关键点是什么？

实验 8 煤的工业分析实验

一、实验目的

(1) 了解煤中水分存在的形态，掌握分析煤样水分的测定方法。

(2) 了解煤的灰分来源，煤的矿物质在灰分测定过程中的变化，掌握灰分测定方法。

(3) 了解煤中挥发分的来源，并掌握挥发分测定方法。

二、实验基本原理

1. 煤中水分的测定原理

煤中水分的结合状态有两种：一种为游离水，是以机械的方式吸附或者附着在煤上的水分；另一种为化合水，是以化合的方式与煤中矿物质结合的水，也就是无机化合物的结晶水。

游离水以它存在于煤的不同结构的状态，又可分为外在水分和内在水分。前者是煤在开采、运输、贮存、洗煤时附着在煤粒表面及大毛细孔（直径大于 10^{-5} cm）中的水分。后者则是吸附或凝聚在煤粒内表面的毛细孔（直径小于 10^{-5}cm）中的水分。

游离水可以在温度稍高于 100℃下，经足够时间的加热即可全部除去，而化合水则要温度在 200℃以上才能分解析出。

水分测定最常用的是间接测定法，即将已知一定质量的煤放在一定温度下进行干燥到恒重，煤样所减少的质量即为煤的水分。

2. 煤中灰分的测定原理

煤的灰分是在温度为 (815±10)℃煤的可燃物完全燃烧，矿物质在空气中经过一系列复杂的化学反应后剩余的残渣。煤的灰分来自矿物质，但它的组成和质量与煤的矿物质不完全相同，它是一定条件下的产物。因此，确切地说煤的灰分是煤的“灰分产率”。由于煤物质的真实含量很难测定，所以常用灰分产率，借助一定的数学式，算出煤中矿物质含量的近似值。

煤的矿物质来源于三个方面：

① 原生矿物质　原生矿物质是成煤植物本身所含有的，是成煤植物在生长过程中从土壤中吸收的，主要由碱金属和碱土金属的盐所组成。煤中的原生矿物质含量很少，一般不高于 23%，分布均匀，与煤的有机质紧密结合很难分离。

② 次生矿物质　次生矿物质是成煤过程中由外界混到煤层中的矿物质形成的。在煤中分布较均匀，含量一般不高。

煤的原生矿物质和次生矿物质总称为煤的内在矿物质。由内在矿物质形成的灰分叫内在灰分。内在矿物质通常很难用洗选的方法除去。

③ 外来矿物质　这种矿物质原来不存在于煤层中，是采煤过程中混入的顶、底板及夹矸层的矸石、泥、沙等。这种矿物质形成的灰分叫外在灰分。这类矿物质在煤中分布很不均匀，可使用洗选的方法比较容易除去。

燃烧法测定煤的灰分时，煤中矿物质在燃烧过程中发生下列一系列化学变化和物理变化。

① 失去结晶水　当温度高于 400℃时含结晶水的硫酸盐和硅酸盐发生脱水反应

$$CaSO_4 \cdot 2H_2O \xlongequal{\triangle} CaSO_4 + 2H_2O\uparrow$$

$$Al_2O_3 \cdot 2SiO_2 \cdot 2H_2O \xlongequal{\triangle} Al_2O_3 \cdot 2SiO_2 + 2H_2O\uparrow$$

② 受热分解　碳酸盐在温度为 500℃以上时开始分解：

$$CaCO_3 \xlongequal{\triangle} CaO + CO_2\uparrow$$

$$FeCO_3 \xlongequal{\triangle} FeO + CO_2\uparrow$$

③ 氧化反应　温度为 400～600℃时，在空气中氧的作用下发生下列氧化反应

$$4FeS_2 + 11O_2 \xlongequal{\triangle} 2Fe_2O_3 + 8SO_2\uparrow$$

$$2CaO + 2SO_2 + O_2 \xlongequal{\triangle} 2CaSO_4$$

$$4FeO + O_2 \xlongequal{\triangle} 2Fe_2O_3$$

④ 挥发　碱金属氧化物和氯化物在温度为 700℃以上时部分挥发。以上过程在温度为 800℃左右基本完成，所以测定煤的灰分的温度规定为 (815±10)℃。

由于 SO_2 和 CaO 在试验条件下生成 $CaSO_4$，使测定结果偏高而且不稳定。为此，需要适当的加热程序和通风条件。首先，煤样要在温度为 500℃时保持一段时间，使黄铁矿硫和有机硫的氧化反应在这一温度下基本完成。碳酸盐在 500℃时刚开始分解，到 800℃才分解完。

煤的灰分测定的方法要点：称取一定量的煤样，放入箱形电炉内灰化，然后在温度为 (815±10)℃灼烧到恒重并冷却至室温后称重，以残留物质量占煤样质量的百分比作为灰分。

灰分测定分缓慢灰化法和快速灰化法。快速灰化法不作仲裁分析用。

3. 煤中挥发分的测定原理

煤在温度为 (900±10)℃下隔绝空气加热 7min，从煤样分解出来的气体、蒸气状态产

物的百分率减去煤样所含水分的百分率称为煤的挥发分产率，残留下来的不挥发的固体物称为焦渣（或称焦饼）。从焦渣的百分率减去灰分则为固定碳的百分率。由于挥发分不是煤样固有的物质，而是在特定条件下煤的有机质受热分解的产物。因此，确切地说，该指标应称为煤的挥发分产率而不能称为煤的挥发分含量。

煤在隔绝空气条件下加热时，不仅有机质发生热分解，煤中的矿物质也会发生相应的变化。一般情况下，矿物质分解而产生的影响不大，可以不加考虑，但当煤中碳酸盐含量大时，因碳酸盐分解产生的误差必须加以校正。

煤的挥发分产率是规范性很强的一项试验，测定结果完全取决于所规定的试验条件，其中以加热温度和加热时间最为主要。

三、实验测试方法

1. 水分的测试

在坩埚中称取一定量的一般分析煤样，置于 105～110℃的高温炉内，于空气流中干燥到质量恒定。根据煤样的质量损失计算出水分的质量分数。

2. 灰分的测试

在坩埚中称取一定量的一般分析煤样，置于（815±10)℃的高温炉内灰化并灼烧至质量恒定，以残留物的质量占煤样质量的质量分数作为煤样的灰分。

3. 挥发分的测试

在坩埚中称取一定量的一般分析煤样（加盖），在（900±10)℃下，隔绝空气加热 7min。以减少的质量占煤样质量的质量分数，减去该煤样的水分含量作为煤样的挥发分。

4. 计算公式

水分计算公式：

$$M_{ad}=\frac{m_1}{m}\times 100\% \tag{2-40}$$

式中 M_{ad}——一般分析试验煤样水分的质量分数，%；

m_1——煤样干燥后失去的质量，g；

m——一般分析试验煤样的质量，g。

灰分计算公式：

$$A_{ad}=\frac{m_1}{m}\times 100\% \tag{2-41}$$

式中 A_{ad}——空气干燥基灰分的质量分数，%；

m_1——煤样灼烧后残留物的质量，g；

m——一般分析试验煤样的质量，g。

挥发分计算公式：

$$V_{ad}=\frac{m_1}{m}\times 100\% - M_{ad} \tag{2-42}$$

式中 V_{ad}——空气干燥基挥发分的质量分数，%；

m_1——煤样加热后减少的质量，g；

m——一般分析试验煤样的质量，g；

M_{ad}——一般分析试验煤样水分的质量分数，%。

5. 精密度

样品中水分、灰分以及挥发分测试的精度分别见表 2-3～表 2-5 所示。

表 2-3 水分测定的精密度

水分质量分数 M_{ad}/%	重复性限/%
<5.00	0.20
5.00～10.00	0.30
>10.00	0.40

表 2-4 灰分测定的精密度

灰分质量分数/%	重复性限 A_{ad}/%	再现性临界差 A_d/%
<15.00	0.20	0.30
15.00～30.00	0.30	0.50
>30.00	0.50	0.70

表 2-5 挥发分测定的精密度

挥发分质量分数 /%	重复性限 V_{ad}/%	再现性临界差 V_d/%
<20.00	0.30	0.50
20.00～40.00	0.50	1.00
>40.00	0.80	1.50

四、实验装置

1. 水分测定仪结构示意图

本实验采用的水分测定仪如图 2-9 所示。

2. 挥发分测定仪结构示意图

本实验采用的挥发分测定仪如图 2-10 所示。

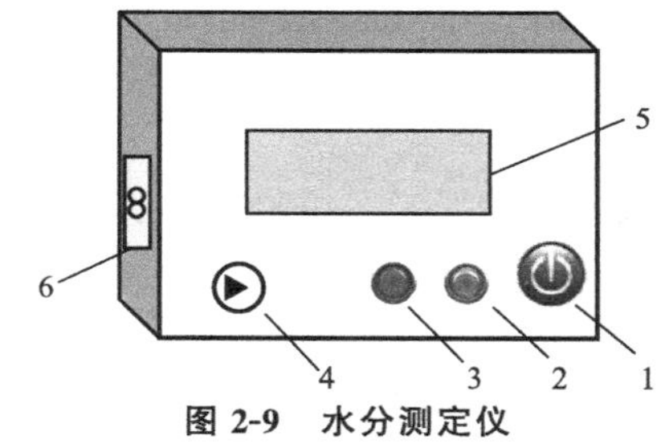

图 2-9 水分测定仪

1—电源开关；2—炉盖加热指示灯；3—炉体加热指示灯；4—称样按钮；5—天平观察口；6—流量计

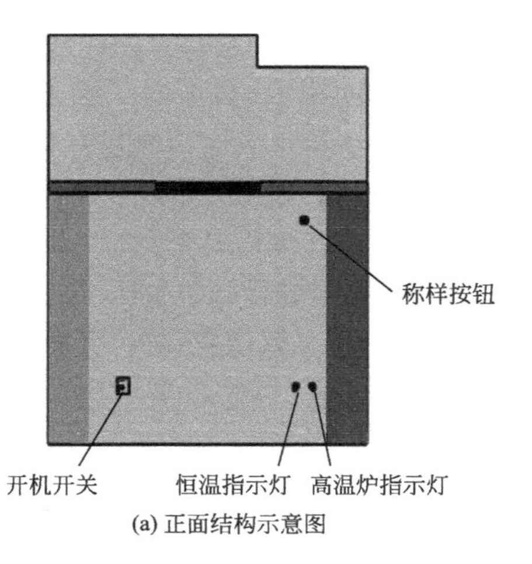

(a) 正面结构示意图

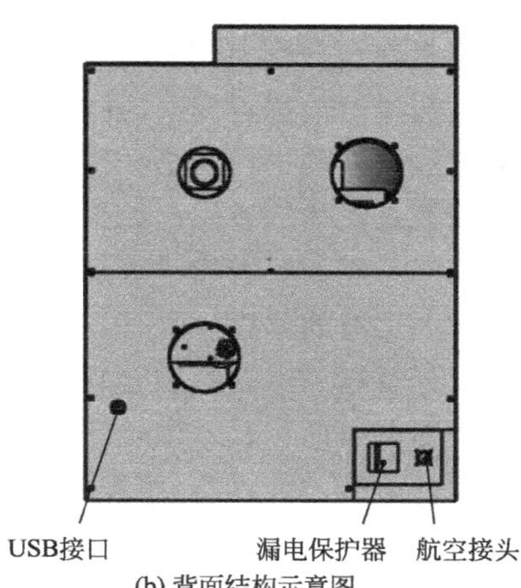

(b) 背面结构示意图

图 2-10 挥发分测定仪结构示意图

五、实验步骤

1. 水分及灰分测定步骤

（1）点击系统界面上的水分及灰分软件图标，打开仪器试验界面，在菜单中选择“试验”，按照测试样品相应地在界面输入样品编号。

（2）按照操作提示，点击放样按钮。

（3）根据提示，按照编号依次加入煤样并开始称量。

（4）点击“新测试”，产生测试序号。按序号填入试样编号、煤种。如输入有误，点击“清除”，重新输入。确认无误，点击“完成”。

（5）点击“确认”，进入测试程序。根据系统提示进行操作。此时炉盖加热指示灯亮，炉盖和炉体对试样加热，当温度升至105℃时，停止加热，保持温度30min。保温结束后，系统自动称量损失质量，计算水分含量，并将数据记录及保存。升温至500℃并保持30min，再按照仪器设定自动升温至815℃，使试样在此温度下完全燃烧，待完全燃烧后，系统自动冷却，称量损失质量，计算灰分含量，并自动将数据记录及保存。

2. 挥发分测定步骤

（1）点击系统界面上的挥发分软件图标，打开仪器试验界面，在菜单中选择“试验”，按照测试样品相应地在界面输入样品编号。

（2）按照操作提示，点击放样按钮；此时将带盖刚玉坩埚放入样品槽中称量带盖空坩埚质量。

（3）根据提示，按照编号依次加入煤样并开始称量。称量完毕后，将坩埚盖盖好。

（4）点击“新测试”，产生测试序号。按序号填入试样编号、煤种。如输入有误，点击“清除”，重新输入。确认无误，点击“完成”。

（5）点击“确认”，进入测试程序。根据系统提示进行操作。此时炉盖加热指示灯亮，炉盖和炉体对试样加热，当温度升至900℃时，保持温度5min。保温结束后，系统自动冷却，称量损失质量，计算挥发分，并自动将数据记录及保存。

3. 数据管理

（1）数据查询　分别点击水分、灰分软件图标和挥发分软件图标，找到系统界面上的“数据管理”，选择“数据查询”，并根据“日期”“试样编号”“送样单位”等查询条件来查询试验结果等数据。其中日期是一个范围值。要根据一个条件来查询，可以选中相应的复选框，再在后面输入具体的条件。如果任何一个条件都不选择，则将忽略该条件进行查询。查询条件输入完毕，点击后面的“查询”按钮，在表格中就会出现需要查询的结果。同时还可以通过选择界面上方的“Word”和“Excel”图标对试验结果进行保存和打印。

（2）挥发分复算　点击挥发分软件，找到系统界面上的“数据管理”，选择“挥发分复算”选择好“测试日期”及“试验序号”；输入事先准备好的“试样编号”“空干基水分”及“空干基灰分”，点击“计算”，将得出“复算结果”中的两个值。

4. 热值计算

点击系统界面上的“数据管理”，选择“热值计算”。选择“测试日期”“试验序号”，输入相关的“测试数据”，点击“计算”，即可得到“计算结果”内的相关数据。

5. 校正系数

如果测试结果偏差较大（标煤测试），则可以通过调整校正系数来解决。

（1）挥发分系数　在测试界面下，按键盘上的【F11】键，将弹出挥发分系数计算界面。

填写“设备编号”，再输入“试样编号”、“标准干基挥发分”值、“空干基水分”值以及“Vd”值或“Vad”值，点击【计算】按钮，系统将自动计算出“系数”及“平均 Vad 值”。并提示是否保存系数，选择保存。

（2）查看系数　在测试界面下，按键盘上的【F8】键，在弹出的设置系数界面上查看系数。

6. 报表模板配置

点击系统界面上的“操作”，选择“系统设置”，选择需要设计的“报表名称”，通过下拉键选择“模板文件名”，点击“编辑模板”，弹出报表模板，根据需要选择所需要的报表模板，并打印。

六、注意事项

（1）环境温度为 5～40℃，相对湿度≤80%。

（2）仪器工作时不能移动。如需移动，请在炉温完全冷却后进行。移动本仪器时应保持平稳，不要拖动，避免振动和冲击。

（3）不要触摸仪器内高温及带电部位，以免烫伤和触电。

（4）水分、灰分测定装置需要用到氧气钢瓶，注意高压设备的安全使用。

七、结果与讨论

（1）试分析在样品制备、存放及测定的时候，如何才能保证水分测定的准确性？

（2）测定灰分时，要在升温程序中规定在 500℃时停留 30min，试分析其原因及对测定结果的影响。

八、思考题

（1）煤的挥发分产率为什么不能叫挥发分含量？

（2）固定碳和煤的变质程度有什么关系？

实验 9　煤中硫含量测定

一、实验目的

（1）了解煤中硫的来源，元素组成和分析的意义。

（2）掌握库仑滴定法测定煤中硫含量的方法。

（3）学会如何评价煤的质量。

二、实验原理

煤样在催化剂作用下，于空气流中燃烧分解，煤中硫生成二氧化硫并被碘化钾溶液吸收，以电解碘化钾溶液所产生的碘进行滴定，根据电解所消耗的电量计算煤中全硫的含量。

样品中各种形态的硫氧化分解如下：

样品中的有机硫$+O_2 \longrightarrow SO_2+H_2O+CO_2+Cl_2+\cdots$

$$4FeS_2+11O_2 \longrightarrow 2Fe_2O_3+8SO_2$$

样品中的硫酸盐硫$+O_2 \longrightarrow SO_2+\cdots$

$$2SO_2+O_2 \longrightarrow 2SO_3$$

生成的 SO_2 及少量 SO_3 随净化空气（载气）载入电解池中，与电解池中的水化合生成亚硫酸及少量硫酸。电解池中碘-碘化钾的动态平衡被破坏。指示电极间的信号发生变化，该信号经放大后，去控制电解电流。电解产生碘。

电极及电解液反应如下：

电解阳极：$2I^- -2e \longrightarrow I_2$

电解阴极：$2H^+ +2e \longrightarrow H_2$

$$I_2+H_2SO_3+H_2O \longrightarrow 2I^- +H_2SO_4+2H^+$$

随着电解的不断进行，电解液中原有的碘-碘化钾平衡得到恢复，指示电极间信号重新回到零。电解终止。溶液处于平衡态时，指示电极上存在如下可逆平衡：

指示阳极：$2I^- -2e \rightleftharpoons I_2$

指示阴极：$I_2+2e \rightleftharpoons 2I^-$

仪器根据电生碘所消耗的电量（Q），（$W=\frac{Q}{96500}\times\frac{M}{N}$）由法拉第定律计算出试样中全硫量及百分含量。

库仑滴定法全硫含量计算公式：
$$S_t=\frac{m_1}{m}\times 100\% \tag{2-43}$$

式中 S_t——一般分析煤样中全硫质量分数，%；

m_1——库仑积分显示值，mg；

m——煤样质量，mg。

其中精密度要求详见表 2-6 所示。

表 2-6 库仑滴定法测定煤中全硫精密度

全硫质量分数 S_t/ %	重复性限 $S_{t,ad}$/ %	再现性临界差 $S_{t,d}$/ %
≤1.50	0.05	0.15
1.50(不含)～4.00	0.10	0.25
>4.00	0.20	0.35

三、实验仪器与试剂

1. 实验仪器

本实验采用硫含量测定仪，其结构示意图见图 2-11、图 2-12 所示。

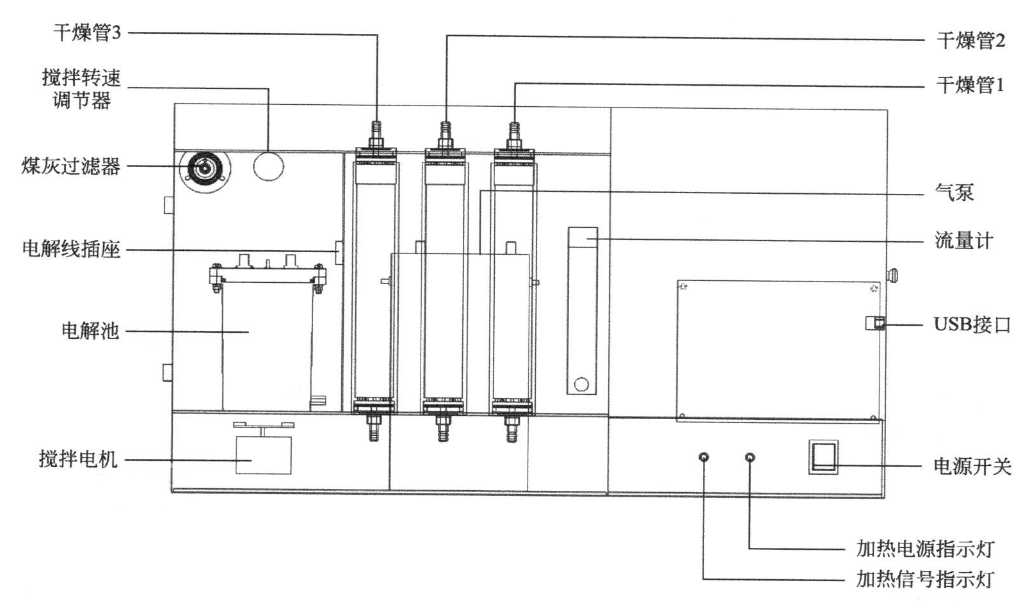

图 2-11　硫含量测定仪正面结构示意图

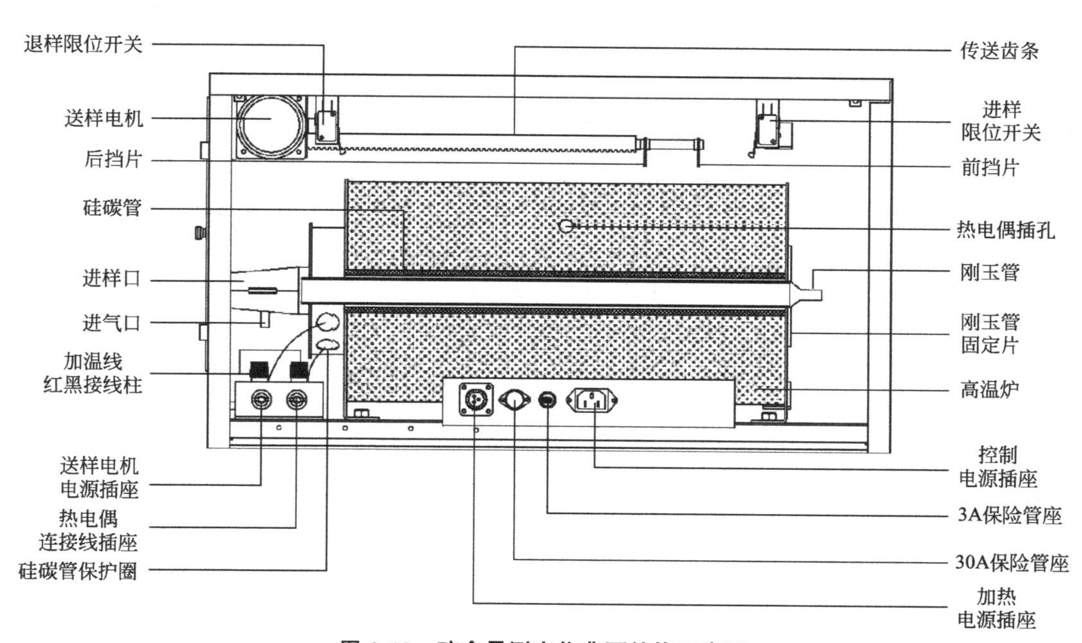

图 2-12　硫含量测定仪背面结构示意图

2. 实验试剂

（1）三氧化钨（HG 10-1129）。

（2）变色硅胶　工业品。

（3）氢氧化钠（GB/T 629）　化学纯。

（4）电解液　碘化钾（GB/T 1272）、溴化钾（GB/T 649）各 5g，冰乙酸（GB/T 676）

10mL 溶于 250～300mL 水中。

(5) 重铬酸钾洗液的配制：5g 重铬酸钾和 10mL 水，加热溶解冷却后缓缓加入 100mL 浓硫酸。

(6) 燃烧舟　长 70～77mm，素瓷或刚玉制品，耐温 1200℃以上。

四、实验步骤

(1) 依次打开打印机、计算机、定硫仪的电源开关；合上高温炉电源闸刀。

(2) 在电脑桌面左键双击左面上的“YX 测硫仪”图标，打开测试程序。

(3) 点击“系统”菜单中的“设置”，可查看或修改“测试设置”里的内容。

(4) 点击工具栏中图标“1”，打开仪器信息窗口。选择“检测”，进入检测界面，检查仪器各项功能有无故障。

(5) 点击选择检测界面上的【气泵开】，将电解液吸入电解池中（250mL 左右）。调节流量计，使气流量为 800～1000mL/min（在试验过程中应经常观察气流量，如过低则应调整）。

(6) 检查气路的气密性：先堵住气路中【点 2】所在位置，看流量计，气流量是否下降至 400mL/min 以下。如没有，则 3 号干燥管处漏气；如气流量下降至 400mL/min 以下，松开堵住的【点 2】，堵住气路中的【点 1】所在位置，看流量计，气流量是否下降至 400mL/min 以下。如没有，则电解池漏气（可做定期检查）。

(7) 点击选择检测界面上的【搅拌开】，旋转仪器上的【搅拌转速调节器】旋钮，调节搅拌速度（在搅拌子不失步的情况下，搅拌速度越快越好。试验过程中不允许改变搅拌速度，否则此次试验无效）。

(8) 在仪器信息窗口中点击选择“测试”，进入测试界面。点击【电源关】按钮，高温炉开始加温。此时按钮显示为【电源开】。待炉温升到 1150℃后，可开始试验。

(9) 在瓷舟中称取粒度小于 0.2mm 的空气干燥基煤样 0.05±0.005g，称准至 0.0002g。并在煤样上盖一层三氧化钨。将瓷舟放在石英托盘上。点击测试界面上的【测试】按钮，对照放样依次输入试样质量、编号、空干基水分，点击【确定】，煤样即自动送进炉内。库仑滴定随即开始。

(10) 样品分析完后，自动显示结果，或由打印机打印。

(11) 所有样品分析完后，用鼠标揿击【电源开】按钮，高温炉停止加温。此时按钮显示为【电源关】。

(12) 将电解液放出。在检测界面上点击选择【气泵开】，抽入蒸馏水，搅拌数分钟后将水放干净。

(13) 退出测试程序，关闭仪器电源。

五、软件操作

点击桌面上的“YX 测硫仪”图标，选择好“用户”并输入“密码”后点击【确认】按钮进入测试页面（没设置用户及密码的，直接点击【确认】即可）。

1. 功能检测

点击工具栏中图标“1”，打开仪器信息窗口。选择“检测”，显示检测页面。

气泵：点击选择【气泵开】即“√”，气泵应开始工作。再次点击，气泵停止工作（注意观察流量计）。

搅拌：点击选择【搅拌开】即“√”，搅拌电机应开始工作。再次点击，搅拌电机停止工作（注意观察电解池内搅拌子）。

升温，恒温：在【恒温】栏填上所需要的温度，再点击选择【升温】即“√”，高温炉开始加热，并将炉温恒定在设置的温度。再次点击，高温炉停止加热（注意观察测试界面的温度显示，或观察仪器上的加温显示灯是否点亮，或查看炉膛内部温度）。

电解开关：点击选择【电解开关】即“√”，电路将进行电解工作。反复点击，应能听见微弱的“嗒、嗒”的继电器吸合声。

停：当送样机构处于工作状态时，即送样或是退样过程中，点击【停】按钮，送样机构将停止工作。

进：当送样机构处于退出状态时，点击【进】按钮，送样机构将前进，将样舟送入炉膛中。

退：当送样机构处于进入状态时，点击【退】按钮，送样机构将后退，将样舟退出炉膛。

2. 测试

在仪器信息窗口，点击选择“测试”，显示测试页面。

点击【测试】按钮，弹出对话框。按对话框提示，输入相应数据。如果在试样管理中已经预先输入了试样数据，选择试样序号即可。点击【确定】按钮，开始单个样的试验。

测试完成后，测试结果可在“试样”页面中查看到。

3. 试样管理

在仪器信息窗口，点击选择“试样”，显示试样管理页面。在此页面中显示当前试验数据及其完成情况，并可实现对测试样品数据的管理。

添加：输入“试样编号”“试样重量”“水分”数据，点击【添加】按钮，可添加一个或多个试样数据到试样列表中。

修改：在样品数据列表中用鼠标左键点击需修改的试样行，修改“试样编号”“试样重量”“水分”相应数据，点击【修改】按钮即可。此功能只针对每一个没有完成的试样即“完成”栏下显示为“否”的或空白的试样。

删除：在试样数据列表中用鼠标左键点击需删除的试样行，点击【删除】按钮确认即可。

清除：点击【清除】按钮，确认后，将清除列表中所有数据。

天平：程序可以直接读取天平数据，点击【设置】按钮，设置、连接好天平。点击【打开】按钮，使天平处于连接状态，天平称好样品后，按天平上的【打印】键，程序自动接收数据并添加到列表中。

六、数据处理

1. 数据查询

在系统菜单中点击“数据”，选择“显示”，弹出“数据管理”页面。

可以根据日期、仪器编号、试样编号等查询条件来查询数据。其中日期是一个范围值。

要根据一个条件来查询，可以选中相应的复选框，再在后面输入具体的条件。如果不选中一个条件复选框，则将忽略该条件进行查询。查询条件输入完毕，点击后面的查询按钮，在表格中就会出现查询的结果。

2. 复算

在数据管理页面中的数据表格里，用鼠标左键点击选中相应的数据，再点击鼠标右键弹出数据操作菜单。

选择点击“复算”按钮，通过修改或填写“试样重量”“试样水分”值，点击【计算】，将得到新的“硫含量”值。如试验操作过程中出现输入数据错误，可以通过此方法，不必重新做试验而得到正确的试验结果。

3. 计算平均值

在数据管理页面中的数据表格里，用鼠标左键点击选中相应的多组数据（按下 Ctrl 键，点击选择，可选定多个数据），再点击鼠标右键弹出数据操作菜单。

选择点击“平均值”，点击【计算】，可以得到同一煤样“含硫量”的平均值。如所选同一煤样平行样结果之间超差，将无法得到平均值。

4. 校正系数

在数据管理页面中的数据表格里，用鼠标左键点击选中相应的多组数据（按下 Ctrl 键，点击选取同一种煤样的 5 个平行样为准），再点击鼠标右键弹出数据操作菜单，选择点击“校正系数”，输入该煤样的“标准干基硫含量”以及其“空干基水分”，点击【校正】按钮，显示校正完毕后，点击【确认】按钮，该煤样的校正系数自动保存。并对以后的试验结果起校正作用。

在保证仪器各个部分都工作正常的情况下，如果测试结果一直偏低或偏高（用标煤试验），则可以重新调整校正系数，方法如下：用标煤做 5 个试验，在精密度合格的情况下，计算其平均值（$S_{平}$）并代入下面的公式，计算新的校正系数。

$$K_{新}=K_{旧}\ S_{平}/S_{标} \tag{2-44}$$

式中 $K_{新}$——待求的新校正系数；

$K_{旧}$——现正使用的校正系数；

$S_{平}$——实测的标煤的平均值；

$S_{标}$——标煤的标准值。

注意：$S_{平}$ 和 $S_{标}$ 必须为同一基准。最后将校正系数调整到 $K_{新}$ 数值即可。

5. 打印

查询到数据后，点击数据管理窗口中“打印”按钮，或选中数据操作菜单中“打印”项，选定打印“式样”是报告单或者报表，确定打印的数据是“所有的记录”还是“选定的记录”，点击【确定】按钮。程序根据关联模板打印数据，用户可根据自己的要求创建模板。

6. 建立关联

点击数据管理窗口中的“关联模板”按钮，选择一个模板名按鼠标右键，在弹出的菜单中选择关联项。选择一个已经创建好的模板，点击【打开】按钮，这样就实现了模板名到具体模板的关联。保存后就可以在以后的打印中使用了。

7. 报表模板设计

点击数据管理窗口中的“创建模板”按钮，创建一个 Microsoft Excel 电子表格软件。

8. 模板的声明

程序可支持三个打印模板，分别是“硫含量报告单”“硫含量报表”“平均硫含量报告单”。打印模板中的数据有试验时保存在数据库中的实验数据，这部分数据是可重复的；还有部分数据是计算结果，是不能重复的。下面是各个打印模板可使用的数据字段的名称。

（1）硫含量：平均值

计算平均值时，点击“打印”按钮。

重复部分：序号、测试日期、仪器编号、试样编号、试样质量、空干基水分、空干基硫含量、干基硫含量、送样单位、化验员。

非重复部分：平均 $S_{t,ad}$（空气干燥基煤样品中的总硫平均含量）、平均 $S_{t,d}$（干燥基煤样品中的总硫平均含量）。

（2）硫含量：报告单

选定打印报告单时使用此打印模板。

重复部分：序号、测试日期、仪器编号、试样编号、试样质量、空干基水分、空干基硫含量、干基硫含量、送样单位、化验员。

（3）硫含量：报表

选定打印报表时使用此打印模板。

重复部分：序号、测试日期、仪器编号、试样编号、试样质量、空干基水分、空干基硫含量、干基硫含量、送样单位、化验员。

七、结果与讨论

（1）试分析为什么首次实验中需要先分别测定一个高硫样品和一个低硫样品，对结果测定有何影响?

（2）气流量、煤样加热温度及最终燃烧时间等条件的变化对测定值有何影响?

八、思考题

（1）试述煤中硫的不同形态、数量及其分解难易。

（2）定硫仪电解池如果不能吸入电解液，该如何处理?

实验 10 煤热值测定

一、实验目的

（1）了解煤的热值在煤炭加工利用中的作用。

（2）了解煤的热值的测试方法。

二、实验原理

煤的发热量是煤质分析的重要指标之一。煤在燃烧或气化过程中，须用发热量来计算平

衡、耗煤量和热效率，为改进用煤方法及提高热能利用率提供依据。煤的发热量也反映了煤化程度，因此，它是煤炭分类的指标之一。本实验采用非绝热式氧弹量热仪。

称取一定数量的煤样在氧弹量热仪中燃烧，根据弹筒周围水温的升高，精确算出煤的发热量。在测定煤炭发热量的过程中，与周围环境发生热交换，因此在计算发热量时，还必须加上冷却校正值。

三、实验仪器与试剂

1. 实验仪器

（1）仪器正面结构　本实验采用的热值测定仪正面结构示意图如图 2-13。

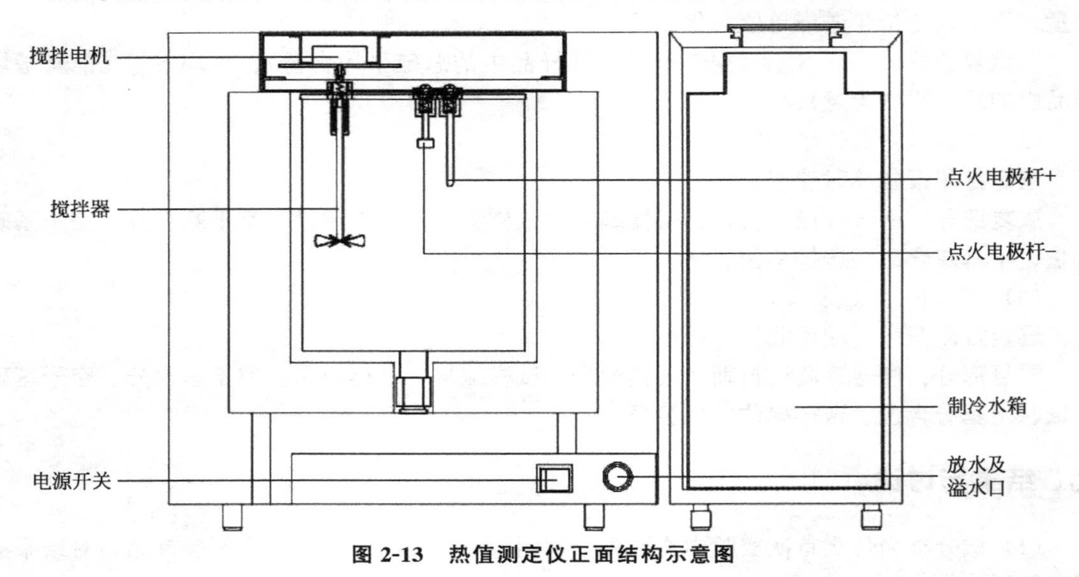

图 2-13　热值测定仪正面结构示意图

（2）仪器背面结构　热值测定仪背面结构示意图如图 2-14 所示。

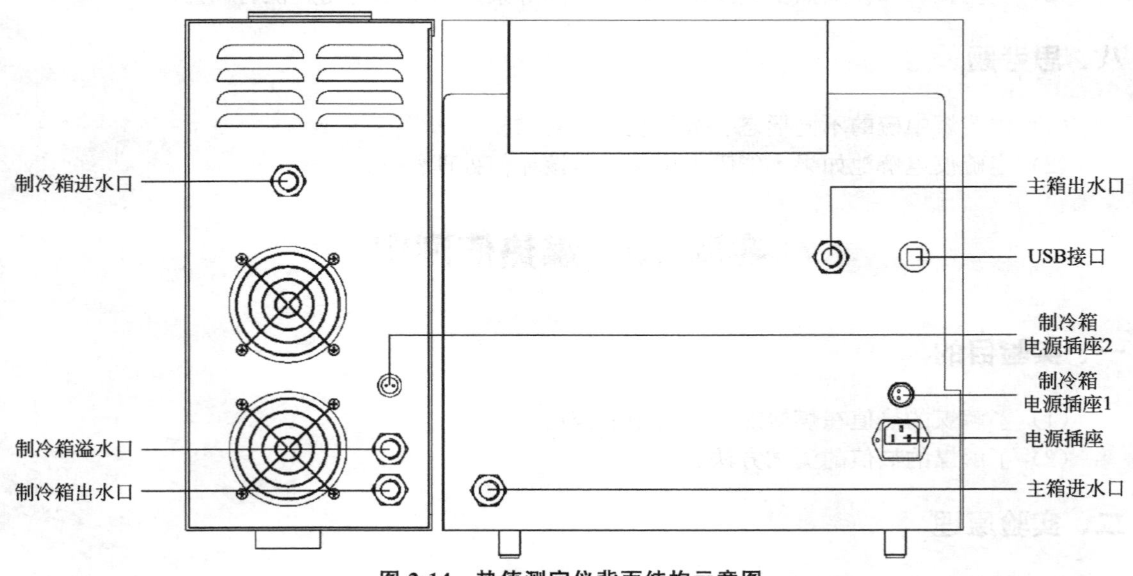

图 2-14　热值测定仪背面结构示意图

(3) 氧弹 如图2-15所示，氧弹由耐热、耐压、耐腐蚀的不锈钢制成。弹筒容积为250～350mL，弹盖上应装有供充氧和排气的阀门以及点火电源的接线电极。

新氧弹和新换部件（杯体、弹盖、连接环）应经20.0MPa的水压试验，证明无问题后方能使用。此外，应经常注意观察与氧弹强度有关的结构，如发现显著磨损或松动，应进行修理，并经水压试验后再用。

(4) 内筒 用不锈钢制成，筒内装水2000～3000mL，把氧弹放入筒中后，以浸没氧弹（进、出气阀和电极除外）为准。内筒外面应电镀抛光，以减少与外筒间的辐射传热。

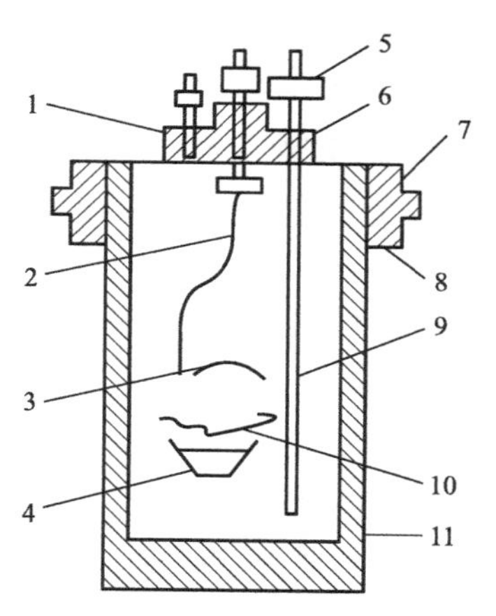

图2-15 氧弹结构及金属丝安装示意图

1—放气孔；2—金属弯杆；3—燃烧挡板；4—坩埚；5—电极；6—进气孔；7—橡皮垫圈；8—弹盖；9—进气管；10—燃烧丝；11—弹体圆筒

(5) 外筒 分恒温式外筒与绝热式外筒两种。

恒温式外筒：恒温式量热仪配置恒温式外筒。盛满水的外筒的热容量应不小于量热仪热容量的5倍，以便保持试验过程中外筒温度基本恒定。外筒外面可加绝缘保护层，以减少室温波动的影响。

绝热式外筒：绝热式量热计配置绝热式外筒。外筒中配有电加热器，通过自动控温装置，外筒中的水温能紧密跟踪内筒的温度，外筒中的水还应在特制的双层上盖中循环。自动控温装置的灵敏度，应能达到使点火前和点火后内筒温度保持稳定（5min内平均变化不超过0.0005K/min)，在一次试验的升温过程中，内外筒间的热交换量应不超过20J。

(6) 燃烧皿 采用铂制品最理想，一般为镍铬钢制品。规格采用高17～18mm，上部直径为25～26mm，底部直径19～20mm，厚0.5mm。其他合金钢或石类制的燃烧皿也可使用，但以能保证试样完全燃烧而本身又不受腐蚀和产生热效应为原则。

(7) 压力表和氧气导管 压力表通过内径为1～2mm的无缝铜管与氧弹连接，以便导入氧气。

压力表和各连接部分，禁止与油脂接触或使用润滑油。如不慎沾污，必须依次用苯和酒精清洗，并待晾干后再用。

(8) 搅拌器 螺旋桨式，转速40～600r/min为宜，并保持稳定。搅拌效率应能使热容量标定中，由点火到终点的时间不超过10min，同时又要避免产生过多的搅拌热（当内、外筒温度一致时，连续搅拌10min所产生热量不应超过120J)。

2. 实验试剂

(1) 氧气 99.5%纯度，不含可燃成分，因此不准使用电解氧。

(2) 苯甲酸 标准物质二等或二等以上，经计量机关检定并标明热值的苯甲酸。

(3) 点火丝 直径0.1mm左右的铂、铜、镍铬丝或其他已知热值的金属丝。

四、实验步骤

1. 加水步骤

仪器安装好后，打开量热仪及计算机电源开关。打开测试程序，进入调试界面。打开制冷箱上盖，往制冷箱的水箱中注入蒸馏水或去离子水。当制冷箱水箱中的水快满时，点击选择调试界面中的“进水泵”项，将制冷箱水箱里的水抽到仪器外筒中，并继续往制冷箱水箱中注水。外筒水满后，水将回流至制冷箱的水箱中。此时，去掉“进水泵”选择项，并继续往水箱中注水至水箱将满即可。

2. 放水步骤

量热仪经过长期使用后，筒内的水将会变脏，此时应将量热筒中的水放出来，进行换水。接上放水管，拧开仪器放水口右侧的放水阀门，外筒水将会流出。放制冷箱中的水只需将制冷箱出水口的水管拔出，即可放水。当水排完，不再有水流出时，即可以注入新水。

3. 测定步骤

(1) 依次打开打印机、计算机、量热仪的电源开关。

(2) 左键双击电脑桌面上的“YX-ZR 量热仪”图标，打开测试程序。

(3) 点击“系统”菜单中的“设置”，可查看或修改“测试设置”里的内容。

(4) 点击“系统”菜单中的“调试”，检查仪器各项功能有无故障。

(5) 点击工具栏中操作软件图标“”，打开仪器测试窗口。选择好“测试内容”及“高低位热值”。

(6) 在坩埚中称取粒度小于 0.2mm 空气干燥煤样 0.9～1.1g，称准到 0.0002g。将坩埚装入氧弹的坩埚架上，取一段已知质量的点火丝，把两端分别连接在氧弹的两个电极柱上。弯曲点火丝接近试样，注意与试样保持良好的接触；并注意勿使点火丝接触坩埚，以免形成短路而导致点火失败，甚至烧毁坩埚及坩埚架。往氧弹中加入 10mL 蒸馏水，小心拧紧氧弹盖。注意避免坩埚和点火丝的位置因受振动而改变。

(7) 往氧弹内缓缓充入氧气，直到压力为 2.8～3.0MPa。达到压力后的持续充氧时间不得少于 15s（如果不小心充氧压力超过 3.2 MPa，停止试验，放掉氧气后，重新充氧至 2.8～3.0MPa）。将氧弹小心放入量热仪内筒中。盖好仪器盖。

(8) 用鼠标左键单击“开始”按钮，输入相关数据，再单击“确认”后，仪器开始测试。

(9) 试验结束后，界面将显示测试结果，并自动保存。

(10) 取出氧弹，用放气阀将氧弹中的废气排出。拧开氧弹，仔细观察氧弹内是否有试样溅出或有炭黑存在，如有则该次试验作废。

(11) 将氧弹清洗干净，并擦干。坩埚放在电炉上烤干并冷却后待用。

(12) 单击“开始”按钮，可继续做下一个试验。当天试验完毕后，单击测试窗口标题条的“×”按钮，系统将提示是否退出测试窗口，单击“确认”后，退出测试界面。然后再单击主界面上标题条的“×”按钮，退出程序。

(13) 关闭主机，然后关闭显示器、打印机和量热仪电源，盖好仪器盖布，关闭氧气瓶阀门。

五、软件操作

1. 测试程序的使用

(1) 启动测试程序　点击桌面上的“YX-ZR 量热仪”图标，选择好“用户”并输入“密码”后点击【确认】按钮进入测试页面（没设置用户及密码的，直接点击【确认】即可）。初始进入测试系统时，须对仪器进行编号。鼠标左键点击“仪器”，鼠标左键点击【编号设置】，输入编号后，点击【确定】。选择“已初始化”，点击【刷新】，关闭“仪器信息”窗口，退出测试程序并重新进入，此时测试程序界面左上角将出现【 】。

(2) 仪器设置 点击系统菜单中的“设置”。

苯甲酸热值：是标定热容量必须输入的数据，只要是用的一个批次（或热值相同）的苯甲酸，输入一次就可以了。换用另一种热值的苯甲酸才需改变系统设置中苯甲酸的热值。

仪器热容量：是在测试发热量时必须有的数据，可以通过键盘人工输入，也可以通过“计算”项中的平均热容量计算后自动存盘。

添加物热值：是在测试热值低、灰分高、挥发分高的某些煤种时，需在被测煤样中添加某种已知热值的物质以提高测试结果的准确度，这些物质叫添加物，一般可用苯甲酸或已知热值的擦镜纸或标准煤样等。在“添加物热值”一项填上所用添加物的热值后，计算机将在最后测试结果中自动减去添加物的热值，从而得到被测物质的热值。

点火丝热值：是指每次测试时烧掉的点火丝的热值，只要用的是同一种材料，同样粗细、同样长度的点火丝，通过键盘输入其热值后，不换其他材料的点火丝，系统设置中的“点火丝热值”一项的值就不用更改。

内筒温度修正：修改该值可使内筒温度显示与外筒一致，单位：摄氏度。

放水时间：是通过调试确定每次试验完后放完内筒水的时间，通过键盘输入后，无需经常更改。

制冷时间：为保证连续试验时外筒水温不变化过大，需根据主期温升（试样热量）确定制冷箱工作时间，通过设置单位主期温升的制冷时间确定，时间单位是秒。

测试点火丝：此项选中，试验开始时仪器检测点火丝是否安装好，如果短路或没有接好，程序弹出提示窗口，试验自动中止。此项不选中，仪器将不检测点火丝是否安装好。

校正系数：校正系数中的数据是用来进行温度校正的，不要随意修改，否则将影响到测温准确度。

(3) 测试 鼠标左键单击测试程序界面左上角【 】，弹出试验界面。

在“测试内容”栏内选择好所需测试的项目，如“发热量”、“热容量”及“苯甲酸发热量”；再在“高低位热值”栏内选择好“不计算”、“弹筒硫”或“全硫”。用鼠标揿击【开始】按钮，弹出对话框。根据要求输入有关数据。揿击【确认】，进入测试过程，直至试验结束。用鼠标揿击【中断】按钮，可中断正在进行的试验。

(4) 温度曲线 试验进行的同时，鼠标左键单击测试界面上的“温度曲线”，此图将显示正在试验的即时温度变化情况。纵坐标为温度，横坐标为时间。

(5) 结果 完成一个试验，测试程序将自动跳转到该画面。显示此次试验的数据及其结果。如在试验同时，鼠标左键单击【结果】，其显示的将是上轮试验的数据及其结果。

2. 数据查询

点击系统菜单中的“数据”，选择“显示”，进入“查询-打印”窗口，选择好“查询条件”，点击【查询】，将出现所需查询的数据。

3. 计算

在数据管理窗口中的数据表格，用鼠标点击选中数据（同时按下 Ctrl 键，可选定多个数据)，再点击鼠标右键弹出数据操作菜单。其中包括有“复算”“平均发热量”“干基高位发热量”“煤质分析”“石油”等计算功能项。

(1) 计算平均热容量　选择“平均热容量”项。点击【计算】按钮，计算并显示平均热容量和相对标准偏差，并提示是否替换当前热容量。点击【打印】按钮，可打印出平均热容量报告单。

(2) 复算测试结果和计算高低位热值　选择“复算”项，修改或填写好数据后，用鼠标左键揿击【计算】按钮则显示复算结果并计算高低位热值。保存复算的结果，揿击【保存】按钮。不保存则揿击【取消】按钮，返回数据操作窗口。

(3) 计算平均发热量　选择“平均发热量”项，点击【计算】按钮，计算并显示选中数据的弹筒发热量、空干基高位热值、收到基低位热值的平均值。点击【打印】按钮，可打印出平均发热量报告单。

(4) 煤质分析计算　选择“煤质分析”项，输入相关数据后，点击【计算】按钮即可。如果空干基氢含量输入为0，程序可按经验公式计算出氢含量。点击【打印】按钮，可打印出煤质分析报告单。保存结果，揿击【保存】按钮。揿击【取消】按钮，返回数据操作窗口。

4. 打印

点击数据管理窗口中【打印】按钮，选定打印“式样”是“报告单”或者“报表”，确定打印的数据是“所有的记录”还是“选定的记录”，点击【确定】按钮。程序根据关联模板打印数据，用户可根据自己的要求创建模板。

5. 建立关联

点击数据管理窗口中的“关联模板”选择一个模板名按鼠标右键，在弹出的菜单中选择关联项。选择一个已经创建好的模板，点击“打开”按钮，这样就实现了模板名到具体模板的关联。保存后就可以在以后的打印中使用了。

6. 创建模板

点击数据管理窗口中的“创建模板”按钮，创建 Microsoft Excel 电子表格软件。

7. 模板的声明

程序可支持八个打印模板，分别是热容量报告单、热容量报表、平均热容量报告单、发热量报告单、发热量报表、平均发热量报告单、煤质分析计算报告单、石油总热值和净热值计算报告单。在打印模板中，可以找到实验时保存在数据库中的实验数据，选择好需要打印的实验数据文件，打印即可。下面是各个打印模板可使用的数据字段的名称。

(1) 热容量：平均热容量

计算平均热容量时，点击“打印”按钮。打印平均热容量报告单就使用此打印模板。

重复部分：序号、测试日期、开始时间、仪器编号、试样编号、试样重量、主期温升、冷却校正、热容量、硝酸生成热、点火温度、终点温度、点火丝热值、苯甲酸热值、化验员。

非重复部分：平均热容量、相对标准偏差。

(2) 热容量：报告单

查询数据为热容量测试结果数据，选定打印报告单时使用此打印模板。

重复部分：同 (1) 重复部分。

(3) 热容量：报表

查询数据为热容量测试结果数据，选定打印报表时使用此打印模板。

重复部分：同 (1) 重复部分。

(4) 发热量：煤质分析

进行煤质分析计算时，点击“打印”按钮打印分析报告单就使用此打印模板。

非重复部分：序号、仪器编号、测试日期、开始时间、试样重量、试样编号、添加物重量、添加物热值、空干基水分、收到基水分、空干基硫含量、空干基氢含量、空干基灰分、空干基灰分、弹筒发热量、空干基挥发分、焦渣特征号、送样单位、干基灰分、固定碳、收到基灰分、空干基高位热值、收到基挥发分、收到基低位热值、干基挥发分、收到基低位热值、干燥无灰基挥发分、干基硫含量。

(5) 发热量：报告单

查询数据为发热量测试结果数据，选定打印报告单时使用此打印模板。

重复部分：序号、测试日期、开始时间、仪器编号、试样编号、试样重量、测试苯甲酸、主期温升、弹筒发热量、空干基高位热值、收到基低位热值、点火温度、终点温度、仪器热容量、点火丝热值、添加物重量、添加物热值、空干基水分、收到基水分、空干基灰分、空干基挥发分、空干基氢含量、空干基硫含量、送样单位、化验员。

(6) 发热量：报表

查询数据为发热量测试结果数据，选定打印报表时使用此打印模板。

重复部分：同 (5) 重复部分。

(7) 发热量：平均发热量

查询数据为发热量测试结果数据，选定打印报表时使用此打印模板。

重复部分：同 (5) 重复部分。

非重复部分：平均弹筒发热量、平均高位热值、平均单位热值。

六、注意事项

1. 环境要求

(1) 试验室应设为单独房间，不应在同一房间内同时进行其他试验项目。

(2) 室温应保持相对稳定，每次测定室温变化应不超过 1℃。室温以在 15～30℃为宜。

(3) 室内应无强烈的空气对流，因此不应有强烈的热源、冷源和风扇等。试验过程中应避免开门窗。

(4) 试验室最好朝北，以避免阳光照射，否则量热仪应放在不受阳光直射的地方。

2. 水的要求

外筒用水要求用蒸馏水、去离子水或纯净水。一般三个月左右更换一次，最长不得超过半年。当筒中水有脏物时，应立即更换，以免造成阀门关闭不严而影响试验结果。

3. 氧弹

新氧弹和新换部件（弹筒、弹头、连接环）的氧弹应经 20.0MPa 的水压检测，检测合格后方能使用。此外，应经常注意观察与氧弹强度有关的结构，如弹筒、连接环的螺纹、进气阀、出气阀和电极与弹头的连接处等，如发现显著磨损或松动，应进行修理，并经水压试验合格后再用。

氧弹还应定期进行水压试验。每次水压试验后，氧弹的使用时间一般不应超过2年。

当使用多个设计制作相同的氧弹时，每一个氧弹都应作为一个完整的单元使用。氧弹部件的交换使用可能导致发生严重的事故。

4. 氧弹内加水

（1）每次试验氧弹内加水量必须一致。一般为10mL（10g）。

（2）标定热容量时氧弹内一定要加水。

（3）测定发热量时，如果氧弹内不加水（如测定易飞溅的煤的发热量时），则在计算其发热量时应将系统设置中的热容量减去42J/K。

5. 氧气

当钢瓶中的氧气压力降到5.0～4.0MPa时，充氧时间应酌量延长；压力降到4.0MPa以下时，应更换新的钢瓶氧气。

6. 添加物

（1）当测试物质热值较低时，可加入添加物。已知热值的苯甲酸、标煤、擦镜纸均可作为添加物。

（2）被测物质与添加物质量的总和为1g左右为宜。其总热值不应高于30000J。

7. 不能完全燃烧的试样

（1）提高充氧压力至3.2MPa。

（2）延长充氧时间至30s以上，但也不宜过长。

（3）将测试样研磨至粒度＜0.1mm。

（4）在坩埚底部垫一层经800℃灼烧过的石棉绒，并压实。

（5）加添加物。

8. 易飞溅的试样

（1）用已知热值和质量的擦镜纸将试样包好再进行测试。

（2）试样表面覆盖一层薄薄的酸洗石棉绒。

（3）测试时，氧弹内不放10mL的水。

（4）将试样压制成1g左右的饼再进行测试。

七、结果与讨论

（1）通过实验分析影响本实验准确性的关键操作要点。

（2）为什么往弹筒中放10mL水？对结果有何影响？

八、思考题

（1）放气过程中，为何放气孔不能对着人？

（2）在操作过程中，怎样看出没有点火成功？如何保证点火成功？

（3）为什么需进行冷却校正，其意义何在？

实验 11　煤黏结指数测定

一、实验目的

（1）了解烟煤黏结性指数的一个评价方法——罗加指数法。

（2）掌握罗加指数的测定方法。

二、实验原理

本实验是测定烟煤黏结力的大小，适用于评价烟煤的黏结能力。它是参照国际标准 ISO 335—1974《硬煤　黏结力测定　罗加试验法》改进后的测定方法。其黏结指数符号记为 $G_{R.I}$ 指数，简记为 G 指数。

黏结性是指烟煤在受热后，煤粒间互相黏结牢固程度的量度。黏结性的强弱是以黏结其他惰性物质的能力来表现，惰性物质选用无烟煤。

将一定质量的试验煤样和专用无烟煤，在规定的条件下混合，快速加热成焦，所得焦块在一定规格的转鼓内进行强度检验。以焦块的耐磨强度，即对破坏抗力的大小表示试验煤样的黏结能力。

罗加试验法存在的缺点是，对强黏结煤即相当于胶质层厚度大于 20mm，或罗加指数值在 70 以上的煤分辨能力差，对罗加指数小于 15 的弱黏结煤重现性不好等。为此本法在专用无烟煤的选定、无烟煤及烟煤粒度组成、配比、计算公式等方面进行了改进。

三、实验仪器与试剂

1. 实验仪器及材料

（1）瓷质专用坩埚和坩埚盖。

（2）搅拌丝　直径 1～1.5mm 的金属丝制成。

（3）镍铬钢压块　质量 110～115g。

（4）压力器　以 58.84N 力压紧混合后煤样的专用设备。

（5）箱形电炉　具有均匀加热带，其恒温区（±10℃）长度不小于 12mm，并附有定温控制器。

（6）转鼓试验装置　包括两个转鼓、一台变速器和一台电动机。内径 200mm，深 70mm，壁上铆有相距 180°、厚为 2mm 的挡板两块，转鼓的转数必须保证在（50±2）r/min。

（7）圆孔筛　筛孔直径为 1mm。

（8）辅助工具　有坩埚架、秒表、干燥器、小镊子、小刷子、玻璃表面皿或铝箔制成的称样皿、搪瓷盘 2 只及带有手柄的平铲，其手柄长为 600～700mm，铲宽约 20mm，铲长为 180～200mm，厚 1.5mm。

2. 实验试剂

无烟煤、试验煤样。

四、煤样制备

（1）黏结指数试验煤样，应达到空气干燥状态、粒度小于 0.2mm 的分析试样。制备时须防止过度粉碎，其中 0.1～0.2mm 的煤粒占全部煤样的 20%～35%。

（2）黏结指数试验煤样必须严格防止氧化，为此，试样应装在密封的容器内，从制样到试验的时间不应超过一周。

（3）黏结指数测定中所用的无烟煤，必须是宁夏汝箕沟煤矿的专用无烟煤，且符合下列要求：灰分＜4%，挥发分＞7.5%，粒度为 0.1～0.2mm，其中小于 0.1mm 的筛下率不大于 7%。

五、实验步骤

1. 试验煤样与无烟煤的混合

（1）先称取 5g 无烟煤，后称取 1g 试验煤样放入坩埚，质量应称准到 0.0001g。

（2）用搅拌丝将坩埚内混合物搅拌 2min，搅拌的方法是：坩埚作 45°左右倾斜，逆时针方向转动，转速约 15r/min，搅拌丝按同样倾角作顺时针方向转动，转速约 150r/min。

搅拌时搅拌丝的圆环接触坩埚壁与底相连接的圆弧部分。经 1min 45s 后，一边继续搅拌，一边将坩埚与搅拌丝逐渐转到垂直位置，2min 时搅拌结束。在搅拌时，应防止煤样外溅。

（3）搅拌结束后，将坩埚壁上煤粉轻轻扫下，用搅拌丝轻轻将混合物拨平，沿坩埚壁的层面略低 1～2mm，以便压块将混合物压紧后，使煤样表面处于同一平面。用镊子将压块放置于坩埚中央，然后将其置于压力器下压 30s，加压时防止冲击。加压结束后压块仍留在混合物上，加上坩埚盖。注意从搅拌时开始，带有混合物的坩埚应轻拿轻放，避免受到撞击与振动。

2. 混合物的焦化处理

将带盖的坩埚放在坩埚架中，放入预先升温到 850℃的箱式电炉内的恒温区，须确保在放入坩埚后的 6min 内，炉温应恢复到 50℃［若在 6min 内，炉温恢复不到 850℃，可适当提高入炉温度，以后外温保持在（850±10)℃］。从放入坩埚开始计时，焦化 15min，将坩埚从箱式电炉中取出，放置冷却到室温。若不立即进行转鼓试验，则将坩埚放入干燥器内。

3. 焦块转鼓试验

从已冷却的坩埚中取出压块。当压块上附有焦屑时，应刷入坩埚内。称焦渣总重，然后将焦渣放入转鼓内，进行第一次转鼓试验。转鼓试验后的焦块用 1mm 圆孔筛进行筛分，再称量筛上部分质量。然后，将其放入转鼓进行第二次转鼓试验，重复筛分、称重操作。每次转鼓试验 5min 即 250r，所有各次的称重都应准确到 0.01g。

六、注意事项

（1）在实验过程中要防止已混合的煤样振动，以免离析。对已形成的焦炭不能给予任何的冲击力，以免人为的破碎，影响测定值。

（2）G 值小于 18 时必须重做试验。

（3）黏结指数 G 对煤的黏结有很好的鉴别能力，不仅能区分中等黏结性的煤，还能区分强黏煤和弱黏煤。

七、数据处理

黏结指数按下式计算：

$$G=10+\frac{30m_1+70m_2}{m} \tag{2-45}$$

式中 m——焦化处理后焦渣的总质量，g；

m_1——第一次转鼓试验后，筛上部分的质量，g；

m_2——第二次转鼓试验后，筛上部分的质量，g。

八、补充实验

当测得的 $G<18$ 时，需重做实验，这时将配比改为 3∶3，即 3g 试验煤样与 3g 专用无煤烟，试验步骤同前。结果按下式归化成原来 G 值的测值系列。

$$G=\frac{30m_1+70m_2}{5m} \tag{2-46}$$

式中 m——焦化处理后焦渣的总质量，g；

m_1——第一次转鼓试验后，筛上部分的质量，g；

m_2——第二次转鼓试验后，筛上部分的质量，g。

九、误差及精密度

每一试验煤样应分别进行两次重复试验，G 值≥18 时，同一化验室两次平行测定值之差不得超过 3，不同化验室间的测定定值之差不得超过 4；$G<18$ 时，同一化验室两次平行测定值之差不得超过 1，不同化验室间测定值之差不得超过 2。以平行试验结果的算术平均值作为最终结果。测定值修约到小数后一位，报出结果取整数。

十、结果与讨论

黏结指数的测定方法与罗加指数有何区别？前者对后者作了哪些改进？对测定结果有何影响？

十一、思考题

（1）试讨论烟煤与无烟煤粒度组成不同及配比不同，对 G 值的影响。

（2）惰性物质为什么用无烟煤？是否可用其他惰性物质如焦炭？专用无烟煤为什么要有一定的标准？

（3）对某种煤，若用无烟煤∶煤样＝5∶1 时测得 G 值为 60，若按 3∶3 配比测得 G 值为 19，同一煤样，用两种配比得到两种不同的值，应如何解释？

实验 12 煤灰熔融性测定

一、实验目的

(1) 掌握煤灰熔融性测定仪的使用方法。

(2) 掌握煤灰熔点的测定方法。

二、实验原理

煤灰熔融性习惯上称为煤灰熔点。煤灰熔融性是动力用煤和气化用煤的重要指标之一。对固态排渣的燃烧炉和气化炉，要求原料煤的灰熔点越高越好，而对于液态排渣炉，则要求煤灰有较低的熔点，因为保留适当的熔渣可以起到保护炉栅的作用。煤灰熔融性的测定是判断结渣性的主要手段之一。

本实验采用角锥法测定煤灰熔融性。将煤灰制成一定形状和尺寸的三角锥体，放在一定的气体介质中，以一定的升温速度加热，观察并记录其四个特征温度：

变形温度（DT）——锥体尖端开始变圆或弯曲时的温度。

软化温度（ST）——锥体弯曲至锥尖触及托板，锥体变球形时的温度。

半球温度（HT）——灰锥变形至近似半球形，即高约等于底长的一半时的温度。

流动温度（FT）——锥体完全熔化或展开成高度不大于 1.5mm 的薄层时的温度。

煤灰的熔融性主要取决于它们的化学组成。由于煤灰中总含有一定量的铁，铁在不同的气体介质中将以不同的形态存在，在氧化性气体介质中以三价铁（Fe_2O_3）形态存在；在弱还原性气体介质中，它将转变成二价铁（FeO），而在强还原性气体介质中，它将转变成金属铁（Fe）。三者的熔点以 FeO 为最低（1420℃），Fe_2O_3 为最高（1560℃），Fe 居中（1535℃）。此外，FeO 能与煤灰中的 SiO_2 生成熔点更低的硅酸盐，所以煤灰在弱还原性气体介质中熔点最低。

在工业锅炉和气化炉中，成渣部位的气体介质大都呈弱还原性，因此煤灰熔融性的例常测定就在模拟工业条件的弱还原性气氛中进行。根据要求也可在强还原性气氛和氧化性气氛中进行。

三、实验仪器与试剂

1. 主要仪器

仪器由计算机、控制箱、高温炉等组成，计算机主机内装有高温炉控制卡及图像采集卡，控制箱内装有控温器件，高温炉为卧式炉，加热元件为硅碳管，摄像机可以转动，以方便试验样品的安装。

2. 辅助仪器

(1) 高温加热炉　本实验采用 HR-1 型灰熔点测定仪，如图 2-16 所示。该仪器由硅碳管高温炉、可控硅调压器和高温计三部分组成。

(2) 铂铑-铂热电偶及高温计　量程 0～1600℃，精度 1 级，校正后使用。使用时热电偶需加气密的刚玉套管保护。

（3）灰锥模子 试样用灰锥模子制成三角锥体，锥高为20mm，底为边长7mm的正三角形，锥体之一棱面垂直于底面。灰锥模由对称的两个半块构成，用黄铜或不锈钢制成。

（4）灰锥托板 托板必须在1500℃下不变形，不与灰样发生作用，不吸收灰样。

（5）刚玉舟 耐温1500℃以上，能盛放足够量的含碳物质。

3. 实验试剂

（1）石墨 灰分≤15%，粒度≤1mm的无烟煤、石墨或其他含碳物质。

（2）糊精 化学纯，配成100g/L水溶液（煮沸）。

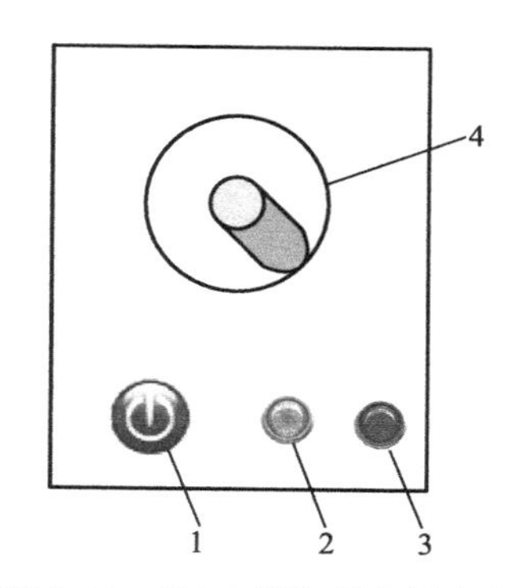

图2-16 HR-1型灰熔点测定仪

1—电源开关；2—加热指示灯；3—加热控温指示灯；4—摄像头支架

四、实验步骤

1. 实验准备工作

（1）取粒度小于0.2mm的空气干燥煤样，按GB 212—2008《煤的工业分析方法》规定将其完全灰化，然后用玛瑙研钵研细至0.1mm以下。

（2）取1～2g煤灰用糊精溶液润湿并调成可塑状，然后用小刀铲入灰锥模中挤压成型。用小刀将模内灰锥小心地推至瓷板上，于空气中风干或于60℃下干燥备用。

（3）将已制备好的灰锥置于灰锥托板的三角坑内，用10%的糊精水溶液使之固定，并使灰锥垂直于托板表面。

（4）将带灰锥的灰锥托板置于刚玉舟的槽中。然后在刚玉舟里放置控制炉内气氛用的物质。按不同气氛的要求，它们可以是：

① 弱还原性气氛 用封入一定量含碳物质的方法，即在炉膛中央放置石墨（粒度小于1mm，灰分≤15%）5～6g，或无烟煤（粒度≤0.5mm，灰分≤15%）30～40g，或木炭、焦炭、石油焦等。也可用通气法即炉内温度达到600℃开始通入体积分数50%±10%的氢和50%±10%的二氧化碳混合气体，或者40%±5%的一氧化碳和60%±5%的二氧化碳混合气体。通气速度以能避免空气渗入为准。

② 强还原性气氛 刚玉舟内不放任何含碳物质，并使空气自由流通。

本实验是在以石墨为弱还原性气氛材料的条件下进行灰熔点的测定，也可以以石墨和木炭质量比2∶1的比例加入还原物质。

（5）将热电偶插入炉膛，并使其热端位于高温恒温区中央正上方，但不触及炉膛。

（6）将刚玉舟徐徐推入炉膛，并使灰锥紧邻热电偶热端（相距2mm左右）。关上炉盖。

（7）开始加热，控制升温速度：900℃以前为15～20℃/min，900℃以后为（5±1）℃/min。

（8）随时观察灰锥的形态变化（高温下观察时，需戴上墨镜），记录灰锥的四个熔融特征——变形温度、软化温度、半球温度和流动温度。待全部灰锥都达到流动温度或炉温升至1500℃时断电，结束试验。

2. 炉内气氛控制

（1）弱还原性气氛 本仪器高温炉炉膛有两种：气密的高刚玉管和气疏的高刚玉管（通

常仪器配套的是气密的高刚玉管)，其弱还原性气氛的控制方法分别是：

① 气密高刚玉管　于炉膛中央刚玉舟内放置石墨粉 5～9g（粒度≤0.2mm，灰分≤15%）或木炭 5～12g。

② 气疏高刚玉管　于炉膛中央刚玉舟内放置石墨粉 10～15g（粒度≤0.2mm，灰分≤15%）或木炭 13～18g。

(2) 氧化性气氛　炉内不放任何含碳物质，并使空气自由流通。

(3) 炉内气氛鉴定　当采用封入含碳物质的办法来产生弱还原性气氛时，需用下述方法来判断炉内气氛。标准锥法：用标灰（如 CAF-4 号标灰）进行测定时，如 T2 或 T3 实际测定值与弱还原性气氛中的标准值相差不超过 50℃，则炉内气氛为弱还原性；否则，应根据它们与强还原性及氧化性气氛中的标准值的接近程度，以及刚玉舟内残存含碳物的质量、氧化程度来判断气氛是强还原性还是氧化性。

注：用标准锥鉴定炉内气氛时，无论是放置石墨或是木炭，每台仪器封入的分量都会稍有不同。因实际使用过程中要求弱还原性气氛较多，为了每次顺利控制试验炉内为弱还原性气氛，有必要记录封入含碳物的质量。可以按如下方法找出控制弱还原性气氛的含碳物质量。先封入某一质量的木炭（如 8g，粒度以不影响摄像头摄取灰锥为宜，或者石墨也行），作完样后，可以基本判断是哪种气氛。若与强还原性气氛下的特征温度点相接近，可以稍微减少木炭质量（一般减少 2～4g）；若是氧化性气氛，则可以稍微增加木炭质量（一般增加 2～4g）。并再次试验。如此反复，直到试验炉内为弱还原性气氛，则可记录此时封入的含碳物质量，留备以后试验放置用。

3. 仪器及软件操作

打开灰熔点炉体的电源，再打开计算机，用鼠标单击“开始”按钮。屏幕出现“开始”选单。单击“开始”选单上“程序”下的“煤质化验”项，在“煤质化验”项上找到“煤灰熔融性测定仪”并点击，即开始运行煤灰熔融性测定程序，屏幕显示出主画面。此时按任意键或等待数秒钟后程序进入主程序。

(1) 设置　通过“测试设置”，可改变图像采集间隔时间、选择图像存储方式、设置用户口令等。单击“设置”菜单，选中“测试设置”项并单击，输入口令（如用户尚未设置口令，则直接单击“确定”）。单击“确定”按钮即完成设置。单击“取消”按钮，则取消设置操作。“只存储结果图像”表示只存储用户选择的“原形”及四个特征温度点图像。“存储所有图像”表示存储试样变化过程的全部图像。建议选择此选项。

(2) 开始及停止测试　单击“开始”菜单项，系统将开始升温，升温过程由计算机自动控制，图像自动存入 C：\ YOUXIN \ YX _ HRD \ YX _ TEMP. HRD 文件中。当下次测试时该文件将被自动更新。当温度大于 1500℃时，系统自动结束测试。如果需要在测试过程中停止测试，可用鼠标单击“停止”菜单项，则停止测试。

(3) 首次操作或图像不清晰时，调整图像的清晰度

① 单击“设置”菜单，选中“视频设置”项并单击，屏幕显示灰锥的实时图像。

② 在炉温 800℃左右时观察计算机上的图像，调整摄像头的光圈，使图像刚好可见，调节焦距使图像清晰。调节摄像头支架，使图像位于图像监视窗的中央。

③ 也可配合调节“视频设置”窗口的“亮度”“对比度”使图像更清晰。调节完毕后，单击设置对话框的“确定”按钮退出设置。

(4) 特征温度的选取　测试完毕后，可通过移动图像监视窗口下方的滚动条来观看试样

变化过程的全部图像。看到合适的图像后，在图像监视窗口中单击鼠标左键，选中该图像。然后单击相应的结果图像框（如 FT），即将图像选入结果。如要取消某结果图像，可在该结果图像上单击鼠标右键。

（5）图像的存取

① 存储图像　存储图像时可通过“测试设置”功能选择存储全部的图像，还是只存储结果。

② 打开图像文件　单击“文件”菜单，单击“存盘”选项，在文件名一栏中输入文件名，或者在文件列表中选中某一文件，然后单击“打开”按钮，即可将存储在计算机内的测试结果读出显示。

五、注意事项

（1）灰熔点炉体的电源应在开始试验时再打开，做完试验后应及时关闭，以免对炉体加热元件造成损坏。

（2）仪器背面有 220V 接线柱，请勿触摸。

六、数据处理

（1）记录试样的四个熔融特征温度 DT、ST、HT 和 FT。

（2）记录试验气氛的性质及控制方法。

（3）对某些煤灰可能得不到明确的特性温度，而发生下述情况，此时应记录这些现象及相应温度。

烧结：试样明显缩小至似乎熔化，但实际上却变成一烧结块，保持一定外形轮廓。

收缩：试样由于表面挥发而缩小但却保持原来的形状和尖锐的棱角。

膨胀和鼓泡。

灰熔融性特征温度，测定值和报告值均修约到 10℃，其中煤灰熔融性测定允许差见表 2-7 所示。

表 2-7　煤灰熔融性测定允许差

熔融特征温度	精密度	
	重复性/℃	再现性/℃
DT	≤60	≤80
ST	≤40	≤80
HT	≤40	≤80
FT	≤40	≤80

（4）测定结果的判断

测试过程中，灰锥尖端开始变圆或弯曲时的温度为变形温度 DT。如有的灰锥在弯曲后又恢复原形，而温度继续上升，灰锥又一次弯曲变形，这时应以第二次变形的温度作为真正的变形温度 DT。

当灰锥弯曲至锥尖触及托板或锥体变成球形时的温度，称为软化温度 ST；当灰锥形变至近似半球形。及高约等于底长的一半时的温度，称为半球温度 HT。

某些灰锥可能测不到上述特征温度，如有的灰锥明显缩小直到完全消失，或缩小而实际不溶，仍维持一定轮廓；有的灰锥由于表面挥发而明显缩小，却保持原来的形状；某些煤灰中因 SiO_2 含量较高，灰锥易产生膨胀或鼓泡，而鼓泡一破即消失等，这些均应在测定结果中予以说明。

（5）结果的表达

如炉温达到 1500℃，灰锥尚未达到变形温度，则该灰样的测定结果以 DT、ST、FT 均高于 1500℃报出。由于煤灰熔融性是在一定气氛条件下测定的，故测定结果应标明其测定时的气氛条件。

根据灰熔融温度的高低，通常把煤灰分成易熔、中等熔融、难熔、不熔四种。其熔融温度范围大致为：易熔灰 ST 值在 1160℃以下；中等熔融灰 ST 值在 1160～1350℃之间；难熔灰 ST 值在 1350～1500℃之间；不熔灰 ST 值高于 1500℃。

一般认为 ST 值为 1350℃，作为锅炉是否易于结渣的分界线。灰熔融温度越高，锅炉越不易结渣；反之，结渣越严重。

七、结果与讨论

（1）制备灰锥时，糊精的作用是什么？糊精加入量对测定结果有影响吗？

（2）讨论煤种类与灰熔融性测定结果间的关系。

八、思考题

（1）DT、ST、HT、FT 的温度间隔大小对实际应用有何意义？

（2）用灰锥法测定煤灰的熔融性，该方法的主要优缺点是什么？

（3）为何通常选用弱还原性气氛测定煤灰熔融性？

实验 13　煤矸石中镉、锰离子的检测

一、实验目的

（1）了解矸石类样品的微波消解技术。

（2）掌握原子吸收光谱法测定矸石样品中重金属离子的方法。

二、实验原理

煤中镉、锰等有害元素在燃烧过程中随烟气和飞灰向大气排放，可造成严重环境污染。此外，在燃烧和转化过程中还会腐蚀工业设备，对产品质量造成影响。而镉、锰以无机物离子存在于煤及矸石中，由于基质复杂，且本身无色无味，一般很难直观检测，因此重金属离子测定需要先将煤或矸石样品预先消解，再配成一定浓度的溶液，以原子吸收光谱法测定金属离子含量。

微波消解是将煤及矸石样品放入含酸的密闭消解罐内，再将消解罐置于消解仪的微波场中，微波能迅速加热酸和溶质，发生氧化还原反应和放热反应，产生气体，产生的气体形成容器内的高压氛围，提高了溶样酸的沸点、氧化能力和活性，进而加快了样品的消解速度。

微波消解有密闭容器反应和微波加热两个特点，决定了其完全、快速、低空白的优点。微波加热快速、均匀、过热，不断产生新的接触表面，有时还能降低反应活化能，改变反应动力学状况，使得微波消解能力增强，能消解许多传统方法难以消解的样品。

微波消解技术作为一种新的样品处理技术，具有加热快、升温高、消解能力强、操作简便、省时节能、污染小、速度快等优点，精确度和准确度符合要求，且大大降低了检测人员的劳动强度，提高了工作效率，具有很好的使用价值。

原子吸收光谱法（AAS）是先将含有金属离子的溶液送入雾化室，在雾化室与燃气混合后进入燃烧室，在这里形成原子蒸气，当光源发射的某一特征波长的光通过原子蒸气时，气态原子可以吸收光辐射，使原子中外层的电子从基态跃迁。当入射光的频率等于原子中的电子由基态跃迁到较高能态所需要的能量频率时，原子中的外层电子将选择性地吸收其同种元素所发射的特征谱线，使入射光减弱。

由于原子能级是量子化的，因此，在所有的情况下，原子对辐射的吸收都是有选择性的。由于各元素的原子结构和外层电子的排布不同，元素从基态跃迁至第一激发态时吸收的能量不同，因而各元素的共振吸收线具有不同的特征。由此可作为元素定性的依据，而吸收辐射的强度可作为定量的依据。

三、实验仪器与试剂

1. 实验仪器

微波消解仪、石墨炉原子分光光度计、容量瓶、移液管。

2. 实验试剂

硝酸-氢氟酸-盐酸混合酸、1% HNO_3、Cd 标准溶液、Mn 标准溶液、矸石样。

四、实验步骤

1. 矸石的预消解步骤

称取 0.2g 矸石样品分别置于已编号 1～8 的八个聚四氟乙烯微波消解罐，然后加入 10mL 硝酸-氢氟酸-盐酸混合酸（体积比为 HNO_3 ∶ HF ∶ HCl＝20 ∶ 1 ∶ 1），将消解罐放到 BHW-09C16 型号的电热板（温度设定为 130℃）上进行预消解。预消解时应注意将通风橱的风机打开，避免酸性气体污染实验室。预消解过程可观察到消解罐内有红棕色气体逸出。升温至 130℃，30min 以后，从电热板上取出微波消解罐，待冷却至室温后，装好堵头，将盖子拧紧，并依次放到消解罐支架上。

2. 消解方法步骤

将消解仪的通风口放到通风橱内，接通电源，打开微波消解仪的开关，此时机器进行 1min 的自检过程。自检完毕后，打开微波消解仪的门，小心取出消解罐转盘，平整地放到实验台上，将预消解后的 8 个消解罐均匀对称放置在有防暴套筒的内圈转盘上，按压消解罐，确认消解罐安装好。然后关闭消解仪门，在机器的主界面下，选择“经典模式”（“CLASSIC METHODS”），点击屏幕右上角的“＋”号，用姓名命名，设置合适的消解方法，选择控制方式：温度控制（Ramp To Temperature），样品类型：有机（Organic），消解罐类型：Xpress Plus，然后按照一定的消解程序进行消解。

设置好消解程序后，点击“开始”，按照一定的消解程序，仪器将会自动运行。

消解程序按以下三种温度梯度设置：

160℃，爬升 10min，保持 10min；

180℃，爬升 5min，保持 5min；

200℃，爬升 10min，保持 15min。

以上设置，全罐温度均为 220℃。

3. 赶酸条件步骤

消解完毕后，将消解罐从仪器中取出，旋开罐盖（此步操作应在通风橱内完成，旋盖过程有红棕色气体从小孔溢出，此步操作要缓慢、谨慎），将其放到已经设置温度为 130℃的电热板上赶酸，以防止测样时，仪器被强酸腐蚀。在赶酸时，应每隔一段时间观察消解罐中液体，观察至消解罐中的液体已经被蒸发至近干，液体剩余在 1mL 左右时，将消解罐从电热板上取出，用 1％ HNO_3 淋洗消解罐，然后将消解罐中的液体转移到 100mL 容量瓶中，定容至刻度，待测。

4. 镉、锰离子含量测定

（1）标准溶液配制　分别准确移取 Cd、Mn 标准溶液 1mL 于 100mL 容量瓶中，用 1％的硝酸溶液定容至刻度，再移取 1mL 已配好的溶液于 10mL 容量瓶中用 1％的硝酸溶液定容至刻度，配成 1μg/mL 标准储备液。再将标准储备液按照表 2-8 的浓度稀释成所需浓度的标准工作溶液。并按照升温程序升温后测定标准样品含量，并绘制标准曲线。

表 2-8　标准溶液的浓度

项目	标准溶液的浓度						
Cd/(ng/mL)	0.00	10.00	20.00	40.00	60.00	80.00	100.00
Mn/(ng/mL)	0.00	4.00	8.00	12.00	16.00	20.00	24.00

（2）待测样品溶液配制　预估煤及矸石中重金属含量，并对前处理好的样品按照预估值和仪器检测范围进行稀释：测 Mn 时将矸石样品稀释 100 倍；测 Cd 时，矸石样品稀释 10 倍。按照石墨炉原子分光光度仪工作条件及升温程序测定待测样品中 Mn 和 Cd 吸光度，并根据标准曲线计算含量。

（3）石墨炉原子分光光度计工作条件　本实验中石墨炉原子分光光度计工作条件应按照表 2-9 执行。

表 2-9　仪器工作条件

工作灯电流/mA	预热灯电流/mA	光谱带宽/nm	负高压/V
2.0	2.0	0.2	300.0

在测定不同金属含量时，石墨炉加热程序也有所不同，见表 2-10、表 2-11 所示。

表 2-10　石墨炉加热程序——镉

Cd	温度/℃	升温时间/min	保持时间/min
1	120	15	10
2	400	5	15
3	1600	0	3
4	1800	1	1

表 2-11 石墨炉加热程序——锰

Mn	温度/℃	升温时间/mim	保持时间/min
1	120	15	10
2	500	5	15
3	2100	0	3
4	2200	1	1

五、结果与讨论

（1）试讨论不同酸对矸石样品消解的影响，并分析本实验选择的消解混合酸的种类、配比及用途。

（2）讨论微波消解过程消解程序对消解效果的影响。

（3）微波消解过程中为何需要预消解和赶酸步骤？

六、思考题

（1）微波消解后，容器底部的沉淀是什么？如何处理？

（2）使用什么基准的镉、锰溶液来配制标准溶液？为什么？

实验 14 油品密度的测定

一、实验目的

（1）通过密度的测定，掌握其密度与产品化学组成的关系以及温度对密度的影响及其变化规律。

（2）掌握用密度计法测定石油的方法。

二、实验原理

密度为单位体积内所含物质（在真空中）的质量。原油及石油产品随温度变化而改变其体积，密度也随之发生变化，因此油品密度的测定结果必须注明测定温度，用 ρ_t 表示。其中 t 为测定该值时的温度。

我国统一把 20℃的密度规定为石油和液体石油产品的标准密度，以 $\rho_{20℃}$ 表示。因此石油密度计在 20℃时进行分度，即使用时只有在 20℃时密度的示值才是正确的。

密度计法测定油品密度是以阿基米德原理为基础。当被石油密度计所排开的液体质量等于密度计本身质量时，密度计处于平衡状态，即稳定地漂浮于液体石油产品中。

试油密度不同，同一密度计在试油中下沉程度不同，试油密度越大，密度计下沉得越少。

三、实验仪器与试剂

1. 实验仪器

（1）石油密度计 符合 SH/T 0316—1998《石油密度计技术条件》的规定。作石油计量用时，必须使用 SY-1 型的石油密度计。

(2) 玻璃量筒 内径比密度计外径至少大 25mm，高度能使密度计距量筒底部至少高 25mm。

(3) 温度计 经检定合格分度值为 0.2℃的全浸式水银温度计。

(4) 恒温浴 恒温准确到±0.5℃。

2. 实验试剂

试油。

四、实验步骤

(1) 根据试油类型确定测定温度（可在−18～90℃间选择)，尽可能在室温下进行。饱和蒸气压高于 600mmHg 的高挥发性试样，应在原容器中冷却到 2℃或更低温度下测定，对原油中等挥发性黏稠试样，应加热到试样具有足够流动性的最低温度下测定。

为计量而测定密度时，测定温度应尽量接近储存油的实际温度。应在实际温度的±3℃范围内测定，如果在此温度范围内，被测定的某些黏稠试样达不到足够流动性时，要继续提高试样温度，使其达到具有足够流动性的最低温度为止。在此温度下，石油密度计应能在试样中自由地漂浮。

(2) 在非室温温度下测定时，试油应置于恒温浴中，以保证温度变化不大于 0.5℃。选用适当密度范围的石油密度计。

(3) 将清洁干燥的量筒、合适的温度计和密度计保持在所测试样接近的温度。

(4) 将调好温度的试样，小心地沿壁倾入量筒中，量筒应放在没有空气流动的地方，并保持平稳，注意不要溅泼，以免生成气泡，当试样表面有气泡聚集时，可用一片清洁滤纸除去气泡。

(5) 将选好的清洁、干燥密度计小心地放入搅拌均匀的试样中，注意液面以上的密度计杆管浸湿不得超过两个小分度值，因为杆体上多余的液体会影响所得读数，待其稳定后。按弯月面上缘读数，并估计密度计读数至 0.0001g/cm^3，读数时必须注意密度计不应与量筒接触，眼睛要与弯月面的上缘成同一水平。

同时测量试样的温度，注意温度计要保持全浸（水银线)。温度读准至 0.2℃。

将密度计在量筒中轻轻转动一下，再放开，按要求再测定一次。立即再用温度计小心搅拌试样，读准至 0.2℃，若这个温度读数和前次读数相差超过 0.5℃，应重新读取密度和温度，直到温度变化稳定在 0.5℃以内。

五、结果与讨论

(1) 讨论并分析密度与产品化学组成的关系。

(2) 讨论不同温度对密度的影响及其变化规律。

六、思考题

(1) 在密度测定过程中，为什么量筒、试样、温度计、密度计应处于相同的温度下？

(2) 整个测定过程中，密度计为什么不能与量筒的任何部位接触，尤其不能在未判定是否有接触的情况下读数？

实验 15 油品运动黏度的测定

一、实验目的

（1）学会测定液体燃料的运动黏度。

（2）掌握测量液体燃料的运动黏度的不同方法。

二、实验原理

本实验是测定液体石油产品的运动黏度的一个重要方法，实验装置如图 2-17 所示，该仪器由上盖部分、浴缸及保温部分和控制部分组成，不同的黏度计有不同的黏度计常数，需要经过标定得到其常数，实验时可以根据需要选择合适的黏度计，使试样流动时间不少于 200s，内径的黏度计流动时间不少于 350s，实验时，用秒表记下待测液体石油产品从黏度计标线 a 处流经标线 b 所需的时间，然后根据 GB/T 265—88《石油产品运动黏度测定法和动力黏度计算法》来计算待测液体在某一温度 t 下的运动黏度 ν_t。

三、实验仪器与试剂

1. 实验仪器

（1）运动黏度计实验器　符合 GB/T 265—88 规定的技术要求，实验装置如图 2-18 所示。

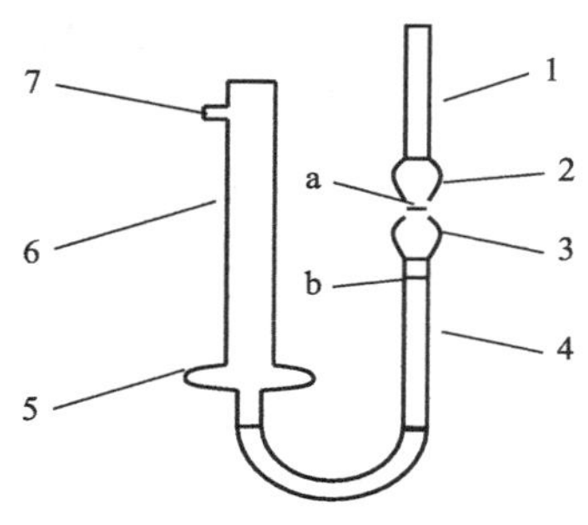

图 2-17　毛细管黏度计原理示意图

1,6—管身；2,3,5—扩大部分；4—毛细管；7—支管；a,b—标线

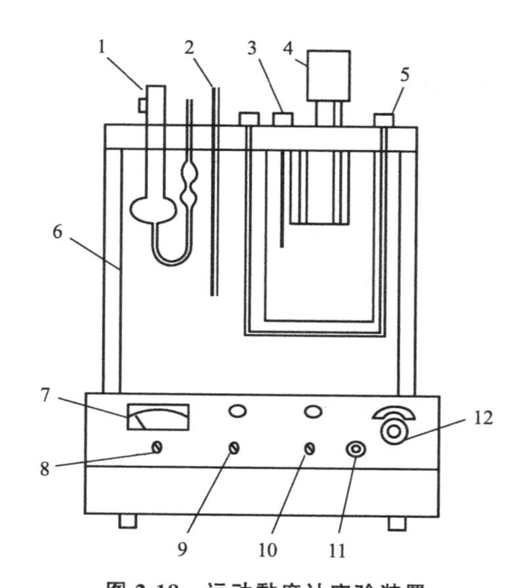

图 2-18　运动黏度计实验装置

1—黏度计；2—传感器；3—温度计；4—搅拌电机；5—循环水管；6—浴缸；7—电流表；8—电源开关；9—搅拌开关；10—快速加热开关；11—微调旋钮；12—设定开关

（2）秒表。

（3）烘箱。

2. 实验试剂

溶剂油或石油醚、铬酸洗液、95%乙醚。

四、实验步骤

（1）将运动黏度计实验器安装好，调整运动黏度计的底脚螺钉，使仪器上盖中间的水平珠气泡处于中间圆圈内，说明上盖处于水平位置，放好黏度计即可保证黏度计垂直放置。

（2）试样含有水或其他杂质时，在实验前必须经过脱水处理，用滤纸过滤除去机械杂质。

（3）在测定试样的黏度之前，必须先用溶剂或石油醚将黏度计洗涤干净，如果黏度计沾有污垢，就用铬酸洗液、水、蒸馏水或95%乙醚依次洗涤，然后放入烘箱中烘干或用通过棉花滤过的热空气吹干。

（4）测定运动黏度时，在内径符合要求并且清洁、干燥的毛细管黏度计内装入试样，在装入试样之前，将橡皮管套在图2-17支管7上，并用手指堵住管身6的管口，同时倒置黏度计，然后将黏度计的管身1插入装着试样的容器中；这时利用橡皮球将液体吸到标线b，同时注意不要使管身1，扩大部分2和3中的液体发生气泡和裂隙，当液面到达标线b时，就从容器里提起黏度计，并迅速恢复其正常状态，同时将管身的管端外壁所沾的多余试样擦除，并从支管7上取下橡皮管套在管身1上。

（5）将装有试样的黏度计浸入预先准备好的恒温水浴中，并用夹子将黏度计固定在支架上，在固定位置前，必须把毛细管黏度计的扩大部分2浸入一半。

（6）开启电源开关，电源指示灯亮和照明灯亮；开启搅拌开关开始搅拌，调整设定所需控温点，将装好试样的黏度计放在恒温水浴内至少10min时间，实验温度必须保持恒定到0.5℃。

（7）利用毛细管黏度计管身1的管口所套着的橡皮管将试样吸入扩张部分3，使试样液面稍高于标线a，并且要注意不要让毛细管和扩张部分3的液体产生气泡与裂隙。

（8）观察试样在管身1中的流动情况，液面正好到达标线a时，开动秒表，当液面正好流动到标线b时，停止秒表。

（9）用秒表记录下的时间应重复测定四次，其中各次流动时间与其算术平均值的差值应符合如下的要求：在温度15～100℃测定黏度时，这个差数不应超过算术平均值的±0.5%；在温度－30～150℃测定黏度时，这个差数不应超过算术平均值的±1.5%。

（10）实验完成后，重复步骤（2）和（3）将黏度计放好。

（11）在表2-12中记录实验数据。

表2-12 实验原始数据记录表

实验次数	实验温度/℃	黏度计常数 c/(mm^2/s^2)	测量时间/s	平均流动时间/s	相差	试样运动黏度/(mm^2/s)
1						
2						
3						
4						
5						

五、数据处理

在温度 t 时，试样的运动黏度 ν_t（mm^2/s）按下式计算：

$$\nu_t = c\tau_t \tag{2-47}$$

式中 c——黏度计常数，mm^2/s^2；

τ_t——试样的平均流动时间，s。

若某次时间超过实验步骤（9）的要求，应放弃这个数据，将剩余的数据取算术平均值作为试样的平均流动时间。

六、结果与讨论

（1）分析你的实验结果，与相关资料比较，有何差异？

（2）试讨论油品运动黏度和其化学组成的关系。

七、思考题

（1）使用本方法可以测定哪些油品？

（2）测量黏度还有其他方法，说明几种方法的优缺点。

实验 16 油品凝点的测定

一、实验目的

（1）了解石油凝点测试原理。

（2）掌握石油凝点测试方法。

二、实验原理

润滑油及深色石油产品在试验条件下冷却到将试管倾斜 45°经过 1min 后，石油表面不再移动时的最高温度，称为石油产品的凝点。

对于纯物质来说，有一个固定的凝点。但由于石油产品是由多种烃类组成的复杂混合物，因而不像单一物质一样具有一定的凝点。一方面，油品随着温度的降低而黏度增大，当黏度增大到一定程度时，油品便丧失流动性；另一方面，油品中的石蜡在冷却过程中发生结晶引起油品凝固，而丧失流动性，通常所指的油品凝点只是指油品丧失流动性时的近似最高温度。其实，所谓油品的凝固，只不过是由于温度的下降，油品黏度增大，石蜡形成“结晶网络”把液体油品包围在其中，以致油品失去流动性，称为构造凝固。可见，油品在凝点时，只是在特定条件下失去流动性而已，并不是真正的凝固。

油品凝点高低主要和馏分的轻重，即化学组成有关。一般来说，馏分轻则凝点低，馏分重则凝点高。石蜡基石油的直馏重油凝点较高，正构烷烃的凝点随链长度的增加而升高。异构烷的凝点比正构烷要低，不饱和烃的凝点比饱和烃的低。

对于含蜡油品来说，凝点可以作为估计石蜡含量的间接指标，油品中含蜡越多，则凝点越高。在生产上，凝点表示油品的脱蜡程度，以便指导生产。凝点还用以表示一些油品的牌号。如冷冻机油、变压器油、轻柴油等油品。在不同气温地区和机器使用条件中，凝点可作为低温选用油品的依据，保证油品正常输送，机器正常运转。凝点在油品储运中也有实际意义。根据气温及油品的凝点，能够正确判断油品是否凝固，以便采取相应的措施，保证油品正常装卸和输送。凝点测定在生产和应用上具有重要意义。

对石油产品凝点测定结果影响较大的因素是油品本身的化学组成。凝点还与测定时的冷却速度有关。冷却速度太快，一般油品的凝点偏低。因为当油品进行冷却时，冷却速度太快，而油品的晶体增长较慢，需要一个过程，这个过程不是随冷却速度的加快而加快。所以会导致油品在晶体尚未形成坚固的“结晶网络”前，温度就降了很多，这样的测定结果是偏低的。为了提高测定结果的准确性，实验规定了冷却剂温度比试样预期的凝点低7～8℃，试管外加套管，这样就保证了试管中的试样能缓和均匀地冷却。

测定凝点时还要注意仪器处于静止不受震动的状态，温度计要固定好。不然将会由于温度计的活动和周围环境的影响使仪器震动而阻碍和破坏冷却时试油所形成的“结晶网络”，使测定结果偏低。

三、实验仪器与试剂

1. 实验仪器

凝点测定仪见图2-19所示。

(1) 圆底试管　高度（160±10)mm，内径（20±2)mm，在距管底30mm的外壁处有一环形标。

(2) 圆底玻璃套管：高度（130±10)mm，内径（40±2)mm。

(3) 装冷却剂用的广口保温瓶或筒形容器　高度不少于160mm，内径不少于120mm。

(4) 水银温度计　供测定凝点高于－35℃的石油产品使用。

(5) 液体温度计　供测定凝点高于－15℃的石油产品使用。

(6) 任何形式的温度计　供测量冷却剂温度用。

(7) 支架　能固定套管、冷却剂容器和温度计的装置。

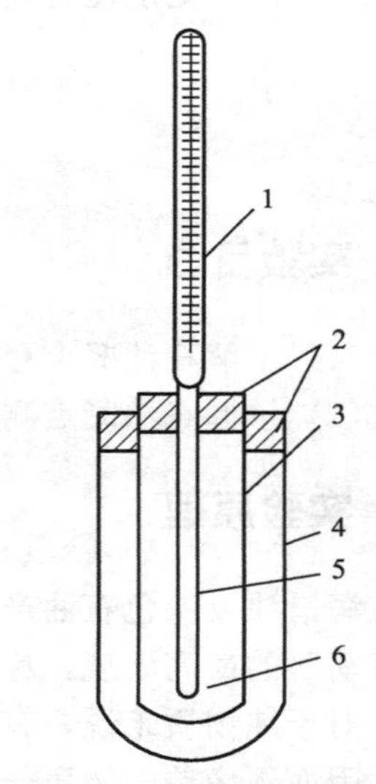

图2-19　凝点测定仪内部结构
1—温度计；2—固定用软木塞；3—圆底试管；4—圆底玻璃套管；5—环形刻线；6—石油试样

2. 实验试剂

(1) 冷却剂　试验温度在0℃以上用水和冰，在－20～0℃之间用盐和碎冰，在－20℃以下用工业乙醇（溶剂汽油、直馏的低凝点汽油或直馏的低凝点煤油）和干冰。也可以用液态氮气或液态空气或其他适当的冷却剂，也可以使用半导体制冷器。

(2) 无水乙醇　化学纯。

四、实验步骤

(1) 制备含有干冰的冷却剂时，向装冷却剂的容器中注入工业乙醇到器内深度的2/3处，然后将细块的干冰放进搅拌着的工业乙醇中，根据温度要求下降的程度，逐渐增加干冰的用量。每次加入干冰时，应注意搅拌，不使工业乙醇外溅或溢出。冷却剂不再剧烈冒出气体之后，添加工业乙醇达到必要的高度。

(2) 无水的试样直接按本方法步骤（3）开始试验。含水的试样试验前需要脱水，但在产品质量验收试验及仲裁试验时，只要试样的水分在产品标准允许范围内，应直接按本方法步骤（3）开始试验。

试样的脱水按下述方法进行，对于含水多的试样应先经静置，取其澄清部分并进行脱水。对于容易流动的试样，在试样中加入新煅烧、呈粉状的硫酸钠或小粒氯化钙，在10～15min内定期摇荡，静置，滤取澄清部分。对于黏度大的试样，将试样预热到不高于50℃，经食盐层过滤。食盐层的制备是在漏斗中放入金属网或少许棉花，然后在漏斗上铺以新煅烧的粗食盐结晶。试样含水多时需要经过2～3个漏斗的食盐层过滤。

（3）在干燥、清洁的试管中注入试样，使液面达到环形标线处。用软木塞将温度计固定在试管中央，使水银环距离管底8～10mm。

（4）装有试样和温度计的试管，垂直地浸在（50±1)℃的水浴中，直至试样的温度达到为止。

（5）从水浴中取出装有试样和温度计的试管，擦干外壁，用软木塞将试管牢固地装在套管中，试管外壁与套管内壁距离要处处相等。

装好的仪器垂直地固定在支架的夹子上，在室温中静置冷却试样到（35±5)℃，然后将这套仪器浸在装好冷却剂的容器中。冷却剂的温度应比试样的预期凝点低7～8℃。试管（外套管）浸入冷却剂的深度应不少于70mm。

冷却试样时，冷却剂的温度必须准确到±1℃。当试样温度冷却到预期的凝点时，将浸在冷却剂中的仪器倾斜45°，并保持1min，但仪器的试样部分仍然要浸没在冷却剂中。然后，从冷却剂中小心取出仪器，迅速地用工业乙醇擦拭套管外壁，垂直放置仪器并透过套管观察试管里面的液面是否有移动的迹象。

（6）当液面位置有移动时，从套管中取出试管，并将试管重新预热至试样达（50±1)℃，然后用比上次试验温度低4℃或更低的温度重新进行测定，直至某试验温度时能使液面位置停止移动为止。

（7）当试样液面的位置没有移动时，从套管中取出试管，并将试管重新预热至试样达(50±1)℃，然后用比上次试验温度高4℃或更高的温度重新进行测定，直至某试验温度能使液面位置有了移动为止。

（8）找出液面位置从移动到不移动或不移动到移动的温度范围之后，采用比移动的温度低2℃，或采用比不移动的温度高2℃，重新进行试验。如此重复试验，直至确定某试验温度能使试样的液面不移动而提高2℃又能使液面移动时，取使液面不移动的温度，作为试样的凝点。

（9）试样的凝点必须进行重复测定。第二次测定时的开始试验温度，要比第一次所测出的凝点高2℃。

五、注意事项

（1）试样石油含水小于1%对凝点测定影响不大，当含水5%以上时对凝点测定影响较大，如试样石油含水多，水分在0℃结冰，影响试油流动，使凝点偏高。

（2）试样石油必须按方法规定在（50±1)℃下预热后再降温，否则影响结果。

（3）冷却剂与试油预计凝点的温差要符合规定，如温差大，则冷却太快，油品中石蜡来不及形成网状骨架，而形成很多小结晶，结果使凝点偏低。

（4）仪器规格必须符合标准。试验中仪器安装必须严格按照方法规定的要求，温度计必须插在试管中心，不能偏斜，否则因水银球受冷温差不均匀，影响测定结果。

（5）最大的人为影响是未到预期凝点时任意取出试管观察和晃动，然后又放回冷浴中继续降温，或温度计安装不稳，产生摇摆等，均破坏正在结晶中的蜡结构。

六、数据处理

（1）取重复测定两个结果的算术平均值，作为试样的凝点。

（2）同一操作者重复测定两个结果之差不超过 2.0℃。

（3）两个不同的实验小组提出的两个结果之差不超过 4.0℃。

七、结果与讨论

（1）分析你的实验结果，与相关资料比较，有何差异。

（2）试讨论油品中含水量的大小对凝点的影响。

八、思考题

（1）原油为什么经热处理后要经 48h 才能取样测定凝点？

（2）什么叫油品的凝点？

（3）油品凝点的高低与什么有关？

（4）油品凝点测定时因冷却速度太快而导致结果偏低，为什么？

（5）为什么在测定凝点时要规定预热温度？

实验 17 油品水分测定

一、实验目的

（1）了解油品中水分含量的测定原理。

（2）掌握油品水分含量的测定方法。

二、实验原理

石油产品在运输、储存和使用过程中，可能由于各种原因而混入水分。同时石油产品有一定的吸水性，能从大气中（尤其在空气中湿度增大时）或与水接触时，吸收和溶解一部分水，油品中芳烃含量增加也使其水溶性增大。汽油、煤油几乎不与水混合，但仍可溶有不超过 0.01%的水。而且要把这类极少的溶解水完全除去是比较困难的。

本实验是按照 GB/T 260—2016《石油产品水分测定法》来测定油品中的水分。该方法是一种蒸馏法。将一定量的被测试样与水不相溶的溶剂共同加热回流，加入的溶剂降低了试油的黏度，可避免含水试油沸腾时引起冲击和起泡现象。蒸馏时加入的溶剂和水一起沸腾并蒸出，可将试油中含有的水携带出来，经冷凝后冷凝液流入接收器中。由于水的密度比溶剂的密度大，水分就可以沉降到接收器的下部，接收器上部的溶剂返回蒸馏瓶。随着不断地蒸馏，水分不断被溶剂携带出来，不断沉降到水分接收器下部。根据试油的量和蒸出水分的体积，可以计算出试样中水分含量，作为石油产品所含水分的测定结果。

三、仪器及试剂

1. 实验仪器

（1）水分测定仪　如图 2-20 所示。包括蒸馏瓶（容量为 500mL，也可以是 1000mL 或 2000mL）、接收器、直形冷凝管（长度为 250～300mm）。

2. 实验试剂

（1）溶剂　工业溶剂油或直馏汽油 80℃ 以上的馏分，溶剂在使用前必须脱水和过滤。

（2）无釉瓷片、浮石或一端封闭的玻璃毛细管，在使用前必须烘干。

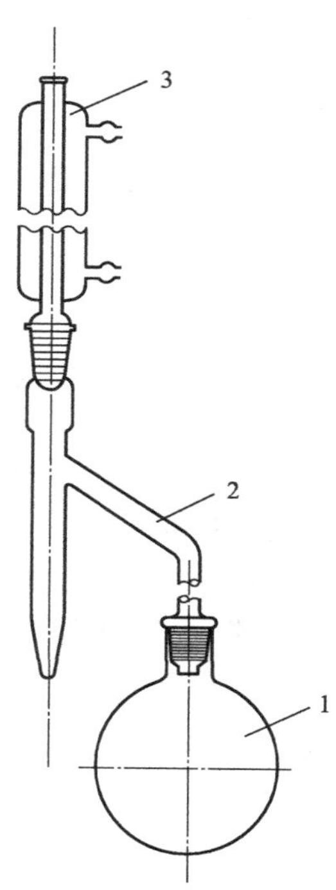

图 2-20　水分测定仪

1—蒸馏瓶；2—接收器；3—直形冷凝管

四、实验步骤

（1）水分测定器的蒸馏瓶、接收器必须预先洗净烘干，冷凝管内部必须用干净棉花擦干。

（2）溶剂用无水氯化钙脱水过滤。

（3）向蒸馏瓶中倒入已摇匀的试油约 100g，记录数据。注意切勿将试油倒在瓶外或沾在烧瓶磨口接头处。

（4）用量筒量取 100mL 溶剂石油醚注入蒸馏瓶中，将蒸馏瓶中混合物仔细摇匀，放置少量沸石，防止蒸馏过程出现爆沸。

（5）首先将蒸馏烧瓶放入加热套，将接收器的支管紧密地安装在烧瓶上，然后将冷凝管安装在接收器上。安装时，冷凝管与接收器必须垂直，冷凝管下端的斜口切面与接收器支管管口相对，冷凝管上端放置装有 $CaCl_2$ 的干燥管。用冷凝管夹将冷凝管固定在仪器立柱上，并确保安装紧密、稳固、不漏气。接通冷凝水。

（6）打开仪器电源开关，调节加热电压，小心加热烧瓶。开始加热要快些，当油品开始汽化、沸腾时，立即减小加热强度，调节回流速度使冷凝管斜口每秒滴下 2～4 滴液体。对于含水较多的试油，在加热时必须小心，切不可加热太快，以免产生剧烈的沸腾现象，造成水蒸气与溶剂蒸气一起喷出冷凝管外，引起火灾。

测定时，水蒸气与溶剂蒸气一起蒸出，在冷凝管下部冷凝冷却后流入接收器中，水分沉于底部，多余溶剂流回蒸馏烧瓶，最初的冷凝液是浑浊的，当水分逐渐增多时，水层呈清液，溶剂也逐渐变清，最后成为澄清的。

（7）蒸馏快结束时，如冷凝管内壁上沾有水滴，则应加大电流，使烧瓶中混合物迅速剧烈沸腾，利用大量的冷凝溶剂将水滴尽量洗入接收器中。

（8）当接收器中收集的水体积不再增加，而水层上面的溶剂层完全透明时，停止加热。

（9）停止加热后，如冷凝管壁上仍沾有水滴，可从冷凝管上端倒入经过脱水的溶剂，把水滴冲入接收器，如冲洗依然无效，则用带鸭毛的金属丝或带橡胶头的玻璃棒的一端，由上口伸入冷凝管中将水滴刮进接收器中。

（10）待烧瓶冷却后，拆卸仪器，读出接收器中水的体积 V。接收器中溶剂呈现浑浊，而且管底收集的水不超过 0.3mL 时，将接收器放入热水中浸 20～30min，使溶剂澄清，再将接收器冷却到室温，再读出管底收集水的体积。

(11) 计算试样中水分的质量分数，水在室温时相对密度可近似视为1。因此用水的体积（mL）作为水的质量（g）。

五、注意事项

(1) 实验所用的仪器必须干燥无水，水分测定器的冷凝管内壁需用棉花擦干。

(2) 称取试样时，必须摇匀并迅速倒取。否则因为水分（尤其是游离水）容易沉降在试样底部，使取样不准确。

(3) 所使用的溶剂必须无水。

(4) 水分测定器按实验方法装好，注意冷凝管下端的斜切口面要与接收器的支管管口相对，以保证冷凝液流入接收器，而不直接返回蒸馏瓶。

(5) 为了防止空气中的水分进入冷凝管内，可在冷凝管上端用棉花塞住。如空气的湿度过大，可在冷凝管上端外接一个干燥管。

(6) 特别注意要控制对蒸馏瓶的加热强度。加热强度过大，会造成蒸气量太多，经冷凝管不能全部冷凝下来而造成蒸气从冷凝管上端喷出，容易引起不安全事故；加热强度过小，会影响正常的回流速度。

六、结果与讨论

(1) 在油品蒸馏过程中，蒸馏速度会对实验结果产生什么影响？

(2) 试讨论在测定石油产品水分测定时，影响因素有哪些？会产生什么影响？

七、思考题

(1) 冷凝管上端如果不放置干燥管对实验结果有何影响？

(2) 水对油品质量有何影响？

实验18 油品硫含量测定

一、实验目的

(1) 掌握油品硫含量测定的原理和测定意义。

(2) 掌握燃灯法测定油品硫含量的方法、测定条件。

(3) 熟悉燃灯法测定仪器的结构，掌握仪器的操作方法。

二、实验原理

本方法适用于测定雷蒙蒸气压不高于600mmHg的轻质石油产品（汽油、煤油、柴油等）的硫含量。将石油产品在测定器的灯中燃烧，其中的硫化物生成SO_2，用过量的碳酸钠水溶液吸收生成的SO_2，反应后将剩余的碳酸钠用盐酸标准溶液进行滴定，根据盐酸标准溶液消耗的量计算试样中的硫含量。

其基本反应为：硫化物$+O_2 \xrightarrow{\text{燃烧}} SO_2$

二氧化硫由过量的碳酸钠水溶液吸收而发生反应：

$$SO_2 + Na_2CO_3 \longrightarrow Na_2SO_3 + CO_2$$

反应后，剩余的 Na_2CO_3 用已知浓度的盐酸溶液进行滴定：

$$2HCl + Na_2CO_3 \longrightarrow 2NaCl + CO_2 + H_2O$$

三、实验仪器与试剂

1. 实验仪器

硫含量燃灯法测定器（符合 GB/T 380 的技术要求，见图 2-21 所示），吸滤瓶（500mL 或 1000mL），滴定管（25mL），吸量管（2mL、5 mL 和 10mL），洗瓶，水流泵或真空泵，玻璃珠（直径 5～6 mm），长 8～10mm 的短玻璃棒，棉纱灯芯。

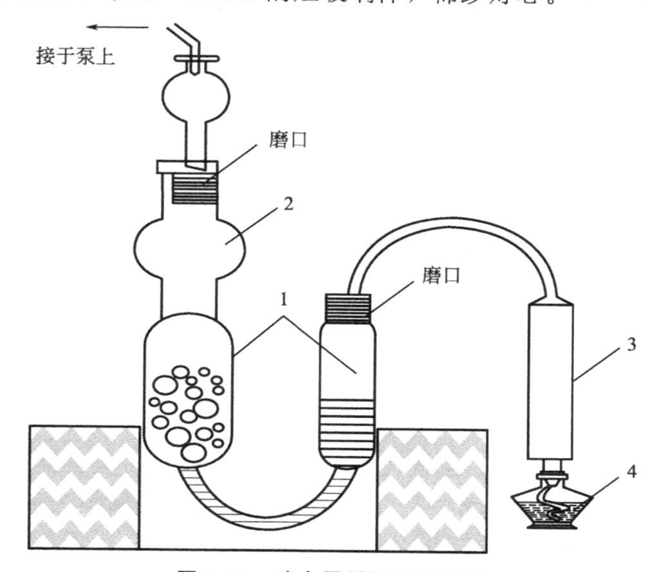

图 2-21 硫含量燃灯法测定器

1—吸收器；2—液滴收集器；3—烟道；4—燃烧灯

2. 实验试剂

(1) 碳酸钠 分析纯，配成 0.3%碳酸钠水溶液。

(2) 盐酸 分析纯，配成 0.05mol/L 盐酸标准溶液。

(3) 指示剂 0.2%溴甲酚绿乙醇溶液和 0.2%甲基红乙醇溶液。

(4) 95%乙醇（分析纯）。

(5) 标准正庚烷。

(6) 汽油 沸点范围 80～120℃，硫含量不超过 0.005%。

(7) 石油醚 化学纯，60～90℃。

四、准备工作

(1) 测定器的准备 将吸收器、液滴收集器及烟道仔细用蒸馏水洗净。灯及灯芯用石油醚洗涤并干燥。

(2) 无烟试样的处理 取一定量（硫含量在 0.05%以下的低沸点试样，如航空汽油注

入量为4～5mL）的试样注入清洁、干燥的灯中（可不必预先称量），将灯用穿着灯芯的灯芯管塞上。将灯芯管的上边缘齐平。点燃，调整火焰，使其高度为5～6 mm。随后把灯火熄灭，用灯罩将灯盖上，在分析天平上称量（称准至0.0004 g）。用标准正庚烷或95%乙醇或汽油（不必称量）做空白试验。

（3）冒浓烟试样的处理　单独在灯中燃烧而产生浓烟的石油产品（如柴油、高温裂化产品或催化裂化产品等），取该试样1～2mL注入预先连同灯芯及灯罩一起称量过的洁净、干燥的灯中，称量装入试样的质量（称准至0.0004g）。然后，往灯内注入标准正庚烷或95%乙醇或汽油，使成体积比为1∶1或2∶1的比例，必要时成3∶1的比例，使所组成的混合溶液在灯中燃烧的火焰不带烟。试样和注入标准正庚烷或95%乙醇或汽油所组成的混合溶液的总体积为4～5mL。

（4）装吸收溶液　向吸收器的大容器里装入用蒸馏水小心洗涤过的玻璃珠约达2/3高度。用吸量管准确地注入0.3%碳酸钠溶液10mL，再用量筒注入蒸馏水10mL。连接硫含量测定器的各有关部件。

五、实验步骤

1. 通入空气并调整测定条件

测定器连接妥当后，开动抽气泵开关，使空气自全部吸收器均匀而缓和地通过。取下灯罩，点燃燃灯，放在烟道下面，使灯芯管的边缘不高过烟道下边8mm处。点灯时须用不含硫的火苗，每个灯的火焰须调整为6～8 mm（可用针挑拨里面的灯芯）。在所有的吸收器中，空气的流速要保持均匀，使火焰不带黑烟。

2. 稀释后试样的处理

如果是用标准正庚烷或95%乙醇或汽油稀释过的试样，当混合溶液完全燃尽以后，再向灯中注入1～2mL标准正庚烷或95%乙醇或汽油。试样或稀释过的试样燃烧完毕以后，将灯熄灭、盖上灯罩，再经过3～5min后，关闭水流泵。

3. 试样的燃烧量

对未稀释的试样，当燃烧完毕以后，将灯放在分析天平上称量（称准至0.0004g），计算盛有试样的灯在试验前的质量与该灯在燃烧后的质量的差值，作为试样的燃烧量。对稀释过的试样，当燃烧再次完毕以后，计算盛有试样灯的质量与未装试样的清洁、干燥灯的质量的差值，作为试样的燃烧量。

4. 吸收液的收集

拆开测定器并以洗瓶中的蒸馏水喷射洗涤液滴收集器、烟道和吸收器的上部。将洗涤的蒸馏水收集于吸收二氧化硫的0.3%碳酸钠溶液吸收器中。

5. 滴定操作

在吸收器的玻璃管处接上橡胶管，并用洗耳球或泵对吸收溶液进行打气或抽气搅拌，以0.05mol/L盐酸标准溶液进行滴定。先将空白试样（标准正庚烷或95%乙醇或汽油燃烧后生成物质的吸收溶液）滴定至呈现红色为止，作为空白试验。然后，滴定含有试样燃烧生成物的各吸收溶液，当待测溶液呈现与已滴定的空白试验所呈现的同样的红色时，即达到滴定终点。

六、注意事项

（1）试样燃烧完全程度　若燃烧不完全，则使测定结果偏低。因此实验方法规定了燃烧时火焰的高度、空气流过的速度、燃烧时火焰不能带烟、用标准正庚烷（或乙醇、汽油等）来稀释较黏稠的油品等，目的都是为了保证试样完全燃尽。

（2）试验材料和环境条件　如果使用材料或环境空气中有含硫成分，势必要影响测定结果，标准中规定不许用火柴等含硫引火器具点火。

（3）吸收液用量　加入的碳酸钠溶液的体积是否准确一致、操作过程中有无损失，对测定结果也有影响。

（4）终点判断　标准中规定在滴定的同时不仅要搅拌吸收溶液，还要与空白试验达到终点所显现的颜色作比较，都是为了正确判断滴定终点。

七、数据处理

1. 计算

试样中的硫含量（质量分数）X 按式（2-48）计算：

$$X=\frac{(V-V_1)K\times 0.0008}{m}\times 100\% \qquad (2\text{-}48)$$

式中　V——滴定空白试液所消耗盐酸标准溶液的体积，mL；

V_1——滴定吸收试样燃烧生成物的溶液所消耗盐酸标准溶液的体积，mL；

K——换算为 0.05mol/L 盐酸溶液的修正系数，即盐酸的实际浓度与 0.05mol/L 的比值；

m——试样的燃烧量，g；

0.0008——与 1mL 0.05mol/L 盐酸溶液所相当的硫的质量，g/mL。

2. 数据处理

取平行测定两个结果的算术平均值，作为试样的硫含量。

3. 精密度

平行测定两个结果间的差数，不应超过表 2-13 中的数值。

表 2-13　硫含量的精密度

硫含量/%	允许差数/%
<0.1	0.006
≥0.1	最小测定值的 6%

八、结果与讨论

（1）试讨论在石油产品硫含量测定时，影响因素有哪些？会产生什么影响？

（2）试讨论在石油产品硫含量测定时试样是否完全燃烧，燃烧产物是否被充分吸收，对实验结果有何影响？

九、思考题

(1) 石油产品硫含量的测定方法有哪些，请简单叙述。

(2) 在无烟试样的处理过程中，为什么需要做空白实验？

实验 19 电石渣成分分析

一、实验目的

(1) 学习和设计电石泥渣主成分的系统分析流程。

(2) 熟悉重量分析法测定二氧化硅和碳渣。

(3) 学习铬天青 S 分光光度法测定三氧化二铝和邻二氮杂菲分光光度法测三氧化二铁。

(4) 学习 EDTA 容量法测定氧化钙和氧化镁。

二、实验原理

电石渣是生产乙炔气后的废渣，即由石灰石与焦炭在 1800～2300℃反应后生成碳化钙(电石)，碳化钙水解生成乙炔后排出的废渣。电石渣中含有大量氧化钙和少量的硅、铁、铝、镁及炭渣，直接排出不仅造成严重的环境问题，还不利于资源的综合利用。本实验主要对电石渣中的各个成分进行定量分析，有利于进一步提高电石渣的综合利用效率。

三、实验流程

105～110℃干燥重量法测自由水；在 580～600℃灼烧重量法测化合水；Na_2CO_3 熔融，盐酸提取，动物胶凝聚，先用重量法测定二氧化硅和碳渣含量；滤液用邻二氮杂菲分光光度法测定三氧化二铁，铬天青 S 分光光度法测定三氧化二铝，用 EDTA 容量法测定氧化钙、氧化镁，具体的成分分析方法详见图 2-22 所示。

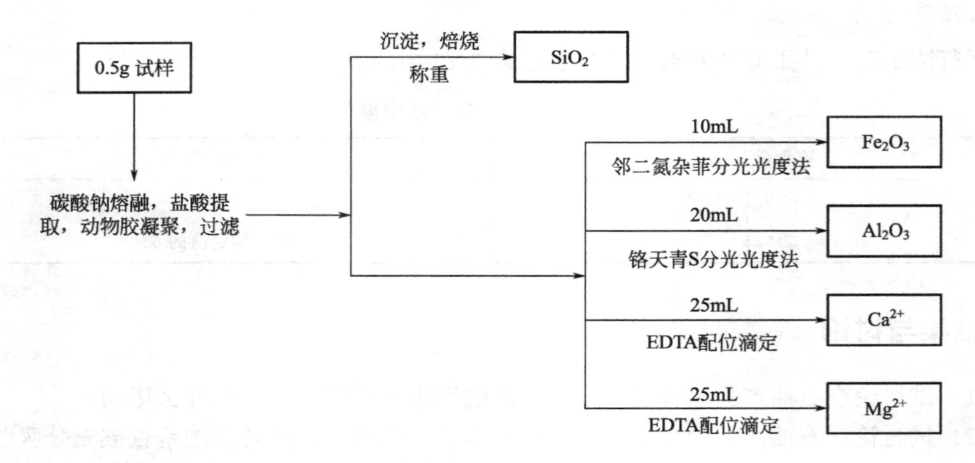

图 2-22 电石渣成分分析流程

四、实验步骤

1. 自由水的测定

取干净100mL烧杯，在烘箱中于110℃下干燥至恒重，称取其质量，然后称取约5g电石渣，在烘箱中于110℃下干燥至恒重，计算其含水量。

2. 化合水的测定

取30mL洁净干燥的瓷坩埚置于580～600℃马弗炉中灼烧2h，称至恒重，然后称取约2g干燥后电石渣，一起放入580～600℃马弗炉中灼烧2h，称至恒重，根据焙烧失重减量计算化合水量。

3. 试样中硅、铁、铝、镁、钙的测定

（1）电石渣中 SiO_2 的测定

① 称取0.5g于110℃下烘干的电石渣试样于瓷坩埚中，加入4.0g无水碳酸钠，混匀，再覆盖1.0g无水碳酸钠于瓷坩埚顶部。将瓷坩埚盖上盖（留一条缝隙）放入马弗炉中于950℃下熔融40～60min，取出，冷却。

② 用水冲洗瓷坩埚外壁，将瓷坩埚及盖置于250mL烧杯中，加盐酸30～40mL，低温加热完全溶解，用水洗净坩埚及盖，取下冷却。

③ 加入2%盐酸20mL，搅拌均匀，加热微沸1min。将烧杯置于70℃水浴中，加入新鲜配制的1%动物胶溶液10mL，充分搅拌1min，水浴保温10min，取下加入热水20mL，搅拌使盐类溶解。

④ 用中速定量滤纸过滤，将滤液（该滤液待用，用于测定铁、铝、钙、镁等，故称储备液）移入250mL容量瓶中，用热2%盐酸洗涤烧杯及沉淀各数次，用一小片定量滤纸擦拭烧杯，然后用热水洗涤沉淀。将滤纸连同沉淀一起移入已恒重的瓷坩埚中。

⑤ 低温灰化后，放入高温炉内，于1000℃灼烧1h，取出放入干燥器中冷却至室温，称重，再灼烧至恒重。计算电石渣中 SiO_2 的含量。

（2）CaO、MgO的测定

① 取25mL储备液于250mL容量瓶中，加水稀释至50mL，加4mL三乙醇胺溶液，摇匀后再加5mL10%NaOH溶液，再摇匀，加入钙指示剂，用EDTA标准溶液滴定，滴定终点为红色变为蓝色。

② $Ca^{2+}+Mg^{2+}$ 的测定：取25mL储备液于250mL容量瓶中，加水稀释至50mL，加4mL三乙醇胺溶液，摇匀后再加5mL NH_3-NH_4Cl（pH＝10）的缓冲溶液，再摇匀，加入铬黑T指示剂，用EDTA标准溶液滴定，滴定终点为溶液变为蓝色，得到Ca、Mg总量，由此减去钙量即为镁量。

（3）Fe_2O_3 的测定　取储备液10mL于50mL容量瓶中，加适量盐酸，加10mL水，加5mL抗坏血酸溶液（20g/L），摇匀。放置20min，加入10mL（pH＝4.7）乙酸-乙酸钠缓冲溶液，加入5mL邻二氮杂菲溶液，摇匀，用水稀释至刻度。以试剂空白为参比，于分光光度计波长510nm处测吸光度。

（4）Al_2O_3 的测定　取20mL储备液于100mL容量瓶中，加10mL盐酸，以水稀释至刻度，混匀。然后取10mL溶液于50mL容量瓶中，加5mL锌-EDTA溶液混匀，放置3min。加2mL铬天青S溶液，加入5mL六亚甲基四胺溶液，以水稀释至刻度，摇匀，放置

20min。以试剂空白为参比（再加入铬天青 S 溶液之前加五滴氟化铵溶液），于分光光度计波长 545nm 处测吸光度。

五、注意事项

（1）电石渣各成分测定时，各平行结果的绝对误差应按相关标准要求，以保证其结果准确性。

（2）使用马弗炉时，需注意安全，谨防烫伤。

（3）本实验方法中部分试剂具有毒性或腐蚀性，操作时需小心谨慎，如溅到皮肤或眼睛上应立即用水冲洗。

六、数据处理

（1）自由水测定

$$\text{自由水含量}=\frac{\text{自由水质量}}{\text{烧杯和电石渣的质量}-\text{烧杯的质量}}\times 100\% \qquad (2\text{-}49)$$

（2）化合水测定

$$\text{化合水含量}=\frac{\text{化合水质量}}{\text{瓷坩埚质量和去自由水的电石渣质量}-\text{瓷坩埚质量}}\times 100\% \qquad (2\text{-}50)$$

（3）二氧化硅的测定

$$SiO_2\ \text{含量}=\frac{(m_3-m_2)-(m_3'-m_2')}{m_1} \qquad (2\text{-}51)$$

式中 m_1——去自由水后的电石渣质量，g；

m_2——瓷坩埚的质量，g；

m_3——瓷坩埚和沉淀的总质量，g；

m_2'——空白试验中瓷坩埚的质量，g；

m_3'——空白试验中瓷坩埚和沉淀的总质量，g。

（4）CaO、MgO 的测定

$$Ca^{2+}\ \text{含量}=\frac{V_{EDTA}c_{EDTA}V_3M_1}{1000m_1V_4}\times 100\% \qquad (2\text{-}52)$$

$$Mg^{2+}\ \text{含量}=\frac{(V_{EDTA}'-V_{EDTA})\ c_{EDTA}V_3M_2}{1000m_1V_4}\times 100\% \qquad (2\text{-}53)$$

式中 V_{EDTA}——滴定 Ca^{2+} 时 EDTA 的用量，mL；

V_{EDTA}'——滴定 Ca^{2+}、Mg^{2+} 时 EDTA 的用量，mL；

c_{EDTA}——EDTA 的浓度，mol/L；

V_3——储备液的总体积，mL；

V_4——用于滴定的储备液体积，mL；

M_1——Ca 摩尔质量，g/mol；

M_2——Mg 摩尔质量，g/mol；

m_1——去自由水的电石渣的质量，g。

（5）Fe_2O_3、Al_2O_3 的测定

$$Fe_2O_3\ \text{含量}=\frac{100\times 500\times c_1\times 10^{-6}}{30\times m_1}\times 100\% \qquad (2\text{-}54)$$

$$Al_2O_3\ 含量=\frac{50\times100\times500\times c_2\times10^{-6}}{10\times20\times m_1}\times100\% \tag{2-55}$$

式中 c_1——Fe_2O_3 溶液的浓度，μg/mL；

c_2——Al_2O_3 溶液的浓度，μg/mL；

m_1——去自由水的电石渣的质量，g。

七、结果与讨论

试分析影响电石渣中水分测定结果正确性的影响因素。

八、思考题

（1）如何测定电石渣中的镁离子含量？

（2）如何判断系统分析结果的可靠性。

参考文献

[1] 何广平. 物理化学实验. 北京：化学工业出版社，2008.
[2] 李恩博. 河北北方学院学报，2009，25(1)：33.
[3] 王新红. 实验室研究与探索，2012，31(7)：261.
[4] 王多才. 四川师范学院学报，1995，16(4)：385.
[5] 孙昱东. 化学工程与工艺专业实验. 北京：石油工业出版社，2013.
[6] 韩晓星. 煤化学实验. 北京：化学工业出版社，2018.

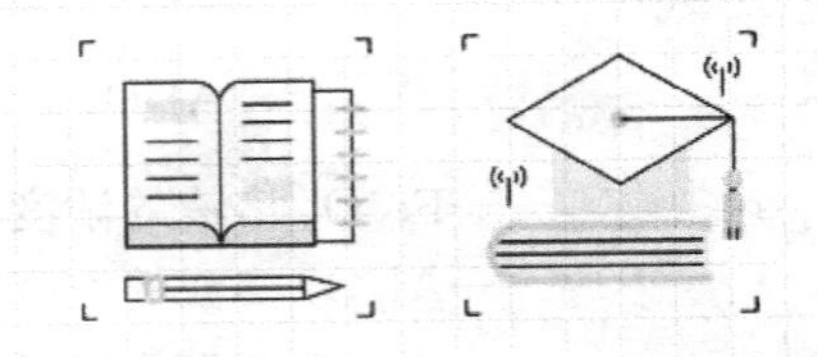

第三章
综合性实验

实验1 反应精馏法制乙酸乙酯

一、实验目的

（1）了解反应精馏是既服从质量作用定律又服从相平衡规律的复杂过程。
（2）掌握反应精馏的操作。
（3）了解反应精馏与常规精馏的区别。
（4）能进行全塔物料衡算和塔操作的过程分析。
（5）学会分析塔内物料组成。

二、实验原理

反应精馏过程不同于一般精馏，它既有精馏的物理相变之传递现象，又有物质变性的化学反应现象。二者同时存在，相互影响，使过程更加复杂。因此，反应精馏对下列两种情况特别适用：①可逆平衡反应。一般情况下，反应受平衡影响，转化率只能维护在平衡转化的水平；但是，若生成物中有低沸点或高沸点物质存在，则精馏过程可使其连续地从系统中排出，结果超过平衡转化率，大大提高了效率。②异构体混合物分离。通常因它们的沸点接近，靠一般精馏方法不易分离提纯，若异构体中某组分能发生化学反应并能生成沸点不同的物质，这时可在过程中得以分离。

对醇酸酯化反应来说，适于第一种情况。但该反应若无催化剂存在，单独采用反应精馏也存在达不到高效分离的目的，这是因为反应速率非常缓慢，故一般都用催化反应方式。酸是有效的催化剂，常用硫酸。反应随酸浓度增高而加快，酸浓度在0.2%～1.0%（质量分数）。此外，还可用离子交换树脂，重金属盐类和丝光沸石分子筛等固体催化剂。反应精馏的催化剂用硫酸，是由于其催化作用不受塔内温度限制，在全塔内都能进行催化反应，而应用固体催化剂则由于存在一个最适宜的温度，精馏塔本身难以达到此条件，故很难实现最佳化操作。本实验是以乙酸和乙醇为原料，在催化剂作用下生成乙酸乙酯的可逆反应。反应的方程式为：

$$CH_3COOH + C_2H_5OH \rightleftharpoons CH_3COOC_2H_5 + H_2O$$

实验的进料有两种方式：一是直接从塔釜进料；另一种是在塔的某处进料。前者有间歇和连续式操作；后者只有连续式。若用后一种方式进料，即在塔上部某处加带有酸催化剂的乙酸，塔下部某处加乙醇。釜沸腾状态下塔内轻组分逐渐向上移动，重组分向下移动。具体地说，乙酸从上段向下段移动，与向上段移动的乙醇接触，在不同填料高度上均发生反应，生成酯和水。塔内此时有 4 个组分。由于乙酸在气相中有缔合作用，除乙酸外，其他三个组分形成三元或二元共沸物。水-酯、水-醇共沸物沸点较低，醇和酯能不断地从塔顶排出。若控制反应原料比例，可使某组分全部转化。因此，可认为反应精馏的分离塔也是反应器。若采用塔釜进料的间歇式操作，反应只在塔釜内进行。由于乙酸的沸点较高，不能进入到塔体，故塔体内共有 3 组分，即水、乙醇、乙酸乙酯。

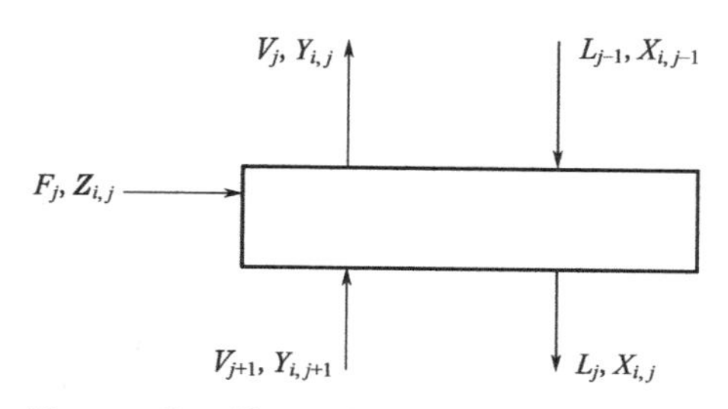

图 3-1 第 j 块理论板上的气液流动示意图

本实验采用间歇式进料方式，物料衡算式和热量衡算式为：

(1) 物料衡算方程 根据图 3-1 上第 j 块理论板上的气液流动示意图，对 i 组分进行物料衡算如下：

$$L_{j-1}X_{i,j-1}+V_{j+1}Y_{i,j+1}+F_jZ_{i,j}+R_{i,j}=V_jY_{i,j}+L_jX_{i,j} \quad (2\leqslant j\leqslant n,\ i=1,2,3,4) \tag{3-1}$$

(2) 汽液平衡方程 对第 j 块理论板上的 i 组分有如下平衡关系：

$$K_{i,j}X_{i,j}-Y_{i,j}=0 \tag{3-2}$$

每块板上组成的总和应符合下式：

$$\sum_{i=1}^{n}Y_{i,j}=1 \tag{3-3}$$

$$\sum_{i=1}^{n}X_{i,j}=1 \tag{3-4}$$

(3) 反应速率方程

$$R_{i,j}=K_jP_j\left(\frac{X_{i,j}}{\sum Q_{i,j}X_{i,j}}\right)^2\times10^5 \tag{3-5}$$

(4) 热量衡算方程 对第 j 块理论板进行热量衡算如下：

$$L_{j-1}h_{j-1}-V_jH_j-L_jh_j+V_{j+1}H_{j+1}+F_jH_{f,j}+R_jH_{r,j}-Q_j=0$$

式中 F_j——j 板进料流量；

h_j——j 板液体焓值；

h_{j-1}——$j-1$ 板液体焓值；

H_j——j 板气体焓值；

H_{j+1}——$j+1$ 板气体焓值；

$H_{f,j}$——j 板上原料焓值；

$H_{r,j}$——j 板上反应热焓值；

L_j——j 板下降液体量；

L_{j-1}——$j-1$ 板下降液体量；

$K_{i,j}$——j 板 i 组分的汽液平衡常数；

K_j——j 板上的汽液平衡常数；

P_j——j 板液体混合物体积（持液量）；

$X_{i,j-1}$——$j-1$ 板上组分 i 的液相摩尔分数；

$X_{i,j}$——j 板上组分 i 的液相摩尔分数；

$R_{i,j}$——单位时间 j 板上单位液体体积内 i 组分反应量；

R_j——单位时间 j 板上单位液体体积内的反应量；

V_j——j 板上升蒸气量；

V_{j+1}——$j+1$ 板上升蒸气量；

$Y_{i,j}$——j 板上组分 i 的气相摩尔分数；

$Y_{i,j+1}$——$j+1$ 板上组分 i 的气相摩尔分数；

$Z_{i,j}$——j 板上组分 i 的原料组成；

$Q_{i,j}$——j 板上组分 i 冷却或加热的热量；

Q_j——j 板上冷却或加热的热量。

三、实验装置

反应精馏塔用玻璃制成，直径 20mm，塔高 1500mm，塔内填装 ϕ3mm×3mm 不锈钢 θ 网环型填料（316L），详见图 3-2 所示。塔釜为四口烧杯，容积 500mL，塔外壁镀有金属膜，通电流使塔身加热保温。塔釜置于 500W 电热包中。采用 XCT-191、ZK-50 可控硅电压控制器控制釜温。塔顶冷凝液体的回流采用摆动式回流比控制器操作。此控制系统由塔头上摆锤、电磁铁线圈、回流比计数拨码电子仪表组成。

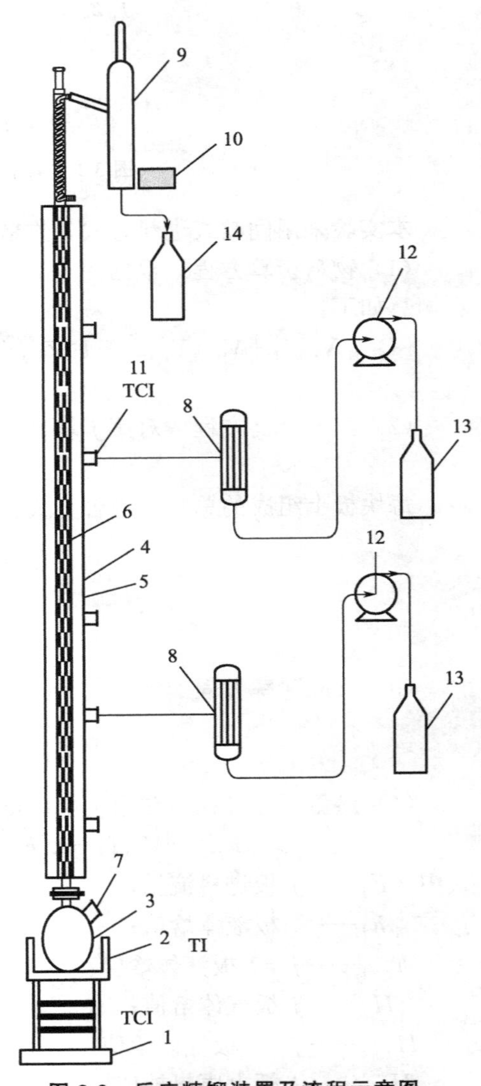

图 3-2 反应精馏装置及流程示意图

TI—测温；TCI—控温；1—升降台；2—加热包；3—塔釜；4—塔保温套；5—玻璃塔体；6—填料；7—取样口；8—预热器；9—塔头；10—电磁铁；11—加料口；12—进料泵；13—加料罐；14—馏出液收集瓶

四、实验步骤

（1）开启塔顶冷凝水。将称量好的乙醇、乙酸、浓硫酸（几滴）加入塔釜内（酸醇的摩尔比为 1∶1.3），开启釜加热系统，电流为 0.29A。开启塔身保温电源。每 10min 记录一次塔顶温度、塔釜温度，上、下段加热电流，电流为 0.2A。

（2）当塔顶摆锤上有液体出现时，进行全回流操作。15min 后，设定回流比为 3∶1，开启回流比控制电源。观察塔顶和塔釜温度与压力，测量塔顶出料速度，记录所有实验数据。

（3）稳定操作 2h，其中每隔 30min 用小样品瓶取塔顶馏出液，称重并分析组成（用微量注射器在塔身三个不同高度取样，分别将 0.2μL 样品注入色谱分析仪，记录结果）。

（4）如果时间允许，可改变回流比或改变加料量，重复操作，取样分析，进行对比。

（5）实验结束，关闭塔釜及塔身加热电源、回流比控制电源及冷凝水。对馏出液及釜残液进行称重和色谱分析（当持液全部流至塔釜后才取釜残液）两次，关闭总电源。

五、注意事项

（1）清洗各容器及配件用水必须是电导率≤10^{-6}S/cm 的纯水。将物料装入塔釜时务必小心，不可翻漏，加料完成后加入沸石。

（2）塔釜与塔身连接时务必配备合适的密封垫片，并保持塔釜与塔身在同一条直线上。温度传感器、压力传感器等器件与塔釜连接时应配备密封垫片。加热套应与塔釜保持 0.5cm 的间距，防止局部过热。塔釜加热系统电流不宜过大，0.29A 即可。

（3）当塔顶摆锤上有液体出现时，首先进行全回流操作，15min 后，方可开启回流设备。

（4）微量注射器取样时，注意不要将针折弯，取样后打入气相色谱分析组成，若遇针头堵塞或无数据时，应重新取样分析。气相色谱的载气（H_2）管路需通向室外。

（5）实验结束后，关闭塔釜及塔身加热电源、回流比控制电源及冷凝水。待系统完全冷却后对馏出液及釜残液进行称重和色谱分析。

六、数据处理

（1）利用实验数据，计算塔顶出料速度、反应转化率和收率，要求写清计算步骤。

（2）进行乙酸和乙醇及总物料衡算等，要求写清计算步骤。

（3）列出数据处理结果表。

（4）讨论实验结果及改进实验的建议。

七、结果与讨论

（1）将分别由乙酸和乙醇计算得到的转化率和收率进行比较，并分析偏差原因。

（2）试分析造成本实验误差的主要因素有哪些？如何为塔身保温？

（3）为何反应进料乙酸与乙醇的配料比（摩尔比）不是 1∶1，这样做有何好处？

八、思考题

（1）怎样提高酯化收率？

（2）反应精馏和普通精馏有什么相同点和不同点？

（3）加料摩尔比应保持多少为最佳？为什么？

（4）用实验数据能否进行模拟计算？如果数据不充分，还要测定哪些数据？

实验 2 乙苯脱氢制苯乙烯

一、实验目的

（1）了解以乙苯为原料，氧化铁系为催化剂，在固定床单管反应器中制备苯乙烯的过程。

(2) 学会稳定工艺操作条件的方法。包括用计算机在线控制和手动控制的操作方法。

二、实验原理

1. 本实验的主副反应

主反应：

$$C_6H_5-CH_2-CH_3 \longrightarrow C_6H_5-CH_2=CH_2+H_2 \quad 117.8kJ/mol$$

副反应：

$$C_6H_5-CH_2-CH_3 \longrightarrow C_6H_6 + C_2H_4 \quad 105kJ/mol$$

$$C_6H_5-CH_2-CH_3 + H_2 \longrightarrow C_6H_6 + C_2H_6 \quad -31.5kJ/mol$$

$$C_6H_5-CH_2-CH_3 + H_2 \longrightarrow C_6H_5-CH_3 + CH_4 \quad -54.5kJ/mol$$

在水蒸气存在的条件下，还可能发生下列反应：

$$C_6H_5-CH_2-CH_3 + 2H_2O \longrightarrow C_6H_5-CH_3 + CO_2 + 3H_2$$

此外还有芳烃缩合及苯乙烯聚合生成焦油和焦等。这些连串副反应的发生不仅使反应选择性下降，而且极易使催化剂表面结焦进而活性下降。

2. 影响本反应的因素

(1) 温度的影响　乙苯脱氢反应为吸热反应，$\Delta H_{298}^{\ominus}>0$（298K 下标准反应热），从平衡常数（$K_p$）与温度（$T$）的关系式$\left(\frac{\partial \ln K_p}{\partial T}\right)_p=\frac{\Delta H_{298}^{\ominus}}{RT^2}$可知，提高温度可增大平衡常数，从而提高脱氢反应的平衡转化率。但是温度过高副反应增加，使苯乙烯选择性下降，能耗增大，设备材质要求增加，故应控制适宜的反应温度。本实验的反应温度为：540～600℃。

(2) 压力的影响　乙苯脱氢为体积增加的反应，从平衡常数与压力的关系式：

$$K_p=K_n\left(\frac{p_{总}}{\sum n_i}\right)^{\Delta\nu} \tag{3-6}$$

式中　$p_{总}$——体系的总压；

n_i——i 组分的物质的量；

$\Delta\nu$——反应前后物质的量变化。

可知，$\Delta\nu>0$，降低总压 $p_{总}$ 可使 K_n 增大，从而增加了反应的平衡转化率，故降低压力有利于平衡向脱氢方向移动。本实验加水蒸气的目的是降低乙苯的分压，以提高平衡转化率。较适宜的水蒸气与乙苯的体积比为：水∶乙苯＝1.5∶1。

(3) 空速的影响　乙苯脱氢反应系统中有平衡副反应和连串副反应，随着接触时间的增加，副反应也增加，苯乙烯的选择性可能下降，适宜的空速与催化剂的活性及反应温度有关，本实验乙苯的液空速以 $0.6h^{-1}$ 为宜。

3. 催化剂

本实验采用氧化铁系催化剂。其组成为：Fe_2O_3-CuO-K_2O-Cr_2O_3-CeO_2。

三、实验装置

实验装置如图 3-3 所示，由管式反应器和物料加入系统、循环水冷却系统组成。乙苯、水分别由加料泵加入，流量由泵上进料阀门控制，流量大小由计量管显示，乙苯、水进入混合器、汽化器加热汽化后进入反应器反应，由热电偶传输信号在仪表屏上控制、显示汽化器、反应温度，且温度、流量控制均可由计算机控制。循环水冷却系统保证冷凝器中粗产品物料冷凝，并由分离器收集粗产品，经气相色谱仪测定液相产品组成。

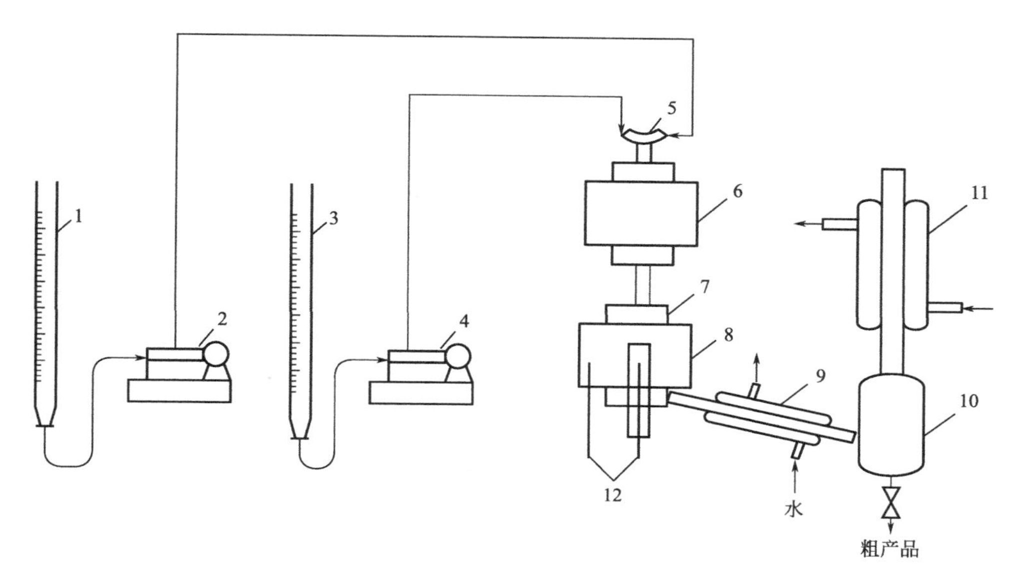

图 3-3　乙苯脱氢制苯乙烯实验装置示意图

1—乙苯计量管；2,4—蠕动计量泵；3—水计量管；5—混合器；6—汽化器；
7—反应器；8—电加热套；9,11—冷凝器；10—分离器；12—热电偶

四、实验步骤

1. 反应条件控制

汽化温度 300℃，脱氢反应温度 540～600℃，水：乙苯＝1.5：1（体积比），相当于乙苯加料 0.5mL/min，蒸馏水 0.75mL/min（50mL 催化剂）。

2. 操作步骤

（1）了解并熟悉实验装置及流程，搞清物料走向及加料、出料方法。

（2）接通电源，使汽化器、反应器分别逐步升温至预定的温度，同时打开冷却水，并关闭乙苯加料泵旁放料阀。

（3）当汽化器温度达到 300℃，反应器升至 400℃左右开始校正蒸馏水流量为 0.75mL/min。当反应温度升至 500℃左右，校正乙苯流量为 0.5mL/min，继续升温至 540℃，使之稳定 30min。

（4）反应开始每隔 15min 取一次数据，每个温度至少取两个数据。

（5）每取某个温度点的数据时，先将分离器内的物料排空，同时计时，分别读取乙苯、

水计量管初始刻度，关闭分离器放料阀；15min 结束后，再分别读取乙苯、水计量管终了刻度，同时将分离器中的粗产品放入预先称量好的烧杯内，再倒入量筒中，扣除水的质量（用体积换算）即为烃层液质量。

（6）取少量的烃层液样品，用气相色谱分析其组成，进行数据处理。

（7）反应结束后，停止加乙苯，关闭乙苯进料蠕动计量泵，打开乙苯放料阀，把剩余乙苯放入一洁净烧杯中，放净后关闭放料阀，乙苯倒回试剂瓶中。

（8）反应温度维持在 500℃左右。继续通水蒸气，进行催化剂的清焦再生，约 30min 后停止通水，并降温。

（9）关闭水蒸气进料蠕动计量泵、总电源，关闭冷却水阀门。

3. 实验原始记录及粗产品分析结果

见表 3-1、表 3-2 所示。

表 3-1　原始记录表

序号	时间	温度/℃		原料流量/(mL/min)						粗产品/g			
		汽化器	反应器	乙苯/mL			水/mL			空重	总重	烃液层	水层
				始	终		始	终					
1													
2													
3													
4													
5													
6													
7													
8													

其中：乙苯密度的单位为 kg/m^3。

表 3-2　粗产品分析结果

序号	反应温度/℃	乙苯加入量/g	烃液层量/g	粗产品							
				苯		甲苯		乙苯		苯乙烯	
				含量/%	质量/g	含量/%	质量/g	含量/%	质量/g	含量/%	质量/g
1											
2											
3											
4											
5											
6											
7											
8											

五、注意事项

1. 操作注意事项

（1）实验预习完毕应由组长具体分工，实验时要互相协作，做好自己的承担任务，不得擅离职守，在操作时要注意观察仪表、温度情况，保证操作安全。

（2）校正水及乙苯的流量时，须在汽化温度300℃及反应温度大于400℃时进行，在此温度下与催化剂接触的是气态物质，否则催化剂要受到损坏。

（3）取某个温度点的数据时，测定前温度必须至少稳定10～15min，并将分离器内的物料排至废液瓶。

（4）实验结束后，一定要清焦。乙苯停止加入后，水还要继续加入，用以清焦，使催化剂再生。同时将反应器内的温度降低至500℃左右继续清焦30min，最后关闭冷却水及总电源。

（5）在乙苯蠕动计量泵出口管有一个乙苯排液阀，其目的是在实验结束后排空计量管及管路中的乙苯，并将其放入洁净的乙苯烧杯（未被污染），再倒回原试剂瓶中。因此实验开始前必须关闭此阀门。

2. 安全操作注意事项

（1）进入实验室，严禁携带火种，穿戴好实验服、护目镜等。

（2）操作时注意保持室内良好通风，避免物料乙苯直接与皮肤接触。

（3）操作时，严禁与汽化器和反应器接触，防止发生高温烫伤事故。

（4）实验完毕废液倒入废液桶，统一收集进行废液处理后排放。

六、数据处理

（1）选择一组实验数据，用物料衡算法计算乙苯转化率、苯乙烯选择性及收率，要求写清计算步骤。

乙苯的转化率：

$$x=\frac{RF}{FF}\times 100\% \tag{3-7}$$

式中 RF——原料消耗量，g；

FF——原料加入量，g。

苯乙烯的选择性：

$$S=\frac{P}{RF}\times 100\% \tag{3-8}$$

式中 P——目的产物的量，g。

苯乙烯的收率：

$$Y=xS \tag{3-9}$$

（2）列出数据处理结果表。

（3）根据实验数据结果绘制转化率、选择性、收率随温度变化趋势图。

（4）讨论实验结果，将实际结果与理论趋势比较，分析偏差原因。

七、结果与讨论

（1）计算出不同温度下乙苯转化率，找出最适宜的反应温度区域，并针对曲线图趋势的合理性、误差分析、成败原因等实验结果进行讨论分析。

(2) 计算出苯乙烯选择性及收率，找出在最适宜的反应温度区域，对应的最佳选择性及收率，并针对曲线图趋势的合理性、误差分析、成败原因等实验结果进行讨论分析。

八、思考题

(1) 乙苯脱氢生成苯乙烯反应是吸热还是放热反应？如何判断？如果是吸热反应，则反应温度为多少？本实验采用的什么方法？工业上又是如何来实现的？

(2) 对本反应而言是体积增大还是减小？加压有利还是减压有利？工业上是如何来实现减压操作的？本实验采用什么方法？为什么加入水蒸气可以降低烃的分压？

(3) 在本实验中你认为有哪几种液体产物生成？哪几种气体产物生成？如何分析？

(4) 进行反应物料衡算，需要一些什么数据？如何收集并进行处理？

实验 3　连续搅拌釜式反应器液相反应动力学实验

一、实验目的

(1) 了解全混流釜式反应器中的流动特性。

(2) 掌握在全混流釜式反应器中连续操作条件下反应器内测定均相反应动力学的原理和方法。

(3) 建立反应速率常数与温度关系式（Arrhenius 公式）的具体表达式。

二、实验原理

连续流动搅拌釜式反应器与管式反应器相比较，就生产强度或容积效率而论，搅拌釜式反应器不如管式反应器，但搅拌釜式反应器具有其独特性能，在某些场合下，比如对于反应速率较慢的液相反应，选用连续流动的搅拌釜式反应器就更为有利，因此，在工业上，这类反应器有着特殊的效用。

对于液相反应动力学研究来说，间歇操作的搅拌釜式反应器和连续流动的管式反应器都不能直接测量反应速率，而连续操作的搅拌釜式反应器却能直接测得反应速率。但连续流动搅拌式反应器性能显著地受液体的流动特性的影响。当连续流动搅拌釜式反应器的流动状况达到全混流时，即为理想流动反应器——全混流反应器，否则为非理想流动反应器。在全混流反应器中，物料的组成和反应温度不随时间和空间而变化，即浓度和温度达到无梯度，流出液的组成等于釜内液的组成。对于偏离全混流的非理想流动搅拌釜式反应器，则上述状况不复存在。因此，用理想的连续搅拌釜式反应器（全混流反应器）可以直接测得本征的反应速率，否则，测得的为表现反应速率。

用连续流动搅拌釜式反应器进行液相反应动力学研究，通常有三种实验方法：连续输入法、脉冲输入法和阶跃输入法。本实验采用连续输入法，在定常流动下，实验测定乙酸乙酯皂化反应的活化能，进而建立反应速率常数与温度关系式（Arrhenius 公式）的具体表达式。通过实验练习初步掌握一种液相反应动力学的实验研究方法，并进而加深对连续流动反应器的流动特性和模型的了解，加深对液相反应动力学和反应器原理的理解。

1. 反应速率

连续流动搅拌釜式反应器物料衡算（摩尔流率）的基本方法：

$$F_{A0}-F_{A}-\int_{0}^{A}(-r_{A})\mathrm{d}V=\frac{\mathrm{d}n_{A}}{\mathrm{d}t} \tag{3-10}$$

对于定常流动下的全混流反应器，上式可简化为

$$F_{A0}-F_{A}-(-r_{A})V=0 \tag{3-11}$$

或可表达为

$$(-r_{A})=\frac{F_{A0}-F_{A}}{V} \tag{3-12}$$

式中 F_{A0}——流入反应器的关键组分 A 的摩尔流率，mol/s；

F_{A}——流出反应器的关键组分 A 的摩尔流率，mol/s；

$(-r_{A})$——以关键组分 A 的水泵速率来表达的反应速率，mol/(L・s)；由全混流模型假设得知反应速率在反应器内为一定值；

V——反应器有效容积，L；

$\mathrm{d}n_{A}/\mathrm{d}t$——在反应器内关键组分 A 的累积速率，mol/s；当操作过程为定常态时，累积速率为零。

对于恒容过程（恒温下的液相反应通常可视为恒容过程）而言，反应前后体积流率不变，即流入反应器的体积流率 V_{S0} 等于流出反应器的体积流率 V_{S}。若反应物 A 的起始浓度为 c_{A0}，反应器出口亦即反应器内的反应物 A 的浓度为 c_{A}，则式（3-12）可改写为

$$(-r_{A})=\frac{c_{A0}-c_{A}}{V/V_{S0}}=\frac{c_{A0}-c_{A}}{\tau} \tag{3-13}$$

式中，$\tau=V/V_{S0}$ 即为空间时间。对于恒容过程，进出口又无返混时，则空间时间也就是平均停留时间。

因此，当 V 和 V_{S0} 一定时，只要实验测得 c_{A0} 和 c_{A}，即可直接测得在一定温度下的反应速率 $(-r_{A})$。

2. 反应速率常数

乙酸乙酯皂化反应为双分子反应，其化学计量关系式为

$$\underset{(A)}{CH_3COOC_2H_5}+\underset{(B)}{NaOH}\longrightarrow\underset{(C)}{CH_3COONa}+\underset{(D)}{C_2H_5OH}$$

因为该反应为双分子反应，则反应速率与反应物浓度的关系式可表示为

$$(-r_{A})=kc_{A}c_{B} \tag{3-14}$$

本实验中，反应物 A 和 B 采用相同的浓度和相同的流率，则上式可简化为

$$(-r_{A})=kc_{A}^{2} \tag{3-15}$$

当反应温度 T 和反应器有效容积 V 一定时，可利用改变流率的方法，测得不同 c_{A} 下的反应速率 $(-r_{A})$。由 $(-r_{A})$ 对 c_{A}^{2} 进行标绘，可得到一条直线。可由直线的斜率求取 k 值。或用最小二乘法进行线性回归求得 k 值。

3. 活化能

如果按照上述的方法，测得两种温度（T_1 和 T_2）下的反应速率常数 k_1 和 k_2，则可按阿累尼乌斯（Arrhenius）公式计算该反应的活化能 E，即

$$\ln A=\frac{k_2}{k_1}=\frac{E}{R}\left(\frac{T_2-T_1}{T_2T_1}\right) \tag{3-16}$$

式中，R 为理想气体常数，$R=8.314\text{J}/(\text{mol}\cdot\text{K})$。

再由 T_1、k_1（或 T_2、k_2）和 E 可计算得到指前因子 A，从而可建立计算不同温度下的反应速率常数的经验公式，即阿累尼乌斯公式的具体表达式。

4. 质量检测

实验采用电导法测量反应物 A 的浓度变化。对于乙酸乙酯皂化反应，参与导电的离子有 Na^+、OH^- 和 CH_3COO^-，但 Na^+ 在反应前后浓度不变，OH^- 的迁移率远大于 CH_3COO^- 的迁移率。随着反应的进行，OH^- 不断减少，物系的电导率值随之不断下降。因此，物系的电导率值的变化与 $CH_3COOC_2H_5$ 的浓度变化成正比，而由电导电极测得的电导率 L 与其检测仪输出的电压信号 U 也呈线性关系，则如下关系式成立：

$$c_A=K(U-U_f) \tag{3-17}$$

式中 U——由电导电极测得在不同转化率下与釜内溶液组成相应的电压信号值；

U_f——CH_3COOCH_5 全部转化为 CH_3COONa 时的电压信号值；

K——比例常数。

本实验采用等摩尔进料，即乙酸乙酯水溶液和氢氧化钠水溶液浓度相同，且两者进料的体积流率相同。若两者浓度均为 0.02mol/L，则反应过程的起始浓度 $c_{A,0}$ 应为 0.01mol/L。因此，应预先精确配制浓度为 0.01mol/L 的氢氧化钠水溶液和浓度为 0.01mol/L 的 CH_3COONa 水溶液。在预定的反应温度下，分别进行电导测定，测得的电压信号分别为 U_0 和 U_f，由此可确定上式中的比例常数 K 值。

三、实验装置

本实验装置由下列五部分组成：搅拌釜式反应器、原料液输送与计量系统、原料液预热与恒温系统、反应温度和搅拌转速测量与控制系统和质量检测系统。实验装置示意图如图 3-4 所示。

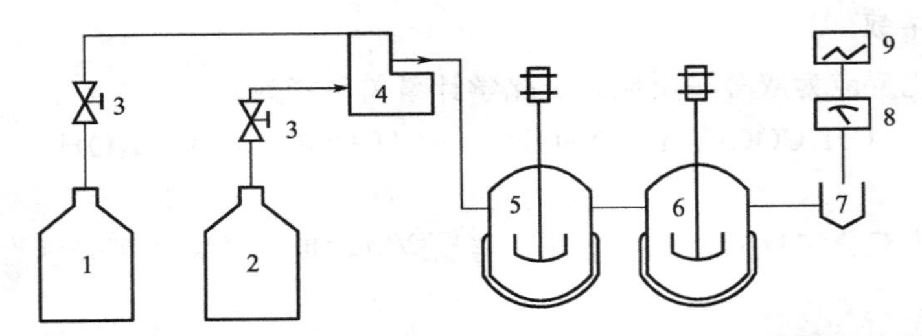

图 3-4 连续流动搅拌式反应器测定液相反应动力学实验装置示意图

1—料液 NaOH 贮桶；2—料液 $CH_3COOC_2H_5$ 贮桶；3—进料阀；4—蠕动泵；5—预热器；6—搅拌釜式反应器；7—电导率仪；8—温度与转速控制仪；9—计算机

搅拌釜式反应器的内径为 100mm，高为 110mm，高径比为 1.1，有效容积约为 1L。搅拌器为六叶开启平直桨叶涡轮式，由直流电机直接驱动，并由转速测控仪进行测量和调控。反应器和预热器的筒体为透明无机玻璃，预热器内装有起预混合和预热作用的进料管，加热用的内热式电热管和控制液面的内溢流管。预热器和反应器内温度由测控仪控制恒定。电导池或电导电极插入反应器内，外接数字电导率仪和计算机。电导率仪测得的电信号经接口输入计算机。

两种反应物分别由贮槽经蠕动泵、预热器和预混合器进入反应器。生成液由溢流管排出，存放于废料桶。

四、实验步骤

1. 实验前的准备工作

(1) 新鲜配制 0.02mol/L 的 NaOH 和 $CH_3COOC_2H_5$ 水溶液，分别存放于料液贮桶中，并严加密封。

(2) 新鲜配制 0.01mol/L 的 NaOH 和 NaAc 水溶液，以供标定浓度曲线之用。

(3) 启动数字式电导率仪、控温仪、测速仪和计算机等仪器，并调好软件中的数据采集程序。

2. 标定浓度曲线的实验步骤

(1) 向反应器和预热器中加入纯水，预热器中水位要加到距上沿 20mm 左右，严禁干烧；启动搅拌器并将转速调至 200～300r/min；设定所需反应温度值后再设定预加热恒温值(设定预加热温度值要低于所需反应温度值 2～3℃以保证最后的釜内精准控温)，待釜温度恒定后，先测 U_0 值，将装有 0.01mol/L NaOH 试液和铂黑电极的试管（电导池）插入反应器，启动数据采集软件，测定该温度下与溶液浓度相应的电导信号。待电压值稳定后，用鼠标点击“开始采集”和“终止采集”指令键。取曲线平直段的平均值，即为 U_0 值。再点击“数据存储 2”键，将数据存入相应栏目中。

(2) 用上述同样的方法，将装有 0.01mol/L NaAc 的电导池插入反应器，测得与 0.01mol/L NaAc 浓度相应的电压值 U_f，将数据存入相应栏目中。

安装时要注意，试管（电导池）液面要高出电极 5mm。电导池液面与反应器液面一致为宜。为了试管内溶液的温度迅速均匀恒定，先开动搅拌。每次向电导池装试液时，都先要用纯水冲洗试管和电极三次，接着再用被测液冲洗三次。

若要求在不同温度下进行实验，则可在设定温度下重复上述实验步骤。在 25℃和 35℃两种温度下进行实验。

3. 测定反应速率和反应速率常数的实验步骤

(1) 停止加热和搅拌后，将反应器内的纯水放尽。首先调整并启动计量泵，通过预热器向反应器内加入料液 A 和 B。待液面稳定后，再启动搅拌器和加热器并控制转速和温度恒定。当搅拌转速在 200r/min 以上时，总的体积流率在 2.7～16L/h（相当于计量泵显示 10～60r/min）范围内，均可接近全混流。

(2) 当操作状态达到稳定之后，点击“开始采集”指令键，采集与浓度 c_A 相应的 U 值。再点击“数据存储 2”指令键，将测得数据存入相应栏目中。

(3) 在等待稳定过程中，用量瓶和秒表由反应器溢流出口标定总体积流率。

(4) 改变流量重复上述实验步骤，测得一组在一定反应温度下，不同流量时的 U 值数据（做 6 组不同流量）。

(5) 点击“数据存储 3”键，并赋予文件名存入机内。启动数据处理程序，进行数据处理。

(6) 为了求取活化能，则需要在另一温度下重复上述实验步骤（一般在 25℃和 35℃两种温度下进行实验）。

4. 实验结束工作

（1）先关闭加热和恒温系统，再关闭计量泵。

（2）关闭计算机，再关搅拌及加热，最后关掉电路总开关。

（3）打开底阀，接取釜内液体，准确测量反应器的有效容积（用量筒标定）。最后，用蒸馏水将反应器和电导池冲洗干净。将电导电极浸泡在蒸馏水之中，待用。

五、注意事项

（1）实验中所用的溶液都必须新鲜配制，确保溶液浓度准确。同时，配制溶液用水必须是电导率≤10^{-6}S/cm 的纯水。NaOH 和 $CH_3COOC_2H_5$ 料液贮桶必须严密，如若密闭不严，则需用合适的吸附剂除去空气中的水分和二氧化碳。

（2）在浓度标定实验过程中，每次向电导池装新的试验液时，必须将电导池与电极按要求冲洗干净，不得简化操作步骤和马虎从事。

（3）对于液相反应动力学实验，必须要保证浓度、温度和流率保持恒定和测量准确，因此要有足够的稳定时间。同时，还必须要确保计量泵的两路流量同时保持恒定。

六、数据记录

（1）记录实验设备结构参数与操作参数（参数以实验数据处理软件内为准）。

反应釜的直径：$D=100$mm

高度：$H=110$mm

搅拌器的型式：六叶平开直桨

直径：$d=40$mm

（2）数据记录　在表 3-3 中记录浓度与电压信号值函数关系的实验数据。

表 3-3　电压信号值函数关系实验数据记录表

实验序号		1	2	3	4	5	6
反应温度	T/℃						
反应体积	V/L						
总体积流率	V_{S0}/(L/min)						
标准溶液 NaOH 的电压	U_0/mV						
标准溶液 CH_3COONa 的电压	U_f/mV						
反应物 A 的出口电压	U/mV						

七、数据处理

（1）利用六组实验数据，计算反应速率常数，要求写清计算步骤。

（2）利用 25℃和 35℃下的反应速率常数，计算反应活化能，要求写清计算步骤。

（3）列出数据处理结果表。

（4）讨论实验结果。

八、结果与讨论

(1) 将计算得到的反应速率常数及反应活化能与理论值进行比较，并分析偏差原因。

(2) 试分析造成本实验误差的主要因素有哪些？为什么流量的波动对该反应速率有较大影响。

(3) 如果反应进料 NaOH 与 CH_3COONa 不是 1∶1，那会对反应结果造成什么影响？

九、思考题

(1) 何谓反应速率常数以及反应活化能？影响反应速率常数以及反应活化能的因素有哪些？

(2) 配制的反应料液为什么要密闭保存？

(3) 与间歇反应器相比较，本实验采用的是连续搅拌釜式反应器，本方法存在哪些优缺点？

实验 4　超过滤膜分离实验

一、实验目的

(1) 了解和熟悉超过滤膜分离的工艺过程。

(2) 了解膜分离技术的特点。

(3) 培养学生的实验操作技能。

二、实验原理

根据溶解-扩散模型，膜的选择透过性是由于不同组分在膜中的溶解度和扩散系数不同而造成的。若假设组分在膜中的扩散服从 Fick 定律，则可推出透水速率（F_w）及溶质透过速率（F_s）方程。

1. 透水速率

$$F_w=\frac{D_w c_w V_M(\Delta p-\Delta\pi)}{RT\delta}=A'(\Delta p-\Delta\pi) \tag{3-18}$$

式中　F_w——透水速率，g/(cm^2·s)；

D_w——水在膜中的扩散系数，cm^2/s；

c_w——水在膜中的浓度，g/cm^3；

V_M——水的偏摩尔体积，cm^3/mol；

Δp——膜两侧的压力差，atm；

$\Delta\pi$——膜两侧的渗透压差，atm；

R——气体常数，8.314J/(mol·K)；

T——温度，K；

δ——膜的有效厚度，cm；

A'——膜的水渗透系数（$A'=\frac{D_w c_w V_M}{RT\delta}$），g/(cm² · s · atm)。

2. 溶质透过速率

$$F_s=\frac{D_s K_s \Delta c}{\delta}=\frac{D_s K_s (c_2-c_3)}{\delta}=B\Delta c=B(c_2-c_3) \tag{3-19}$$

式中 F_s——溶质透过速率，mol/(cm² · s)；

D_s——溶质在膜中的扩散系数，cm²/s；

K_s——溶质在溶液和膜两相中的分配系数，无量纲；

B——溶质渗透系数，cm/s；

Δc——膜两侧的浓度差，mol/cm³。

超滤膜筛分过程，以膜两侧的压力差为驱动力，以超滤膜为过滤介质，在一定的压力下，当原液流过膜表面时，超滤膜表面密布的许多细小的微孔只允许水及小分子物质通过而成为透过液，而原液中体积大于膜表面微孔径的物质则被截留在膜的进液侧，成为浓缩液，因而实现对原液的净化、分离和浓缩的目的。

三、实验装置

1. 中空纤维膜组件（如图 3-5 所示）

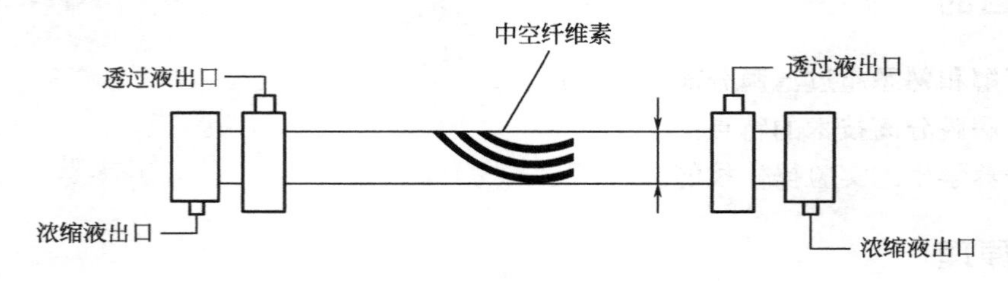

图 3-5 中空纤维膜组件

主要参数如下：

(1) 双组件结构，外压式流程。

(2) 组件技术指标：截留分子量 6000；膜材料聚砜；流量范围 10～50L/h；操作压力<0.2MPa；适用温度 5～30℃；膜面积 0.5m²；组件外形尺寸 ϕ60mm×640mm；pH1～14；材质全不锈钢（1Cr18Ni9Ti）。

(3) 装置外形尺寸 长×宽×高=960mm×500mm×1800mm。

(4) 泵 磁力泵（严禁空转）电压 380V，50Hz。

(5) 精滤器滤芯 材质为聚砜，精度 5～10μm，阻力增大，可以反吹。

2. 722 型分光光度计

722 型分光光度计用于测定聚乙二醇的浓度。

四、实验流程

实验流程如图 3-6 所示。

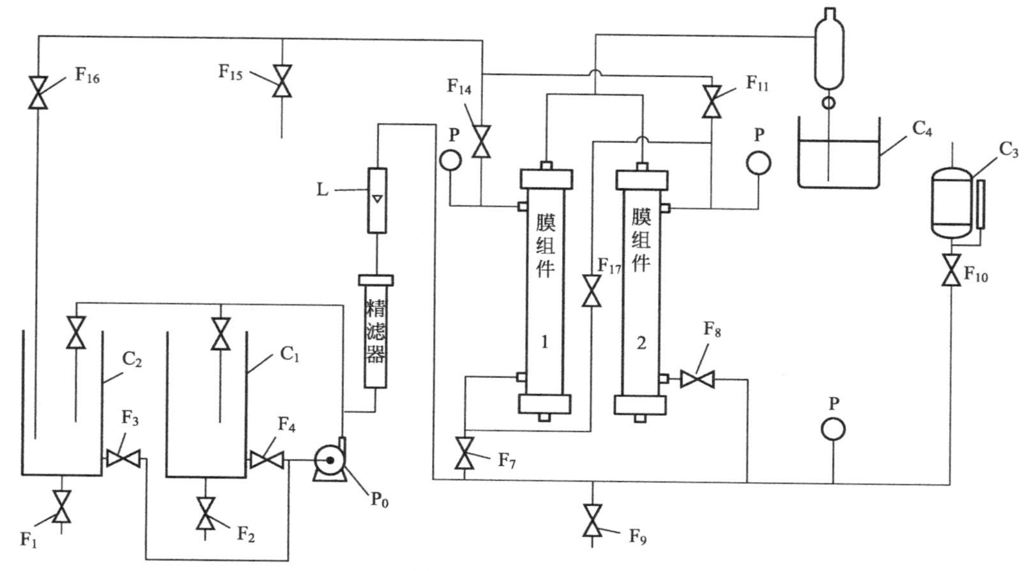

图 3-6 实验流程图

C_1—清洗水储槽；C_2—溶液储槽；C_3—高位槽；C_4—储液桶；F_1，F_2—C_2 和 C_1 的排液阀；F_3，F_4—C_1 和 C_2 的出口阀；F_7，F_8—组件 1 和 2 的入口阀；F_9—排液阀；F_{10}—保护液阀；F_{11}，F_{14}—组件 1 和 2 出口调节阀；F_{15}—浓缩液取样阀；F_{16}—浓缩液循环阀；F_{17}—排放阀；P—压力表；L—玻璃转子流量计；P_0—液体输送泵

五、实验步骤

1. 实验方法

将预先配制的聚乙二醇料液在 0.2MPa 压力和室温下，进行不同流量的超过滤实验（实验点由指导教师指定）；30min 时，取分析样品。取样方法：从料液储槽 C_2 中用移液管取 5mL 浓缩液入 50mL 容量瓶中，与此同时在透过液出口端用 100mL 烧杯接取透过液 50mL，然后用移液管从烧杯中取 10mL 放入另一容量瓶中。两容量瓶的样品进行比色测定聚乙二醇的浓度（方法见 WZZ-1 自动指示旋光仪使用说明书）。烧杯中剩余透过液和储液桶 C_4 中透过液全部放入储槽 C_2 中，混匀。然后进行下一个流量实验。

2. 操作步骤

（1）722 型分光光度计通电预热 20min 以上。

（2）绘制标准曲线：准确称取在 60℃下干燥 4h 的聚乙二醇 1.000g 溶液于 1000mL 容量瓶中，分别吸取聚乙二醇溶液 0.5mL、1.5mL、2.5mL、3.5mL、4.5mL 稀释于 100mL 容量瓶内配成浓度为 5mg/L、15mg/L、25mg/L、35mg/L、45mg/L 的聚乙二醇标准溶液。再各取 50mL 加入 100mL 容量瓶中，分别加入 Dragendoff 试剂及醋酸缓冲液各 10mL，蒸馏水稀释至浓度，放置 15min，于波长 510nm 下，用 1cm 比色池，在 722 型分光光度计上测定光密度，蒸馏水为空白。以聚乙二醇浓度为横坐标，光密度为纵坐标作图，绘制出标准曲线。

（3）放出超滤组件中的保护液。为防止中空纤维膜被微生物侵蚀而损伤，不工作期间，在超滤组件内加入保护液。在实验前，须将保护液放净。

（4）清洗超滤组件。为洗去残余的保护液，用自来水清洗2～3次，然后放净清洗液。

（5）检查实验系统阀门开关状态。使系统各部位的阀门处于正常运转的“开”或“关”状态。

（6）将配制的聚乙二醇料液加入料液槽1中计量，记录聚乙二醇的体积。用移液管取料液5mL放入容量瓶（50mL）中，以测定原料液的初始浓度。

（7）泵内注液。在启动泵之前，须向泵内注满原料液。

（8）启动泵稳定运转20min后，按“实验方法”进行条件实验，做好记录。数据取足即可停泵。

（9）清洗超滤组件。待超滤组件中的聚乙二醇溶液放净之后，用自来水代替原料液，在较大流量下运转20min左右，清洗组件中残余聚乙二醇溶液。

（10）加保护液。如果10h以上不使用超滤组件，须加入保护液至组件的1/2高度。然后密闭系统，避免保护液损失。

（11）将仪器清洗干净，放在指定位置；切断分光光度计的电源。

六、注意事项

（1）用清水清洗系统。方法是放掉系统存留的料液，接通清洗水系统，开泵运转10～15min，清洗污水放入下水道。停泵，并切断电源。

（2）加保护液。停泵，放净系统的清洗水，从保护液缸加入保护液，保护液的作用是防止纤维膜被细菌“吞食”。保护液的组成约1%的甲醛水溶液，夏季气温高，停用两天之内可以不加，冬季停用五天之内可以不加，超过上述期限，必须有效加入保护液。下次操作前放出保护液，并保存，供继续使用。

七、数据处理

（1）按表3-4记录实验条件和数据。

表3-4 实验条件和数据

压力（表压）：______MPa，温度：________℃，日期：　年　月　日

实验序号	起止时间	浓度/(mg/L)			流量/(L/ min)	
		原料液	浓缩液	透过液	浓缩液	透过液

（2）数据处理

① 聚乙二醇的脱除率：

$$f=\frac{\text{原料液初始浓度}-\text{透过液浓度}}{\text{原料液初始浓度}}\times 100\% \tag{3-20}$$

② 在坐标纸上绘制 f 与流量的关系曲线。

八、结果与讨论

（1）绘制标准曲线，用比色法测量原料液、超滤液和浓缩液的浓度。

（2）计算聚乙二醇的脱除率。

九、思考题

（1）试论述超过滤膜分离的机理。
（2）超过滤组件中加保护液的意义是什么？
（3）实验中如果操作压力过高或流量过大会有什么结果？
（4）提高料液的温度进行超过滤会有什么影响？

实验 5 浮选实验

一、实验目的

（1）通过实验了解浮选槽的构造，掌握浮选的工艺过程和技能。
（2）通过选用不同类别的浮选药剂，理解正浮选和反浮选的本质区别。
（3）学会测定氯化钾含量的分析方法。

二、实验原理

浮选法是利用矿石中各组分被水润湿程度的差异而进行的一种选矿方法。把要进行选别的粉状矿物悬浮在水中，当鼓入空气泡时，不易被水润湿的矿物颗粒附着于气泡上而被带到悬浮液的上部，而易被水润湿的矿物颗粒则被沉降到器底，这样就实现了矿物的分离。

晶体在介质中能否附着在气泡上是由晶体表面的亲水性所决定的，疏水性的晶体表面能附着在气泡上，并随气泡浮在介质表面；亲水性的晶体表面不能附着在气体表面，故不能上浮，只能沉于介质的底层，这样就达到了使晶体混合物分离的目的。晶体表面亲水性差别较大的混合物用浮选法使之分离是容易的。但大多数的无机盐类，它们的亲水性差别很小，单靠它们本身的亲水性差异使之分离是很困难的，甚至是不可能的。然而，各种盐类表面的吸附性差异是显著的。它们可以在表面上有选择地吸附某种物质。而吸附了某种物质以后会使晶体表面的亲水性发生较大的变化。如果某种物质被吸附后能增强晶体表面的疏水性，这种物质就被称作为“捕收剂”；而能增强晶体表面亲水性的物质则称作“抑制剂”。有时浮选过程在介质中要同时加入某种捕收剂和抑制剂以提高分离的效果。

晶体粒子附着在气泡上的过程中，实质上是部分的液固界面被气固界面所代替的自发过程。因此强化浮选过程就必须创造良好的固相和气相的接触条件，也就是要求介质有良好的起泡性。当向介质中充气时要求在介质中的气泡易于分散，而且介质表面上能形成较稳定的泡沫层，为达到此目的常采用向介质中加入起泡剂来提高介质的起泡性。

浮选方式有正反之分。在选矿时，如将其中有用的成分浮入泡沫产物中，而将脉石矿物留在矿浆中，则称为正浮选；反之，如将脉石矿物浮入泡沫产物而将有用矿物留在非泡沫产物中，则称为反浮选。

三、实验装置

单槽浮选实验装置如图 3-7 所示。

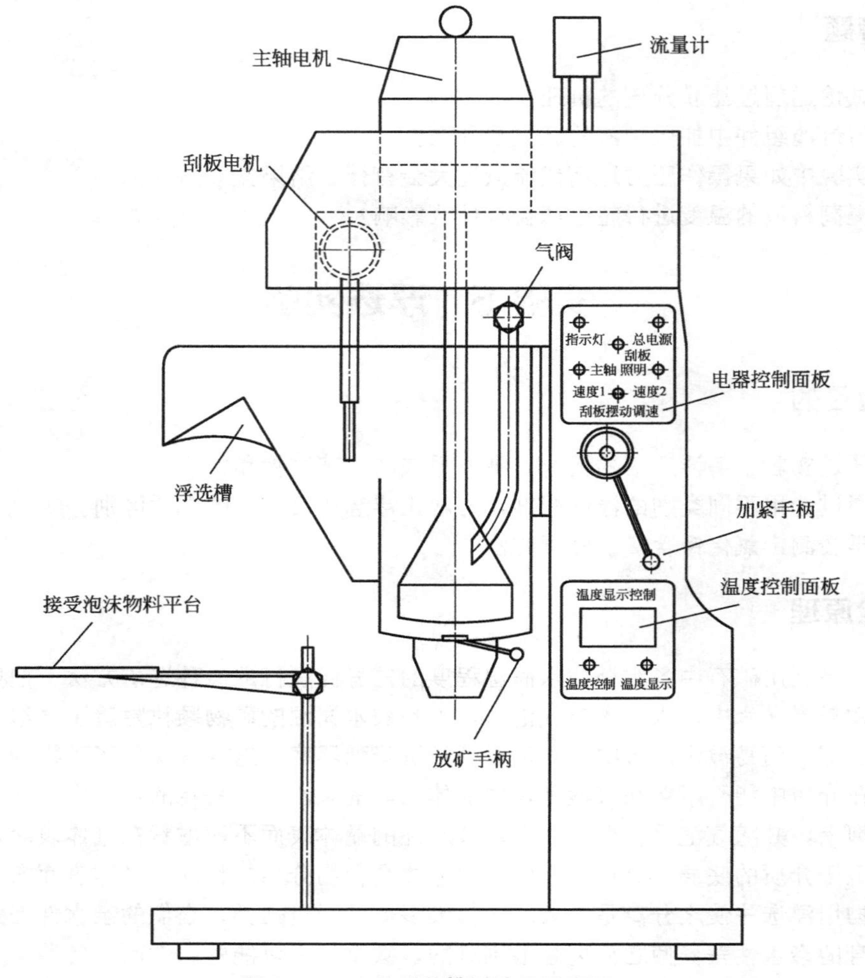

图 3-7　XFDⅡ型单槽浮选机示意图

四、实验步骤

1. 正浮选

（1）两盐共饱和母液的配制　查文献资料，获得在一定温度下，氯化钾、氯化钠两盐共饱和溶解度数据。依照查得的溶解度数据，分别称取一定量的氯化钾和氯化钠，将其研碎，最后将二者放入 3000mL 烧杯中，再将一定量的水加入烧杯内，用玻璃棒对烧杯内的物料进行搅拌，使两种盐在给定温度下全部溶解完得到两盐共饱和母液。

（2）浮选浆料的配制　称取一定量的氯化钾和氯化钠（m_{KCl}：$m_{NaCl}=3:7$），分别将其研碎，再将二者混合均匀，得到固相氯化钾和氯化钠混合物。

分别将以上配制好的固相氯化钾和氯化钠混合物和两盐共饱和母液按 1∶8（浮选固液比）的质量比进行称量，将称量好的固、液物料分别加入 3000mL 烧杯内得到浮选浆料。给浮选浆料中加入一定量的盐酸十八胺和 2 号油，且用玻璃棒搅拌约 3min。

（3）正浮选　将以上得到的浮选浆料转入至浮选槽内，浮选槽加完料后，启动搅拌器，以 50～60r/min 的转速进行搅拌。在搅拌且吸入空气的情况下，形成大量气泡，在捕收剂的选择性作用下，氯化钾矿粒黏附于空气泡上，浮于矿浆表面形成一层矿化泡沫层，然后用刮泡器刮出，而氯化钠则留于矿浆中。浮选时间约为 7min。

（4）固液分离　经浮选后，将刮出的泡沫用抽滤装置进行固液分离，得到湿氯化钾。

（5）湿氯化钾干燥　在马弗炉内，对湿氯化钾进行干燥，得到干“氯化钾”。

2. 反浮选

（1）两盐共饱和母液的配制　查文献资料，获得在一定温度下，氯化钾、氯化钠两盐共饱和溶解度数据。依照查得的溶解度数据，分别称取一定量的氯化钾和氯化钠，将其研碎，最后将二者放入 3000mL 烧杯中，再将一定量的水加入烧杯内，用玻璃棒对烧杯内的物料进行搅拌，使两种盐在给定温度下全部溶解完得到两盐共饱和母液。

（2）浮选浆料的配制　称取一定量的氯化钾和氯化钠（$m_{KCl}:m_{NaCl}=4:6$），分别将其研碎，再将二者混合均匀，得到固相氯化钾和氯化钠混合物。

分别将以上配制好的固相氯化钾和氯化钠混合物和两盐共饱和母液按 1∶8（浮选固液比）的质量比进行称量，将称量好的固、液物料分别加入 3000mL 烧杯内得到浮选浆料。给浮选浆料中加入一定量的十二烷基吗啉，且用玻璃棒搅拌约 3min。

（3）反浮选　将以上得到的浮选浆料转入至浮选槽内，浮选槽加完料后，启动搅拌器，以 50～60r/min 的转速进行搅拌。在搅拌且吸入空气的情况下，形成大量气泡，在捕收剂的选择性作用下，氯化钠矿粒黏附于空气泡上，浮于矿浆表面形成一层矿化泡沫层，然后用刮泡器刮出，而氯化钾则留于矿浆中。浮选时间约为 7min。

（4）固液分离　经浮选后，将浮选槽内的浆料用抽滤装置进行固液分离，得到湿氯化钾。

（5）湿氯化钾干燥　在马弗炉内，对湿氯化钾进行干燥，得到干“氯化钾”。

3. 干“氯化钾”各组分含量的分析

取出少量干“氯化钾”，称重后转入 100mL 容量瓶中定容，分别进行重量、滴定分析。其中 K^+ 用“四苯硼化钠法”进行分析（重量分析法），Cl^- 用“汞量法”进行分析（滴定分析法），Na^+ 用“差减法”进行计算。

五、数据处理

1. 正浮选实验数据处理

（1）计算出两盐共饱和母液的配制过程中，所需氯化钾、氯化钠两盐各自的质量。

（2）计算出浮选前氯化钾和氯化钠两者固相物中氯化钾的质量分数。

（3）写出干“氯化钾”各组分含量的分析过程，且计算出浮选后经干燥得到的干“氯化钾”中氯化钾的质量分数。

2. 反浮选实验数据处理

（1）计算出两盐共饱和母液的配制过程中，所需氯化钾、氯化钠两盐各自的质量。

（2）计算出浮选前氯化钾和氯化钠两者固相物中氯化钾的质量分数。

（3）写出干“氯化钾”各组分含量的分析过程，且计算出浮选后经干燥得到的干“氯化钾”中氯化钾的质量分数。

六、结果与讨论

（1）对比并分析正浮选和反浮选的实验数据结果。

（2）讨论并分析影响浮选效果的因素有哪些。

七、思考题

（1）正浮选和反浮选的本质区别是什么？

（2）在浮选过程中加入 2 号油的作用是什么？

参考文献

[1] 刘光永. 化工开发实验技术. 天津：天津大学出版社，1994.
[2] 陈洪钫等. 化工分离过程. 2 版. 北京：化学工业出版社，2014.
[3] 李建国等. 盐化工工艺学. 北京：清华大学出版社，2016.
[4] 中国科学院盐湖研究所分析室. 卤水和盐的分析方法. 2 版. 北京：科学出版社，1988.

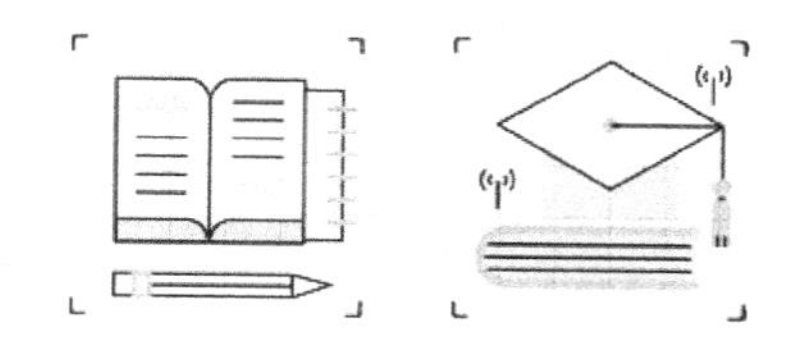

第四章 设计性实验

实验1 纯碱蒸氨废液的蒸发实验

一、实验目的

(1) 掌握溶液中氯、硫酸根、碳酸根、钙、镁、钠等离子分析检测方法。

(2) 掌握蒸发实验的原理与方法。

(3) 探索纯碱蒸氨废液加热蒸发过程中盐的析出规律。

(4) 培养学生根据课题任务要求，参考文献资料，设计实验方案，搭建实验装置，完成实验研究的能力。

二、实验原理

纯碱是重要的化学工业产品。它被广泛应用于冶金、石油化工、纺织、医药、化肥、造纸和食品工业部门及日常生活。氨碱法是目前中国生产纯碱的主要方法之一，具有产品质量好、单位产能投资少的优点，氨碱法工艺的最大弊端是产生大量的废液废渣，每生产1t纯碱，就会产生约10m^3的蒸氨废液和300kg的废渣，若处置不好会污染环境。

蒸氨废液中主要的有用成分是氯化钙和氯化钠，含量大致为：氯化钙90～120g/L、氯化钠45～55g/L。将蒸氨废液加热蒸发会析出氯化钙、氯化钠等盐类，作为副产品会产生一定的经济效益，是综合利用的有效途径。

三、实验装置

实验中将蒸氨废液放入三口烧瓶中，使用电加热套加热蒸发，蒸出的水分通过冷凝管进行回收，探究蒸氨废液蒸发浓缩过程中盐的析出规律。实验装置见图4-1所示。

四、实验步骤

(1) 准备500mL三口烧瓶一只、冷凝管一根、温度计一根、加热套一个、铁架台一个、500mL烧杯两个，升降台一个，按图4-1搭建实验装置。

(2) 取一定量的蒸氨废液，放入三口烧瓶中，使用电加热套进行加热蒸发，待蒸氨废液沸腾后记录沸点。当蒸出50mL水分时，停止加热。冷却后，取少量溶液检测其中的硫酸根、碳酸根及氯、钙、镁、钠等离子，用波美计测量溶液浓度。

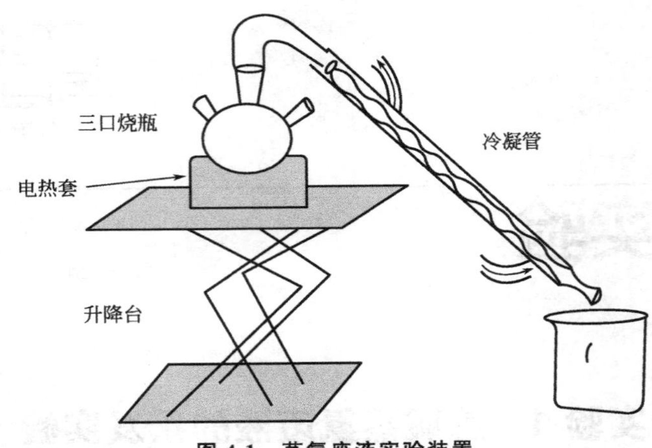

图 4-1 蒸氨废液实验装置

(3) 对蒸氨废液继续加热，每蒸出 50mL 水分时，停止加热。冷却后，取少量溶液检测其中的硫酸根、碳酸根及氯、钙、镁、钠等离子，用波美计测量溶液浓度。若有固相产生时，冷却后先进行过滤、固液分离，再分别检测固相组成、液相组成。

(4) 重复进行第 (3) 步 3～4 次。

五、注意事项

(1) 实验装置搭建完后，检查密封性，调节好冷却水的流量，确保蒸出的水蒸气全部冷凝成水。

(2) 每次检测抽取的溶液量要尽可能小，避免影响蒸发实验结果。

(3) 每次冷却至适宜的温度，避免烫伤。

六、数据处理

(1) 检测固相组成、液相组成得到的硫酸根、碳酸根及氯、钙、镁、钠等离子组成，并换算为盐的组成。

(2) 用溶液的波美度（密度）表示纯碱蒸氨废液不同蒸发阶段，固相组成、液相组成中盐的含量，用质量分数表示。

七、结果与讨论

(1) 讨论纯碱蒸氨废液蒸发过程中盐的析出规律。

(2) 讨论纯碱蒸氨废液蒸发过程中溶液的波美度（密度）与析出盐的关系。

(3) 讨论纯碱蒸氨废液蒸发过程中水分蒸发率与析出盐的关系。

八、思考题

(1) 纯碱蒸氨废液中主要离子有哪些？如何测定？

(2) 对纯碱蒸氨废液采用加热蒸发、常温蒸发、等温蒸发，其盐的析出规律是否相同。

实验 2 盐湖含钾尾盐的分解实验

一、实验目的

（1）通过含钾尾盐的分解实验，对学生进行化工科研实验研究方法的综合训练，培养创新能力。

（2）掌握盐湖固体盐样中常见离子的检测方法。

（3）探索不同物料配比对含钾尾盐分解效果的影响。

二、实验原理

中国可溶性钾资源十分紧缺，主要分布在青海柴达木盆地和新疆罗布泊北洼地。柴达木盆地氯化钾生产规模不断扩大，高品位钾资源日趋短缺，氯化钾生产主要以盐湖卤水为原料，以浮选法为主要工艺，无论是正浮选还是反浮选，都有尾盐产生，尾盐中氯化钾质量分数在 2%～7%，是可以回收利用的钾资源。

尾盐中含有氯化钠、氯化镁、氯化钾等水溶性盐，以及碳酸钙、泥沙等水不溶物，用水溶解尾盐时，其所含的氯化钾等水溶性盐溶解到液相中，过滤、固液分离得到含钾卤水，将该卤水输送到盐田进行滩晒可以制得光卤石、钾石盐等生产氯化钾的原料，实现了低品位钾资源的综合利用。

三、实验装置

实验设备：循环水式多用真空泵、水浴锅、恒温鼓风干燥箱、悬臂式电动搅拌器、分析天平、滴定管等。

根据需要自行搭建实验装置。

四、实验步骤

（1）称取一定量的尾盐样品，加去离子水溶解，过滤分离泥沙等水不溶物，将滤液定容，检测滤液中的钾、钠、钙、镁、氯等离子。

（2）称取一定量的尾盐样品，加一定量的去离子水分解，充分搅拌，分解较长时间后，过滤以实现固液分离，检测滤液中的钾、钠、钙、镁、氯等离子。

（3）在保持搅拌强度下改变固液比，分解时间与第（2）步相同，重复进行第（2）步 5～6 次。

五、注意事项

（1）含钾尾盐的分解中，加水过少，尾盐中的钾不能完全溶解到液相中，钾的收率低；加水过多，液相中钾的浓度低，后期盐田滩晒中需要蒸发的水分量大。

（2）含钾尾盐的分解过程中要充分搅拌，分解较长的时间，保证尾盐所含的钾充分溶解到液相中。

六、数据处理

（1）检测尾盐的组成时，将测得滤液中的钾、钠、钙、镁、氯等离子组成换算为盐的组成，进一步换算为固体尾盐的组成。

（2）依据固体尾盐中钾含量和不同固液比分解尾盐所得滤液中的钾含量，计算钾收率。

七、结果与讨论

（1）依据钾收率的大小讨论分解尾盐时合理的加水量，即固液比。

（2）讨论不同固液比分解尾盐所得滤液中的钾、钠、钙、镁、氯等离子的变化规律。

八、思考题

（1）含钾尾盐的分解过程中温度对分解效果的影响如何？

（2）含钾尾盐的分解过程中时间对分解效果的影响如何？

（3）含钾尾盐的分解过程中搅拌对分解效果的影响如何？

（4）含钾尾盐的分解中如果用含镁、钠、氯等离子的卤水作为分解液，则分解效果会如何变化？

实验 3 光卤石的分解实验

一、实验目的

（1）通过光卤石的分解实验，对学生进行化工科研实验研究方法的综合训练，培养创新能力。

（2）掌握光卤石中常见离子的检测方法。

（3）探索不同物料配比对光卤石分解效果的影响。

（4）培养学生根据课题任务要求，参考文献资料，设计实验方案，搭建实验装置，完成实验研究的能力。

二、实验原理

光卤石（$KCl \cdot MgCl_2 \cdot 6H_2O$）是一种水溶性的含钾矿石，是制取氯化钾的主要原料，光卤石在氯化物型钾镁盐矿中以固态存在或含于其卤水中。柴达木盆地察尔汗等盐湖晶间卤水中含有大量氯化钾、氯化镁、氯化钠及水，将晶间卤水采集输送到盐田中滩晒制得光卤石，但此光卤石一般含有氯化钠杂质，称为含钠光卤石，再将含钠光卤石加水分解脱除氯化镁得到钾石盐，钾石盐经过浮选制取氯化钾。

光卤石常温分解时，存在两个串联过程，先是光卤石溶解到溶液中，由于光卤石溶解后，形成氯化钾的饱和溶液，使氯化钾自溶液中析出结晶，存在于分解料浆中，而氯化镁全部转移到液相中。因光卤石中含有少量氯化钠，分解过程中，氯化钠的溶解度远小于氯化镁的溶解度，所以部分氯化钠也残留在固相中。

三、实验装置

实验设备：循环水式多用真空泵、水浴锅、恒温鼓风干燥箱、悬臂式电动搅拌器、分析天平、滴定管等。

根据需要自行搭建实验装置。

四、实验步骤

（1）称取一定量的光卤石试样，加去离子水溶解，过滤分离水不溶物，将滤液定容，检测滤液中的钾、钠、钙、镁、氯等离子含量。

（2）称取一定量的光卤石试样，加一定量的去离子水分解，过滤、固液分离，检测滤液和滤饼中的钾、钠、钙、镁、氯等离子含量。

（3）在保持搅拌强度下改变固液比，分解时间与第（2）步相同，重复进行第（2）步5～6次。

五、注意事项

（1）光卤石常温分解中，加水过少，光卤石不能完全溶解，产品氯化钾中镁含量会超标；加水过多，氯化钾会溶解到液相中，造成钾的损失。

（2）光卤石常温分解过程中要适当搅拌，分解较长的时间，保证光卤石完全溶解，氯化钾自溶液中析出结晶。

六、数据处理

（1）检测光卤石的组成时，将测得滤液中的钾、钠、钙、镁、氯等离子组成换算为盐的组成，进一步换算为固体光卤石的组成。

（2）依据光卤石中钾含量和不同固液比分解光卤石所得滤液与滤饼中的钾含量，计算钾收率。

（3）依据光卤石中镁含量和不同固液比分解光卤石所得滤液与滤饼中的镁含量，计算镁的去除率。

七、结果与讨论

（1）依据钾收率的大小讨论分解光卤石时合理的加水量，即固液比。

（2）依据镁去除率的大小讨论分解光卤石时合理的加水量，即固液比。

（3）讨论不同固液比分解光卤石所得滤液与滤饼中氯化钾、氯化镁、氯化钠含量的变化规律。

八、思考题

（1）光卤石分解过程中温度对分解效果的影响如何？

（2）光卤石分解过程中时间对分解效果的影响如何？

（3）光卤石分解过程中搅拌对分解效果的影响如何？

（4）光卤石分解中如果用含镁、钠、氯等离子的卤水作为分解液，则分解效果会如何变化？

实验 4　乙醇催化裂解制乙烯反应动力学测定

一、实验目的

（1）掌握反应动力学数据的测定方法。

（2）掌握内循环无梯度反应装置的工作原理、工艺结构与操作方法。

（3）掌握气相色谱仪、微量泵使用方法。

（4）了解乙醇裂解反应的基本原理。

（5）了解反应产物定性、定量分析的方法，学会实验数据处理的方法。

（6）培养学生根据课题任务要求，参考文献资料，设计实验方案，搭建实验装置，完成实验研究的能力。

二、实验原理

气固相催化反应动力学研究，宜在排除内、外扩散对反应过程影响的条件下进行。本实验通过乙醇催化裂化制乙烯，说明如何测定反应动力学的有关数据。

乙醇在催化剂存在下，既可以在分子内脱水生成乙烯，也可以在分子间脱水生成乙醚，其反应式为：

$$2C_2H_5OH \longrightarrow C_2H_5OC_2H_5 + H_2O$$

$$C_2H_5OH \longrightarrow C_2H_4 + H_2O$$

通常，较高的反应温度有利于生成乙烯，而较低的反应温度则有利于生成乙醚。常用的催化反应系统有：

（1）以浓硫酸为催化剂，在 170℃下进行液相催化反应；

（2）以 γ-三氧化二铝为催化剂，在 360℃下进行气-固相催化反应；

（3）以分子筛（ZSM-5）为催化剂，在 300℃下进行气-固相催化反应。

由于使用分子筛催化剂时，乙烯收率较高，故本实验选用分子筛（ZSM-5）作催化剂。

三、实验装置

（1）内循环无梯度反应装置。技术指标：反应温度 550℃；预热温度 400℃；反应器搅拌速度 0～3000r/min（无级变速）；反应器内催化剂装填量 5mL；反应压力常压；反应器加热炉功率 1.5kW ；预热器加热炉功率 0.5kW。

（2）SP6800A 气相色谱仪。

（3）微量泵。

（4）电子天平。

四、实验流程

本实验采用常压内循环无梯度反应器，实验流程见图 4-2 所示。反应器内填充有固体催化剂，反应温度由管式炉加热控制，反应物料以气相形式自上而下通过床层，在催化剂表面进行化学反应。预热温度、反应温度由控温仪自动控制。反应前原料液体由微量泵精确计量；反应后，裂解气流量由皂膜流量计测定，裂解液用电子天平测取单位时间质量流量。裂解气、液体的组成用气相色谱定性、定量分析，进而计算出一定条件下的乙醇的转化率，乙烯的选择性、收率，乙醇催化裂解制乙烯反应速率常数、反应级数等动力学参数。

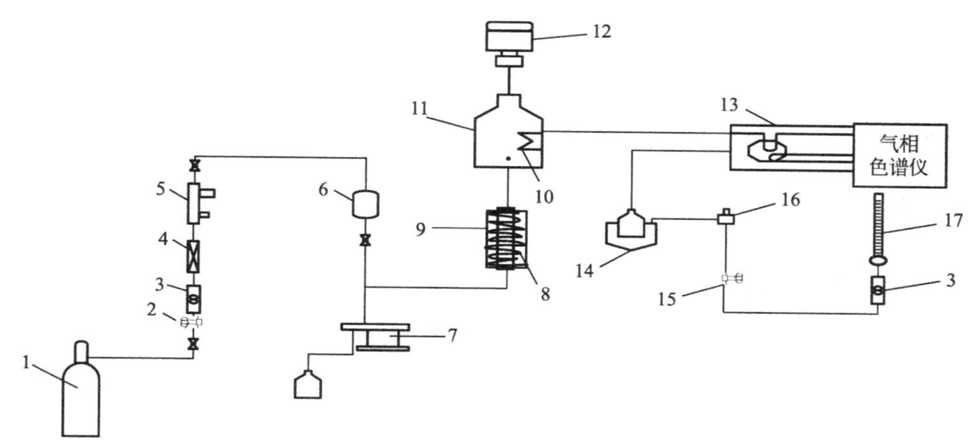

图 4-2 内循环无梯度反应实验流程示意图

1—气体钢瓶；2—稳压阀；3—转子流量计；4—过滤器；5—质量流量计；6—缓冲器；7—加料泵；8—预热器；9—预热炉；10—反应器；11—反应炉；12—马达；13—恒温箱；14—气液分离器；15—调压阀；16—压力传感器；17—皂膜流量计

五、实验步骤

1. 开启反应系统

（1）打开总电源，装填催化剂、检测密封点、通冷却水，严格按照内循环无梯度反应装置操作规程进行操作。

（2）严格按照《AI 人工智能工业调节器说明书 》规定调节温度控制器的参数，根据实验点设置所需温度，加热升温。

（3）待预热温度达到设定值时，打开微量泵，以小流量向气化器内通原料乙醇。

2. 开启检测系统

（1）进行上述操作的同时，接通气相色谱仪，进入色谱工作站，调节气相色谱仪，严格按照《SP6800A 气相色谱仪操作规程》进行操作。正常后等待样品分析。

（2）每隔 20min 用皂膜流量计测一次裂解气的流量，并通过色谱工作站分析气样的组成。

（3）1h 后，用干燥小烧杯接取裂解液，称其质量，分析液样组成，重复三次。

（4）改变流量或反应温度，开始新条件的实验。

3. 停车

（1）将调速电压调至零，关闭电源，停止搅拌。

（2）关闭总电源。

（3）进行上述操作的同时，按照《SP6800A 气相色谱仪操作规程》关闭该设备。

六、注意事项

（1）填装催化剂后需要检查反应器各密封点是否泄漏，各测温点是否安装到位。

（2）反应温度要选取3个以上，等到温度稳定后，通入反应物料。

（3）每个反应温度下选取3个以上流量进行重复实验。

（4）关闭温度控制器电源和预热器电源后，不要立即停止通冷却水，待反应器温度降至200℃以下时方可停水。

（5）停止加料后要通入惰性气体吹扫。

七、数据处理

1. 实验数据的记录

完整记录实验数据填入表4-1，并将实验数据处理结果填入表4-2中，将多个数据点裂解结果进行比较找出适宜的裂解条件。

表4-1　以分子筛（ZSM-5）为催化剂乙醇裂解原始数据

T/℃	进料	出料							
		裂解气					裂解液		
	V_F/(mL/h)	V_g/(mol/h)	y_0/%	y_w/%	y_e/%	y_A/%	V_L/(mg/h)	x_W/%	x_A/%
280									
300									
320									

注：表中　V_F—乙醇进料流量；V_g—裂解气进料流量；V_L—裂解液流量；y_0—裂解气中乙烯的摩尔分数；y_w—裂解气中水的摩尔分数；y_e—裂解气中乙醚的摩尔分数；y_A—裂解气中乙醇的摩尔分数；x_W—裂解液中水的摩尔分数；x_A—裂解液中乙醇的摩尔分数。

2. 实验数据的处理

表4-2　以分子筛（ZSM-5）为催化剂乙醇裂解数据处理结果

反应温度 T/℃	进料量 V_F/(mL/h)	空速 /h^{-1}	转化率 X	选择性 S	收率 Y	相对误差
280						

续表

反应温度 T/℃	进料量 V_F/(mL/h)	空速 /h^{-1}	转化率 X	选择性 S	收率 Y	相对误差
300						
320						

表中，$X=\frac{\text{已转化的乙醇的量}}{\text{加入乙醇的量}}$；$S=\frac{\text{生成乙烯所消耗的乙醇的量}}{\text{已转化的乙醇的量}}$；

$Y=\frac{\text{生成乙烯所消耗的乙醇的量}}{\text{加入乙醇的量}}$。

八、结果与讨论

（1）如何消除气-固相催化反应过程中内扩散、外扩散对化学反应速率的影响。

（2）讨论反应温度对乙醇催化裂化制乙烯反应动力学的影响。

（3）讨论反应浓度对乙醇催化裂化制乙烯反应动力学的影响。

九、思考题

（1）影响乙醇裂解结果的因素有哪些？具体影响程度如何？

（2）气相色谱造成组分分离的主要原因是什么？

（3）无梯度反应器有几种类型，内循环无梯度反应器的工作原理是什么？

实验 5　氯化锂在醇水混合溶剂中的热力学性质研究

一、实验目的

（1）了解电动势法研究氯化锂在醇水混合溶剂中的热力学性质的基本原理。

（2）了解电解质溶液热力学研究的经典理论模型。

（3）掌握平均活度系数、渗透系数、标准迁移吉布斯自由能的计算方法。

（4）培养学生根据课题任务要求，参考文献资料，设计实验方案，搭建实验装置，完成实验研究的能力。

二、实验原理

本实验主要采用电动势法测定单电解质 LiCl 在甲醇-水、乙醇-水混合溶剂中形成的三元体系在 298.15 K 时，不同离子强度下的电池电动势，然后通过 Pitzer、Pitzer-Simonson-Clegg 模型拟合获得体系中 LiCl 的平均活度系数、LiCl 在醇-水混合溶剂中的标准迁移吉布斯自由能和体系的渗透系数。

1. Pitzer 模型

1923 年德国物理学家 Debye P. 和 Hückel E. 提出了著名的非缔合式电解质的离子互吸理论。20 世纪 70 年代统计力学得到了迅速发展，以 Pitzer 理论为代表的电解质溶液理论逐渐占据了主导地位。Pitzer 发展了 D-H 理论，摒弃了离子间没有短程推斥力的假设，采用 Virial 展开的形式表达 Gibbs 自由能，导出了电解质溶液的渗透系数公式，并在此基础上建立了一套电解质溶液的半经验统计力学理论。这个理论因为是半经验的，经常称为“离子相互作用模型”或“离子相互作用处理法”，简称为 Pitzer 理论或 Pitzer 模型。

Pitzer 理论是一个半经验的统计力学模型，将电解质溶液过量函数的表达式分解为长程静电项和短程硬球项的贡献之和。该方程考虑了三种位能：①一对离子间的长程静电位能；②它抛弃了溶液中离子之间没有互相排斥力的假设，认为在电解质溶液中离子之间除了长程静电作用之外，还应存在着短程的所谓“硬心效应”的位能。这个短程位能是指除了长程静电能以外的一切“有效位能”，主要部分是两离子间的排斥能；③同时，三个离子之间也应该有相互作用能，只是该作用力比较小而已，但在较高浓度时不能忽略。

长程静电项用修正的 Debye-Hückel 公式表示，它仅是溶液离子强度的函数；用维里方程的展开式表达短程硬球项，将双离子相互作用的第二维里系数表达成离子强度的函数，而三离子相互作用的第三维里系数是与离子强度无关的常数。Pitzer 模型对任何点电解质 MX 使用三个或四个参数描述溶液中离子的相互作用，$\beta_{MX}^{(0)}$、$\beta_{MX}^{(1)}$、c_{MX}^{φ} 为纯盐 Pitzer 参数，它们是由许多 1∶2、1∶3、1∶4、1∶5 价电解质的渗透系数推算出来的。单一的和混合的溶液体系中，任何电解质（对称的和非对称的）的平均活度系数或任一单独离子的活度系数以及溶液的渗透系数都可计算出来。

2. Pitzer-Simonson-Clegg 模型

为了克服 Pitzer 模型应用到高浓度时的缺陷，Pitzer 和 Simonson 在 1986 年导出了计算多组分离子互溶体系过量吉布斯自由能公式，给出计算单电解质在混合溶剂中的活度系数计算公式。在此基础上，Pitzer 与国际上诸多学者对该模型进行了相应的改进。其中 Pitzer 和 Clegg 开发了以物质的量分数为基准的适用于对称型离子混合物的热力学模型。

Pitzer-Simonson-Clegg 模型的主要构思为：把体系中所有组分都当作作用粒子，并用摩尔分数 x 表示。可以适用于高浓度电解质水溶液和混合溶剂体系。Pitzer 和 Clegg 将原 Pitzer 模型中的长程项与 $\beta^{(1)}$ 均归并为 Debye-Hückel 项，因为它们均与离子强度有关，并在短程项中增加了四粒子作用项，因此能更好地描述在较高浓度时的电解质在水溶液和混合溶剂中，溶剂同每个阳离子和阴离子的相互作用。

三、实验装置

电极：本实验所用锂离子选择电极（Li-ISE）为自制，Ag | AgCl 电极用作可逆参比电极。以上两种电极在使用前均进行了严格的标定，且结果表明它们具有良好的 Nernst 响应。

仪器：离子计，分析天平，低温恒温槽，磁力搅拌器。

电池装置是由 Li-ISE 和 Ag | AgCl 电极组成。60mL 带夹套的透明玻璃容器作为电池容器，夹套与恒温精度为±0.02℃的恒温槽相连，用 25℃的水不断循环以维持容器内待测液的温度恒定。电池容器的上口放置一个双孔橡胶塞，用于插电极和加样。整个电池容器放置于电磁搅拌器上，测量过程中用小磁子缓慢搅拌溶液。采用锂离子选择电极和 Ag | AgCl 电

极组成下列无液接电势的电池：

$$\text{Li-ISE} \mid \text{LiCl}(m), \text{alcohol}(Y), \text{water}(100-Y) \mid \text{Ag} \mid \text{AgCl}$$

上述电池中只含有一个溶液，锂离子选择电极作为负极，Ag｜AgCl 电极作为正极，分别用于不同的溶液体系的电动势测量。alcohol 表示实验中所用到的两种低级脂肪醇，分别为甲醇和乙醇。式中 m 为 LiCl 在混合溶剂中质量摩尔浓度（mol/kg）；Y 为醇在混合溶剂中的质量分数。

学生根据试验要求和实验装置组成自行搭建实验装置。

四、实验步骤

（1）首先测定一系列浓度的 LiCl 在水溶液中的电动势，以便标定两个电极 Li-ISE 和 Ag｜AgCl 所构成电池的 Nernst 响应优劣程度，从而判定其可用性。通过 Nernst 方程计算得到这个电极对的实验标准电池电动势以及 Nernst 响应斜率。然后采用标定好的可逆电池测定不同醇水比例下溶液的电动势。本实验中采用的是固定醇水比例，改变电解质的浓度，所选择的甲醇/乙醇-水混合溶剂质量分数 $Y=5\%$，10%，15%。在每一个固定的醇水比例下，改变 LiCl 的含量使其浓度逐渐增大，依次测定每个不同组成点的电动势。

（2）每 5min 读一次电池的电动势值，直到相邻两次的读数相差 0.1 mV 时，即可认为体系达到平衡。在测定过程中用磁力搅拌器恒速搅拌。用带外套循环水的玻璃电池通过超级恒温槽时被测溶液温度控制在（298.15±0.02)K。经实验证实，只要操作仔细，处理得当，因醇的挥发和溶液占壁而引起的误差可以减小到忽略不计，从而保证了溶液浓度的准确性。

五、注意事项

在测定每一组固定醇水比下的 LiCl 溶液电动势时，都要穿插测定 3 个以上不同浓度 LiCl 纯水溶液的电动势。

六、数据处理

（1）Li-ISE 和 Ag｜AgCl 的标定。

（2）实验溶液的电动势测定结果。

（3）列出数据处理过程。

（4）讨论实验结果。

七、结果与讨论

（1）分析 LiCl 在混合溶剂中的平均活度系数值随着 LiCl 的质量、摩尔浓度的增大的变化趋势。

（2）针对每一体系而言，固定电解质 LiCl 的质量摩尔浓度 m，则 LiCl 的平均活度系数随着醇的质量分数的增大变化，讨论其原因。

（3）讨论 LiCl 在醇水混合溶剂中的标准迁移吉布斯自由能和介质效应。

八、思考题

（1）为什么在测定每一组固定醇水比下的 LiCl 溶液电动势时，都要穿插测定 3 个以上不同浓度 LiCl 纯水溶液的电动势？

（2）为什么在电池液中加入若干粒新制的干燥 AgCl 颗粒用来保护和延长 Ag｜AgCl 电极的使用寿命？

实验 6 马铃薯淀粉胶黏剂的制备

一、实验目的

（1）了解有关淀粉基胶黏剂的基本特性及应用。

（2）掌握淀粉胶黏剂的制备方法与性能测定。

（3）掌握实验中涉及的基本操作。

（4）培养学生根据课题任务要求，参考文献资料，设计实验方案，搭建实验装置，完成实验研究的能力。

二、实验原理

淀粉是不溶于水的多糖类碳水化合物，分子式可表示为 $(C_6H_{10}O_5)_n$。通过对淀粉进行有限度地氧化，改变其分子结构和性质，即可任意控制淀粉的溶解性和黏度。淀粉在氧化剂作用下，葡萄糖单元上的羟甲基（$—CH_2OH$）氧化成醛基（—CHO），醛类具有防腐作用，进而氧化成羧基（—COOH），它使黏合剂的稳定性能得到明显改善。氧化作用减少了淀粉分子中羟基的数量，使分子缔合受阻，从而减弱了分子间氢链的结合能力；同时，糖苷链的断裂，使大分子降解，淀粉分子量降低，从而增加了溶解性、流动性和黏结性。液碱存在时，与淀粉中未被氧化的羟基结合，破坏了部分氢键，使大分子间作用减弱，因而易溶胀糊化，赋予其黏合性。

淀粉黏合剂是近年来我国包装行业普遍采用的一种黏合剂，具有强度高、重量轻、无腐蚀、无污染、防潮性好、粘接性强、涂膜坚韧以及生产设备简单、制作方便和涂布量小等特点，是取代沿用多年的泡花碱的优良黏合剂。它被广泛应用于各种纸制包装箱、袋、管的生产，也可用于商标、壁纸的粘贴，还可用于纺织品上浆、制鞋业及棉织物粘接等。淀粉黏合剂的制作方法和生产工艺有很多，目前主要有碱糊法、糊精法和氧化法等。

三、实验装置

实验设备：分光光度计、分析天平、电炉、滴定管等。

根据需求自行搭建实验装置。

四、实验流程

本实验制备流程如下：

（1）氧化淀粉的制备　以双氧水为氧化剂干法工艺是制备氧化淀粉较好方法，本试验以马铃薯淀粉为原料、硫酸亚铁为催化剂、双氧水为氧化剂，采用干法工艺制备氧化淀粉，探讨反应时间、反应温度、氧化剂用量、催化剂用量等因素对马铃薯淀粉氧化反应影响，以期为干法制备氧化淀粉提供理论依据。

(2) 胶黏剂的制备 胶黏剂由氧化淀粉为原料，并加入适量消泡剂（磷酸三丁酯），在一定的容器中反应，探讨反应时间、反应温度、消泡剂用量等因素对胶黏剂反应的影响，详见图 4-3。

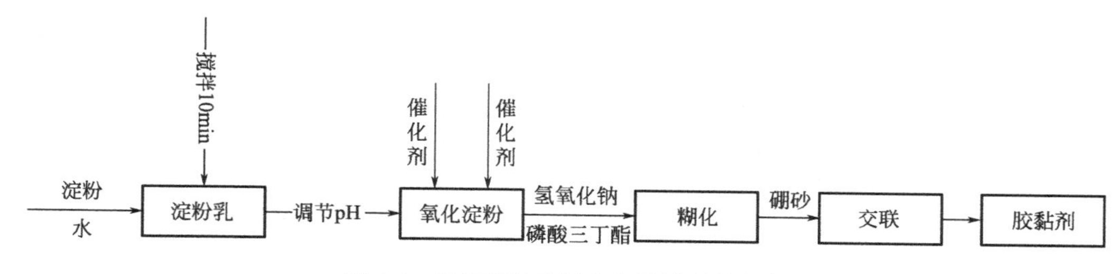

图 4-3 马铃薯氧化淀粉和胶黏剂的制备

五、实验步骤

(1) 称取 15.0g 马铃薯淀粉置于 150mL 烧杯中，加入 37.5mL 蒸馏水，搅拌 10min，加入一定量的 0.4% $FeSO_4$ (0～2.0mL) 溶液，用 4%氢氧化钠溶液和 3%的盐酸调节 pH 至 7.8，再加入 30%的 H_2O_2 (2～9mL)，恒温 (34～48℃) 反应一定时间 (1～5h)，加适量 10%的 Na_2SO_3 溶液终止反应，最后将其洗涤、烘干、粉碎得到氧化淀粉产品。

(2) 称取 25g 氧化淀粉于三口烧瓶中，加入 50mL 水，搅拌 20min，加入 30%NaOH 溶液 6mL 和适量消泡剂（磷酸三丁酯），搅拌糊化 30min；接着补水 50mL，搅拌 20min；再加入 5%的硼砂溶液 4mL，搅拌络合 30min；最后加入 37%的浓盐酸 3.6mL，搅拌 20min，即得胶黏剂。

(3) 对氧化淀粉进行羧基含量、透光率、流度和流动性的测定。

(4) 对胶黏剂进行固体含量、干燥速度、初黏结力的测定。

六、数据处理

1. 氧化淀粉性能测试

(1) 羧基含量的测定 2g 样品于 250mL 锥形瓶中加入 50mL 水，搅匀，隔石棉网于电炉上加热，不时搅动，约 15min 使淀粉糊化完全，加入 1%酚酞指示剂 1～2 滴，趁热用 0.1mol/L NaOH 溶液滴定，液体呈粉红色为终点，记录消耗 NaOH 的体积，用同量的原淀粉做空白对照试验。

$$羧基含量(\%)=[(样品-空白)\times V_{NaOH}\times 0.1\times 0.045]/样品质量(g)$$

(2) 室温下透光率的测定 0.5g 样品加入 5mL 水溶解，加入 45mL 0.1mol/L NaOH 溶液搅拌 3min，然后静置 27min (25℃)，制得 1%淀粉糊，用 721 分光光度计在 650nm 波长处测定透光率，以蒸馏水做空白试验（透光率为 100%），以 T(%) 表示。

(3) 流度和流动性的测定

① 流度的测定 取样品 15g 于 250mL 烧杯中，加入 85mL 水，搅匀，滴加 30%NaOH 溶液 6mL，搅拌至完全糊化放置 0.5h，把上述糊化液倒入孔径 6mm，颈长 150mm 的漏斗中，用秒表计时，以流体断线的时间表示流度，测定其平均值。

② 流动性的测定 用 5～7mm 粗的玻璃棒插入溶液中 10cm 深处，然后挑起，胶水下

滴短线处长 3～9cm 才算合格。

2. 胶黏剂性能的测试

(1) 固体含量的测试

$$固体含量(\%)=\frac{m_3-m_1}{m_2-m_1}\times100\% \tag{4-1}$$

式中 m_1——称量皿的质量，g；

m_2——湿胶黏剂加称量皿的质量，g；

m_3——干燥后胶黏剂加称量皿的质量，g。

样品烘干温度为 (121±1)℃，烘干时间为 30min。注意样品必须盖满称量皿底部。

(2) 失水量的测试 把胶黏剂用手工分别涂在两片 34～55cm 的瓦楞纸上，然后将两片同样大小的瓦楞纸叠合，马上在分析天平上称重，其中包括纸、胶黏剂中的水分和固体三项质量之和 (W_0)。称完后放在室温下自然干燥，每隔 0.5h 称一次重，10h 后观察纸板“完全”干后最后一次称量。这一质量认为是纸和胶黏剂中固体两项质量之和 (W_H)。

失水量的计算方法：

设涂在纸片上的胶黏剂中所含水的质量为 W，即 $W=W_0-W_H$；

室温放置 0.5h 称得的质量为 $W_{0.5}$。$W_0-W_{0.5}$ 表示在 0.5h 之内失去的水分的质量。由此可计算出在 0.5h 失去水分的百分数：失水量 (%) $=\frac{W_0-W_{0.5}}{W}$

同样方法计算出 1h 内失去水分的百分数：失水量 (%) $=\frac{W_0-W_1}{W}$

以此类推，可计算出 1.5h、…、7.5h、8h 的失水百分数，并与市售胶黏剂对比。

(3) 初黏结力的测定 取 3cm×3cm 的标签纸上均匀涂抹一薄层胶液后，粘贴在干燥洁净的玻璃板上，10min 后按 180°剥离，观察标签纸的破坏情况，初黏结力按下面公式计算：

初黏结力＝玻璃板上留有纸毛的面积/纸片总面积×100%

七、结果与讨论

(1) 探讨反应时间、反应温度、氧化剂用量、催化剂用量等因素对以双氧水为氧化剂制备马铃薯氧化淀粉的影响趋势图，结合理论分析讨论影响结果。

(2) 根据其较佳结果制备氧化淀粉并测定其性能指标值。

八、思考题

(1) 氧化淀粉的原理是什么？具有哪些特点？它主要应用于哪些领域？

(2) 以双氧水为氧化剂制得的氧化淀粉的优点有哪些？

(3) 以氧化淀粉制备胶黏剂时加入氢氧化钠、磷酸三丁酯、硼砂的作用是什么？

实验 7 丙烯酸酯压敏胶黏剂的制备

一、实验目的

(1) 查阅文献资料，了解丙烯酸酯类压敏胶黏剂的原理及其合成方法，设计实验方案。

（2）掌握溶剂法制备丙烯酸酯类压敏胶黏剂的过程。

（3）了解压敏胶黏剂粘接性能的评价方法。

（4）掌握黏度计的使用方法。

二、实验原理

压敏胶（pressure-sensitive adhesive，PSA）是一类除了只需要施加适当的压力以外，不需要其他任何外界因素，就可以使被粘物粘接的胶黏剂。压敏胶的特点是粘接很容易，涂布均匀，想要去掉也不是很难，在很长的时间内，涂布的胶层也不会干固，所以压敏胶又叫不干胶。压敏胶黏剂可以直接用于任何不同的材料和物品的粘接，但是在大多数情况下是将压敏胶均匀涂布在塑料薄膜上，制成压敏胶黏带和标签来使用。目前应用最普遍的压敏胶是丙烯酸酯类压敏胶，可分为乳液型、溶剂型等。

一般，压敏胶黏剂由所制备的聚合物及溶剂组成，当溶剂挥发后，聚合物即为干燥后的胶黏剂提供了高分子骨架。因此，聚合物是粘接强度的重要来源之一。聚合物决定了胶黏剂的力学性能和粘接性能。因此，对于聚合物，其耐水性、耐热性、固化之前的黏度、耐酸碱性等都有一定要求。丙烯酸树脂类，因其具有耐水性、固化快等优点被作为压敏胶的重要聚合物基体。同时其产品还具有性价比高、耐光性、耐高低温性能良好和抗氧化性好等优点。本实验选择以丙酮为溶剂，以甲基丙烯酸甲酯和丙烯酸丁酯为聚合单体，采用偶氮二异丁腈作自由基引发剂，以丙烯酰胺为高聚物分子的交联剂，使高聚物分子形成网状交联以增加其粘接力。

三、实验步骤

1. 搭建实验装置

学生根据实验方案自行搭建反应装置：将100mL三口烧瓶的上口装上回流冷凝器，并在冷凝器上端以三通阀接上充满氮气的气球；两侧出口以反口塞密封。

2. 实验步骤

（1）将磁力搅拌子、1.5mL甲基丙烯酸甲酯、4.3mL丙烯酸丁酯、50mL丙酮及0.15g丙烯酰胺加入三口烧瓶中，在两侧封口的一端通入氮气，并使回流冷凝装置上的三通阀密封氮气球且联通空气和反应装置，通入氮气5min以除去反应装置中的氧气，除氧结束后，密封整个反应装置，并旋转三通阀门，使气球与反应装置相连并与外界隔绝。

（2）将反应装置放入集热式恒温加热磁力搅拌器中，开始慢慢匀速搅拌，使温度缓慢升至72℃时，将0.50mL偶氮二异丁腈用丙酮溶解后逐滴加入到三口烧瓶中，待滴加完毕后，再将温度升高至80℃，在此温度下进行恒温搅拌使其反应150min。待反应冷却后得到无色透明黏稠状液体，即为丙烯酸酯类压敏胶黏剂。由于丙酮挥发较快，制备的产物须快速转入密封储藏器中，以免溶剂挥发后影响胶黏剂的涂布。

四、性能表征

1. 黏度测定

以旋转黏度计测定压敏胶的黏度。

注意事项：丙酮作为溶剂挥发很快，测定时须事先将黏度计、转子等全部准备好后，方可打开产物密封装置。

2. 粘接强度测试

准备两块光滑的玻璃板及 6 条 2cm 宽、10cm 长的布条。在布条的一端至 5cm 处部分均匀涂布压敏胶，并将每三条布条粘在一块玻璃板上。待溶剂完全挥发、胶黏剂固化后，其中一块玻璃板移入水池中，常温下浸泡 24h。另一块玻璃板于室温下干燥 24h。浸泡结束后，以拉力计 180°反向拉六条布条未粘接部分，测试 180°剥离强度，并记录拉力计读数（单位：kN/m），将不同玻璃板上布条的读数求平均值。比较浸泡前后剥离强度的变化，观察丙烯酸酯胶黏剂耐水性好坏。

五、结果与讨论

（1）讨论分析软硬单体的比例，对压敏胶黏结性的影响。
（2）试根据实验结果，讨论交联剂加入量对黏结性的影响。

六、思考题

（1）压敏胶黏结机理是什么？
（2）可以通过加入什么基团来强化或弱化其压敏性能？
（3）引发剂的引发机理是什么？
（4）为何要选择丙酮作为溶剂？

实验 8 超微细碳酸钙制备

一、实验目的

（1）系统学习电石渣制备超微细碳酸钙的全流程。
（2）掌握利用浓度积原理分离电石渣中杂质的方法。
（3）熟悉干燥、搅拌反应、过滤等基本操作及物料衡算。
（4）培养学生根据课题任务要求，参考文献资料，设计实验方案，搭建实验装置，完成实验研究的能力。

二、实验原理

超微细碳酸钙是 20 世纪 80 年代发展起来的一种超细固体材料。由于粒子的超细化，其晶体结构和表面电子结构发生变化，产生了普通 $CaCO_3$ 所不具有的量子尺寸效应、小尺寸效应、表面效应和宏观量子效应，在磁性、催化剂、光热阻和熔点等方面与常规材料相比显示出优越的性能。因此纳米碳酸钙作为一种优质填料，广泛应用于橡胶、塑料、造纸、涂料、油墨、医药等许多行业。

本实验利用电石渣制备超微细碳酸钙。将电石渣采用氯化铵溶解，利用浓度积原理分离电石渣中 Fe、Al、Mg 等氧化物杂质，采用碳化法制备超微细碳酸钙。碳化法属气-液-固三相反应，通过强化气液传质，控制浓度、反应温度、添加剂种类及数量等工艺条件，可制取不同晶体形貌、不同粒径的纳米碳酸钙产品。

电石渣与氯化铵在水溶液中发生如下反应：

$$2NH_4Cl + Ca(OH)_2 \longrightarrow CaCl_2 + 2NH_3\uparrow + 2H_2O$$

$$Fe^{3+} + 3OH^- \longrightarrow Fe(OH)_3\downarrow$$

$$Al^{3+} + 3OH^- \longrightarrow Al(OH)_3\downarrow$$

$$Mg^{2+} + 2OH^- \longrightarrow Mg(OH)_2\downarrow$$

利用 Fe、Al、Mg 等氧化物杂质在弱碱性条件下均难溶于水而成为滤渣，而钙离子在添加处理试剂作用下生成溶液的原理，将影响碳酸钙白度的 Fe、Al、Mg 等的氧化物或无机盐难溶杂质过滤去除。

向提取出来的氯化钙滤液中通入二氧化碳，在此过程中加入一定的晶型控制剂，并控制相应的工艺条件，即可得到具备特殊形貌及一定范围粒径的碳酸钙晶体。

$$Ca(OH)_2 + 2NH_4Cl = CaCl_2 + 2NH_3\uparrow + 2H_2O$$

$$CaCl_2 + 2NH_3 + H_2O + CO_2 = CaCO_3\downarrow + 2NH_4Cl$$

三、实验装置

由电石渣制备超微细碳酸钙的实验装置见图 4-4 所示，同学也可按照文献资料设计反应流程，自行搭建实验装置。

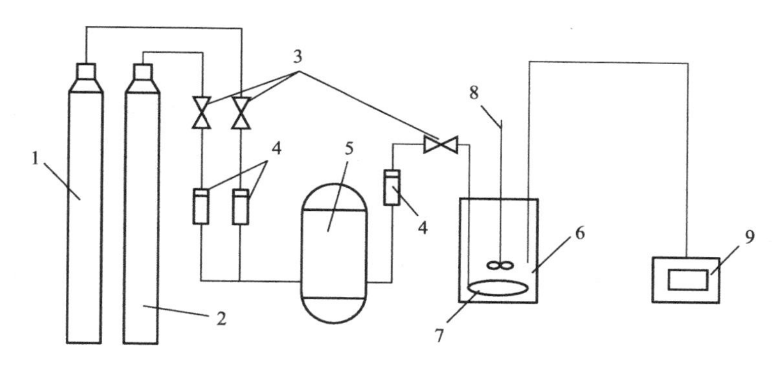

图 4-4 电石渣制备超微细碳酸钙实验装置图

1—二氧化碳钢瓶；2—氮气钢瓶；3—控制阀；4—流量计；5—缓冲罐；6—反应器；7—气体分布器；8-搅拌器；9—酸度计

四、实验流程

电石渣制备超微细碳酸钙的工艺流程详见图 4-5 所示。

五、实验步骤

1. 预处理

将电石渣于 105℃干燥，除去水分以及电石渣中溶解的硫化氢、磷化氢、乙炔残气等挥发性气体杂质后，得到氢氧化钙粉体，然后在 15～25℃下，以浓度为 8%的 NH_4Cl 溶液过量 30%浸取电石渣，以 300r/min 的速度搅拌反应 1～2h，过滤后滤液待用。

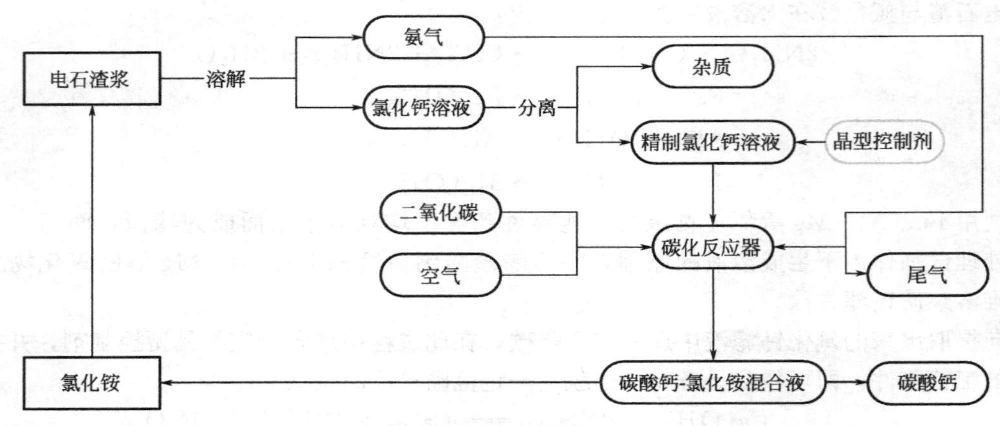

图 4-5 电石渣制备超微细碳酸钙工艺流程简图

2. 碳酸钙制备

将预处理后的电石渣滤液，即高纯 $CaCl_2$ 溶液，以最大碳酸钙收率为目标，进行单因素实验，分别探讨钙离子浓度、晶型控制剂种类、温度、搅拌速度、二氧化碳流量、二氧化碳浓度、溶液 pH 等影响超微细碳酸钙收率的因素，确定较佳工艺条件。

六、注意事项

(1) 使用二氧化碳钢瓶、氮气钢瓶时，先逆时针打开钢瓶总开关，观察高压表读数，记录高压瓶内总的二氧化碳压力，然后顺时针转动低压表压力调节螺杆，使其压缩主弹簧将活门打开。这样进口的高压气体由高压室经节流减压后进入低压室，并经出口通往工作系统。使用后，先关闭顺时针关闭钢瓶总开关，再逆时针旋松减压阀。

(2) 不可将钢瓶内的气体全部用完，一定要保留 0.05MPa 以上的残留压力（减压阀表压）。

七、数据处理

$$碳酸钙的收率=\frac{目的产品量}{输入原料量}\times 100\% \tag{4-2}$$

八、结果与讨论

(1) 探讨钙离子浓度、晶型控制剂种类及用量、温度、搅拌速度、二氧化碳流量、二氧化碳浓度、溶液 pH 等因素影响超微细碳酸钙收率的趋势图，结合理论分析讨论影响结果。

(2) 根据其较佳工艺条件制备纳米碳酸钙并测定其相关指标值。

九、思考题

(1) 超微细碳酸钙的制备原理及方法有哪些？

(2) 超微细碳酸钙的主要用途有哪些？

(3) 超微细碳酸钙主要测定指标是什么？

参考文献

[1] 岩石矿物分析编写组. 岩石矿物分析（第一分册）. 3版. 北京：地质出版社，1991.
[2] GB/T 3286.1—2012.
[3] GB/T 3286.2—2012.
[4] GB/T 3286.3—2012.
[5] GB/T 3286.4—2012.
[6] GB/T 19590—2011.
[7] 颜鑫等. 轻质及纳米碳酸钙关键技术. 北京：化学工业出版社，2012.
[8] 邓婕. 超细碳酸钙的形貌控制剂改性工艺 [学位论文]. 上海：华东理工大学，2013.
[9] 童忠良. 纳米碳酸钙化工产品关键技术. 北京：化学工业出版社，2006.
[10] 张玉龙等著. 淀粉胶黏剂. 北京：化学工业出版社，2008.
[11] 谭义秋. 粮食与油脂，2009，(9)：18.
[12] 韩立鹏. 河南工业大学学报（自然科学版），2008，29（1）：30.
[13] 张毅. 包装工程，2008，29（1）：18.
[14] 李建国等. 盐化工工艺学. 北京：清华大学出版社，2016.
[15] 曹文虎等. 卤水资源及其综合利用. 北京：地质出版社，2004.
[16] 中国科学院青海盐湖研究所分析室. 卤水和盐的分析方法. 北京：科学出版社，1988.
[17] 大连化工研究设计院. 纯碱工学. 北京：化学工业出版社，2004.
[18] 陈五平. 无机化工工艺学. 下册纯碱、烧碱. 北京：化学工业出版社，2001.
[19] 乐清华. 化学工程与工艺专业实验. 3版. 北京：化学工业出版社，2018.
[20] 吴指南. 基本有机化工工艺学. 北京：化学工业出版社，2011.

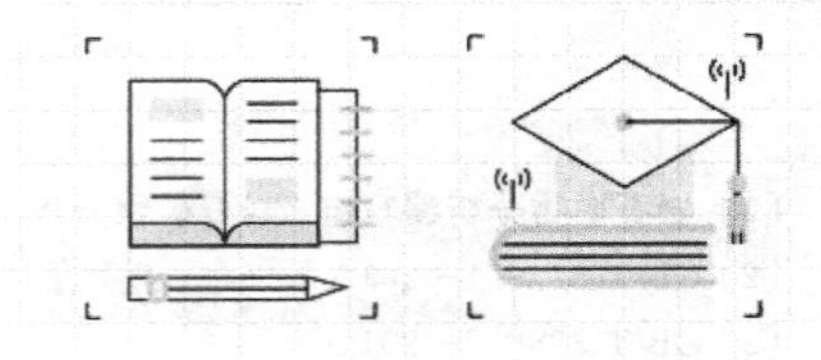

第五章 研究性实验

实验1 结构化纳米碳纤维的制备与表征

一、实验目的

(1) 学会查阅和分析文献资料，制定实验研究方案。

(2) 了解结构化纳米碳纤维的制备方法。

(3) 掌握催化剂的成型、表征和评价手段，获取相关数据并进行分析。

(4) 培养团队协作精神，通过有效沟通与合作完成实验任务。

二、实验原理

纳米碳纤维大多通过催化热解烃类进行制备。由于气相生长过程较复杂，采用不同的反应参数不仅可控制其直径，而且生长的形貌也有很大的差异，如晶须状、分支状、双向状、多向状、螺旋状等。制备纳米碳纤维的方法有很多，如电化学方法、热灯丝辅助溅射法、催化裂解碳氢气法（CVD）、增强等离子体法等。其中尤以CVD法最为普遍。按催化剂加入或存在的方式不同又可将CVD法分为基体法、喷淋法和气相流动催化法。

本实验采用堇青石型蜂窝陶瓷（monolith）为基材，在其表面涂层二氧化钛，通过改变二氧化钛的黏度以及涂层的时间，得到二氧化钛涂层的新型结构化催化材料，从而提高了基材的比表面及其抗腐蚀性。并在其表面负载镍催化剂，以甲烷为碳源生长纳米碳纤维（CNF），制得蜂窝陶瓷负载型结构化纳米碳纤维催化材料（CNF/monolith）。通过扫描电镜（SEM）、物理吸附仪（BET）进行表征。

三、实验装置

纳米碳纤维的生长在放置有石英管的立式电热炉中完成，如图5-1所示。以20%Ni/γ-Al_2O_3为催化剂，CH_4为碳源，N_2为载气生长非结构纳米碳纤维（CNF）。催化剂在700℃氢气气氛下还原3h，然后将温度降至反应温度600℃，以80mL/min的流速通入CH_4制备CNF。反应一定时间后用氮气保护冷却至室温，即制得到粉末（非结构化）纳米碳纤维。

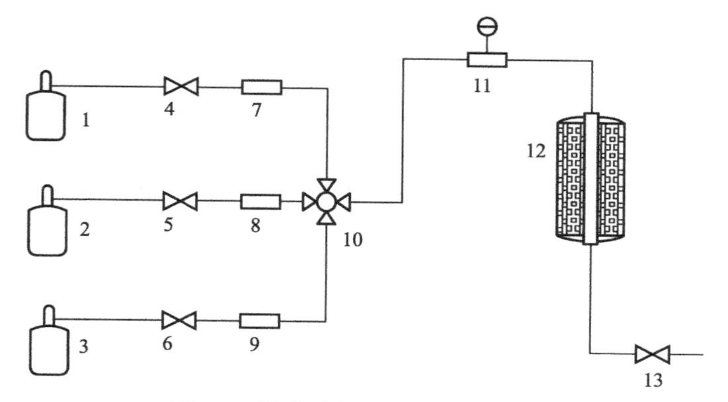

图 5-1 纳米碳纤维反应装置示意图

1—CH_4 钢瓶；2—氮气钢瓶；3—氢气钢瓶；4～6—截止阀；
7～9—气体质量流量计；10—四通阀；11—压力传感器；12—加热炉及反应器；13—二通阀

四、实验研究内容

1. 实验任务

根据催化剂性能要求，通过改变催化剂载体、活性组分等，制备出 2～3 种不同系列的催化剂，并对该催化剂进行表征。

2. 方案设计

(1) 结合文献资料，确定催化剂制备和表征方案。

(2) 制定原始数据记录表和实验数据处理方法。

3. 实验步骤

(1) 用溶胶-凝胶（sol-gel）法制备二氧化钛膜（学生自行查阅相关资料，完成实验溶胶-凝胶的涂层）。

(2) 在堇青石型蜂窝陶瓷（monolith）表面分别浸涂质量分数为 1%、2%、4% 的 TiO_2 膜。

(3) 浸涂后样品经 120℃ 干燥 12h，500℃ 焙烧 3h（经 TiO_2 改性后样品记为 TiO_2/monolith）。

(4) 将浸涂 TiO_2 前后的 monolith 浸入硝酸镍溶液中，搅拌浸渍 8h 后，取出经 120℃ 干燥 12h，500℃焙烧即得含 Ni 催化剂的结构化基材（外形尺寸不变），制备不同负载量的金属镍催化剂。

(5) 将此 Ni 催化剂在 20% H_2/N_2（总流量为 100mL/min）气氛下，以 5.5℃/min 升温至 700℃，还原 2h。

(6) 降温至反应温度 600℃ 后，切换为 $CH_4/H_2/N_2$（50%/10%/40%，总流量为 200mL/min），反应进行 6h 后停止。

(7) 在氮气保护下冷却至室温后取出。

(8) 按纳米碳纤维生长前后样品质量增加计算 CNF 负载量。

(9) 清洗实验仪器，打扫台面，实验结束。

五、表征方法

（1）物理吸附仪 主要用于测定催化剂和载体的孔容、比表面积和孔径分布。

（2）扫描电镜 主要用于测定催化剂活性组分及载体的表面形态。

（3）电感耦合等离子发射光谱仪（ICP-AES） 主要用于分析催化剂中金属杂质含量。

（4）请同学们设计并制定其他表征手段。

六、注意事项

（1）结构化催化剂制备时，选取的基体材料的比表面积应$<0.5m^2/g$。

（2）催化剂应在氮气保护氛围中称重。

七、结果与讨论

（1）比较不同催化剂的比表面积、孔径分布。

（2）根据不同表征结果，筛选最好的催化剂及工艺条件。

八、思考题

（1）简单叙述溶胶-凝胶法。

（2）阐述催化剂比表面积测定的方法和原理。

实验2 多孔纳米材料的制备与成型

一、实验目的

（1）学会查阅和分析文献资料，制定实验研究方案。

（2）了解多孔硅纳米材料的制备方法和表征手段。

（3）掌握介孔硅纳米材料的制备原理。

二、实验原理

多孔硅材料的制备，一般是在硅酸钠、四乙氧基硅烷等硅源溶液中加入离子型或非离子型表面活性剂作为结构导向剂，在酸性或碱性条件下，当硅源经过水解而使分子彼此交联时，结构导向剂与交联分子彼此插入混合，形成前驱体，再将前驱体在高温下烧结，将结构导向剂经焙烧除去后，得到具有特定形貌的球状纳米多孔材料。

本实验以阳离子表面活性剂十六烷基三甲基溴化铵为结构导向剂，以四乙氧基硅烷为硅源，首先在混合溶剂中使十六烷基三甲基溴化铵形成胶束成为具有一定形貌的结构导向剂；其次碱性条件下四乙氧基硅烷发生酯水解反应，进而交联形成聚合物，在形成聚合物的同时，结构导向剂插入聚合物中，从而在聚合物前驱体中形成具有十六烷基三甲基溴化铵胶束形貌的孔。

三、实验研究内容

1. 实验任务

根据多孔纳米材料的性能要求，通过改变结构导向剂、反应条件等，制备出2～3种不同系列的多孔纳米材料，并对该材料性能进行表征。

2. 方案设计

（1）结合文献资料，确定多孔纳米材料的制备、表征和成型方案。

（2）制定原始数据记录表和实验数据处理方法。

3. 实验步骤

（1）MCM-41前驱体的合成　分别在三个250mL茄形瓶中加入搅拌子、80mL去离子水、60mL乙醇、1.1mL氨水，混合后搅拌均匀，将茄形瓶放入油浴锅中，升温至不同的温度（40℃、60℃、80℃），再称取三份0.3g十六烷基三甲基溴化铵（CTAB），分别加入不同烧瓶，磁力搅拌至完全溶解，移取1.0mL四乙氧基硅烷（TEOS）溶解于10mL乙醇中，在剧烈搅拌下，缓慢加入三颈瓶中，并在此温度下分别反应4h、2h、30min，制备出白色的前驱体。

（2）MCM-41结构导向剂的移除　分别将上述不同反应条件下制备的前驱体产物以离心机分离（转速5000r/min）后，取白色粉末产物转于坩埚中，再将坩埚盖盖后放入马弗炉中，待马弗炉升温至550℃后，保温5h，将前驱体焙烧后取出，室温下冷却，得到白色产物多孔硅纳米材料MCM-41。

（3）MCM-41结构表征　分别称取不同条件下制备的MCM-41粉末，烘干后进行XRD测试，CuK_{α}辐射，$\lambda=0.154$nm，X射线管电压为40kV，管电流为20mA，扫描速率为40°/min，扫描范围为$2\theta=10°\sim80°$。

分别称取不同条件下制备的MCM-41粉末，于80℃下鼓风干燥12h后，于氮气吸脱附比表面孔径测定仪上测定孔径和粉体比表面积。

四、吸附性能测定

称取一定量的甲基橙溶液，配制成浓度为0.02g/L的储备溶液（避光保存）。

将甲基橙溶液分成若干份，分别称取不同条件下制备的MCM-41粉体各50mg放入甲基橙溶液中，超声2min，使粉体分散均匀。

将悬浊液放在气浴摇床上，每隔10min取一次样，把取出的悬浊液离心分离后，取上清液，以紫外可见分光光度计测试其486nm处的吸光度。

绘制A-t曲线，计算MCM-41对甲基橙的吸附量。比较不同条件下制备的MCM-41粉体对甲基橙的吸附效果。

五、结果与讨论

（1）不同条件下制备的MCM-41粉体对甲基橙吸附性能的影响。

（2）根据表征结果，分析不同条件下制备的MCM-41粉体优劣。

六、思考题

（1）多孔纳米材料的成型方法有哪些？请简单叙述。

（2）多孔纳米材料的孔径分布对吸附性能有何影响？

实验3 溶剂萃取法从模拟卤水中提锂

一、实验目的

（1）了解和掌握盐湖提锂的过程和研究方法。

（2）学会查阅和分析相关文献资料，制定实验研究方案。

（3）了解溶剂萃取法从模拟卤水中提锂的基本原理。

（4）掌握萃取率、分配比和分离因数的计算方法。

二、实验原理

溶剂萃取中常见的基本概念有萃取与反萃取、分配常数和分配系数、萃取率、相比、萃取分离因数等。

1. 萃取与反萃取

化学分离法通常是利用物质在两相间的转移来进行的。无机物萃取时，其中一个液相是水相，另一个是与水相基本上不相溶的有机相。当两相接触时，水相中被分离的物质部分或全部转移到有机相。由于这种分离过程是在两个液相之间进行的，因此称为液-液萃取，简称萃取。又由于其中一个液相是由有机溶剂构成，故也称为溶剂萃取。

萃取过程一般是先将水溶液与有机溶剂充分混合，然后利用两相密度差异静置分相，分出的水相称为萃余液，有机相称为负载有机相，被萃入到有机相中的物质称为被萃取物。被萃取物萃入有机相后，一般需要使其重新返回水相。将负载有机相与反萃剂接触，使被萃取物转入水相，这一过程称为反萃取，分出的水相称为反萃液。

2. 相比

对于间歇萃取过程，萃取相体积 V（m^3）和料液相 L（m^3）之比称为相比；对于连续萃取过程，萃取相体积流量 V（m^3/s）和料液相体积流量 L（m^3/s）之比也称为相比或两相流比。相比用 R 表示：

$$R=\frac{V}{L} \tag{5-1}$$

3. 分配系数

分配系数又称为分配比。被萃取物质 A 在两相中的分配行为可以理解为 A 在两相中存在的多种形态 A_1，A_2，…，A_n 分配的总效应。在通常情况下，实验测定值代表每相中被萃取物质多种存在形态的总浓度。体系分配系数定义为在一定条件下，当体系达到平衡时，被萃取物质在萃取相（o）中的总浓度与在料液相（w）中的总浓度之比，用 D 表示：

$$D=\frac{\sum[A]_{(o)}}{\sum[A]_{(w)}}=\frac{[A_1]_{(o)}+[A_2]_{(o)}+\cdots+[A_n]_{(o)}}{[A_1]_{(w)}+[A_2]_{(w)}+\cdots+[A_n]_{(w)}} \tag{5-2}$$

分配系数表示萃取体系达到平衡后被萃取物质在两相中的实际分配比例，一般由实验测定。被萃物的分配比愈大，表明该物质愈易被萃取，同时分配系数的大小除了与被萃物的性质有关外，还与萃取条件有关，如水相中被萃物浓度、酸度、共存的其他物质，有机物中萃取剂的种类和浓度，稀释剂的种类以及萃取时的温度等。

4. 萃取率

萃取率表示萃取过程中被萃取物质由料液相转入萃取相的量占被萃取物质在原料液相中总量的百分比，它代表萃取分离的程度。萃取率 E（%）的计算公式为：

$$E=\frac{\text{萃取相中被萃取物质的量}}{\text{原始料液中被萃取物质的总量}}\times 100\% \tag{5-3}$$

5. 分离系数

在一定条件下进行萃取分离时，两种待分离物质在两相间的萃取分配系数的比值，称为萃取分离系数，常用 β 表示。若 A、B 分别表示两种待分离物质，则有：

$$\beta=\frac{D_A}{D_B} \tag{5-4}$$

萃取分离系数定量表示了某个萃取体系分离料液相中两种物质的难易程度。β 值越大，分离效果越好，即萃取剂对某一物质的分离选择性越高。

采用溶剂萃取法从盐湖卤水中分离提取锂关键在于选择对锂具有高选择性的萃取剂和共萃剂。锂是碱金属元素中的第一个，金属性强。根据彼逊软硬酸碱定义，碱金属离子均属硬酸，且硬度次序为 $Li^+>Na^+>K^+>Rb^+>Cs^+$，因此一般它们只能与含 O 或 N 的配位基形成强的配合物。Li^+ 的配位数，一般认为是 4。从锂在周期表中的位置可以看出，它的电子结构为 $1s^2 2s^1$，当它参与化学反应时很快失去一个电子，形成 Li^+。由于 Li^+ 的 2s 和 2p 轨道上均无电子，因此当它与各种给电子配位基结合时，发生 sp^3 空轨道的杂化过程，其结果是形成稳定的四面体配位结构。Li^+ 在水溶液中以 $Li^+(H_2O)_4$ 存在，其四周包有一个水氛。因此利用与水互不相溶的有机体系把 Li^+ 从水溶液中萃取到有机相，势必包含着一个排代 Li^+ 周围四个水分子的过程。Li^+ 的硬酸性决定了排代与之紧密结合的四个水配位分子非常困难，这使得与之适合的配位基团的选择受到了局限。根据目前国内外对溶剂萃取法从海水或卤水中提锂的研究成果，最为合适的萃取剂就是中性磷型萃取剂磷酸三丁酯（TBP）。磷酸三丁酯的结构式为：

其强给电子基 P＝O 与金属离子有很强的结合能力。因此，本实验选择 TBP 作为萃取剂。

采用 TBP 从盐湖卤水中萃取锂时，还涉及共萃剂的选择。Fe^{3+}、Cu^{2+}、Zn^{2+}、Mn^{2+}、Ni^{2+} 五种离子在 TBP 萃取体系中在低相比条件下对锂的共萃取效应：

$$FeCl_3>CuCl_2>ZnCl_2>MnSO_4>NiCl_2$$

$[FeCl_4]^-$ 络阴离子对常见的阳离子共萃取能力为：

$$Li^+>Ca^{2+}>Na^+>Mg^{2+}>K^+>Rb^+>Cs^+$$

$[FeCl_4]^-$ 络阴离子对 Li^+ 的共萃取能力最强，在铁盐存在时 TBP 对卤水中的其他共存离子的萃取能力远低于对锂的萃取能力，因此，本实验选择 $FeCl_3$ 为共萃取剂。

TBP 在 $FeCl_3$ 存在下萃取锂的原理为：

萃取过程：

$$Fe^{3+} + 4Cl^- \longrightarrow [FeCl_4]^-$$

$$Li^+ + [FeCl_4]^- + 2TBP \rightleftharpoons LiFeCl_4 \cdot 2TBP$$

反萃过程：

$$H^+ + LiFeCl_4 \cdot 2TBP \rightleftharpoons Li^+ + HFeCl_4 \cdot 2TBP$$

三、实验研究内容

1. 实验任务

通过查阅文献资料，了解盐湖模拟提锂的研究发展历程，围绕该过程，自主设计盐湖提锂萃取剂，并考察不同萃取剂对锂萃取率、分配比和分离因数的影响。

2. 方案设计

(1) 根据文献资料，选择 2～3 种不同的萃取剂和共萃取剂。

(2) 考察不同萃取剂和共萃取剂对锂萃取率、反萃取率、分配比和分离因数的影响。

3. 准备工作

药品：六水氯化镁、氯化锂、六水氯化铁、盐酸。

实验器具：调速振荡器、原子吸收光谱仪、四只 100mL 容量瓶、一只 50mL 量筒、一只 10mL 量筒、一只 50mL 塑料瓶、两只 50mL 烧杯、两只 50mL 分液漏斗以及三支 10mL 移液管。

4. 操作步骤

(1) 配制水相　分别称取一定质量的六水氯化镁、氯化锂和六水氯化铁使得配制的 100mL 水中含有 4mol/L 氯化镁、0.288mol/L 氯化锂和 0.375mol/L 氯化铁。为了保证 Fe^{3+} 不水解，向定容之前的上述溶液中加入约 1mL 的 6mol/L 盐酸。之后进行定容，备用。

(2) 配制有机相　分别用量筒量取 40mL 的 TBP 和 10mL 磺化煤油倒入塑料瓶中混合均匀，备用。

(3) 分别向萃取漏斗中先后加入 10mL 水相和 20mL 有机相，之后将漏斗盖好，放置于振荡器上振荡 10min 后，取下静置 10min 后分相，将水相（萃余液）由分液漏斗下端放出，上端由分液漏斗开口处倒入离心管中。

(4) 将离心管放入离心机中离心 3min 取出，分别向反萃漏斗中加入 20mL 6mol/L 盐酸和 10mL 离心后的有机相，之后将漏斗盖好，放置于振荡器上振荡 10min 后，取下静置 10min 后分相，将水相（反萃液）由分液漏斗下端放出，上端由分液漏斗开口处倒入废液缸中。

(5) 分别取适量萃余液和反萃液进行稀释，采用原子吸收光谱仪对稀释后的萃余液和反萃液进行 Li^+ 含量的测定。

(6) 清洗实验仪器，打扫台面，实验结束。

四、注意事项

(1) 水相溶液的配制，注意氯化镁和氯化铁的计算。

(2) 分液漏斗静置分相时需格外小心，防止将有机相放入水相。
(3) 萃余液和反萃液的稀释倍数应计算好后再进行稀释操作。

五、数据处理

(1) 计算锂分配比。
(2) 分别利用原液锂含量和萃余液中的锂含量进行锂萃取率的计算，分析偏差原因。
(3) 列出数据处理过程。
(4) 讨论实验结果。

六、结果与讨论

(1) 根据实验现象，分析铁在萃取过程中的传质过程。
(2) 分析铁的存在对锂和镁萃取的影响情况。
(3) 讨论若水相中无氯化铁的存在对锂的萃取有何影响。

七、思考题

(1) 为何水相中需加入少量的盐酸?
(2) 为何水相中氯化镁浓度确定为 4mol/L，若高或低于 4mol/L 会对锂的萃取产生怎样的影响?

实验 4 钙基负载型固体碱的制备与表征

一、实验目的

(1) 学会查阅和分析文献资料，制定实验研究方案。
(2) 了解固体碱催化剂的制备方法和表征手段。
(3) 掌握生物柴油的生产过程。

二、实验原理

固体碱催化反应的第一步，一般是催化剂的碱性位抽取反应物分子中的质子，形成碳负离子中间体。碳负离子稳定性的不同直接影响反应的活性和选择性，而酸催化是以形成碳正离子中间体为特征的，碳负离子的稳定性次序与碳正离子不同。因此，同样的反应物在碱催化剂和酸性催化剂上的反应产物是不同的。

在工业生产中，有许多重要的反应是由碱催化的，如异构化、齐聚、烷基化、缩合、加成、加氢、环化、氧化等。传统的液碱催化剂（NaOH，KOH 等）具有较高的转化率，但是其选择性较差，严重腐蚀设备，无法进行回收使用，而且会对环境造成很大污染。用固体碱代替均相液碱在化学工业中有几个突出的优点：
(1) 催化剂容易从反应混合物中分离出来；
(2) 反应后催化剂容易再生；
(3) 对反应设备没有腐蚀；

（4）减少环境污染；

（5）固体碱催化剂的孔道对一些特定反应具有择形催化的效果。

本实验选用以 $Ca(Ac)_2$ 为前驱体在 MgO 载体上负载 CaO 制备钙基负载型固体碱，采用多种表征手段对催化剂进行表征，诸如采用热重分析仪研究醋酸钙的煅烧分解过程，Hammett 指示剂法测定钙基负载型固体碱的碱强度及分布，BET 测量钙基负载型固体碱的比表面及孔结构，XRD、SEM 等表征固体碱催化剂晶型等，探索钙基负载型催化剂结构与催化反应性能的关系。

三、实验流程

固体碱催化剂的活性评价实验流程图见图 5-2 所示，以催化菜籽油与甲醇的酯交换反应转化率作为催化剂活性高低的评价指标。

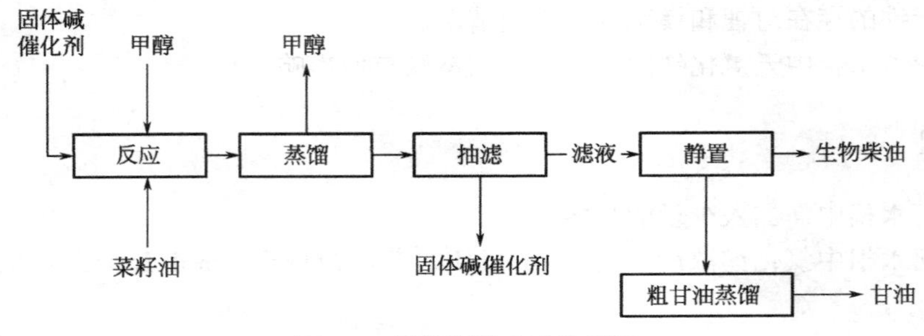

图 5-2 活性评价实验流程图

四、实验研究内容

1. 实验任务

通过查阅文献资料，了解生物柴油的生产方法及过程，了解固体碱催化剂的制备，围绕该过程，自主设计固体碱催化剂。

2. 方案设计

（1）根据文献资料，选择 2～3 种不同的催化剂载体以及钙基前驱体。

（2）考察不同催化剂载体以及钙基前驱体对催化剂性能的影响。

3. 催化剂制备步骤

（1）将所选择的催化剂载体于 500℃下煅烧 8h 以除去其他杂质。

（2）V（前驱体溶液）∶V（载体粉末）按一定的体积比混合充分搅拌均匀，放置老化 1h 后，将糊状混合物成型，用玻璃棒充分搅拌均匀（呈糊状）。

（3）在 80℃的条件下干燥 8h，再于不同温度煅烧，制得钙基负载型固体碱催化剂。

（4）将所制备的催化剂分别放入密封袋，保存于干燥器中以备表征及活性评价。

4. 活性评价实验步骤

（1）将菜籽油、乙醇和固体碱催化剂混合后在 75℃反应 4h，催化剂用量占油重 3%，醇油比 6∶1。

（2）反应结束后，趁热抽滤，分离催化剂，然后将滤液倒入分液漏斗中静置过夜。

(3) 回收下层甘油，上层生物柴油进行减压蒸馏蒸出过量的甲醇，同时得到透明亮浅黄色产品，即生物柴油。

五、表征方法

(1) 碱性表征——指示剂法 固体碱的催化活性与催化剂的碱中心强度和碱中心数目有关，即碱强度和碱量有关，可利用 Hammett 指示剂法测定固体碱的碱强度和碱量分布。

固体碱表面的碱强度是固体碱最重要的参数，描述的是固体碱表面碱中心的碱性强弱，是指固体表面能吸附的电中性酸转变成其共轭碱的能力，也即固体碱表面授予吸附酸分子一对电子的能力，如下式所示，可用哈默特（Hammett）函数 H_- 表示碱强度：

$$H_- = pK_{BH} + \lg\frac{[A^-]}{[AH]} \quad (5-5)$$

式中 H_-——Hammett 函数；

pK_{BH}——吸附酸（指示剂）BH 的电离平衡常数的负对数；

$[AH]$——指示剂的酸式平衡浓度；

$[A^-]$——共轭碱的平衡浓度。

测定固体碱碱强度最简便、最有效的方法是指示剂法。由中性 Hammett 指示剂吸附到固体碱上，指示剂的颜色就变成了其共轭碱的颜色。通过观察一定 pK_a 值范围内指示剂的颜色变化来测定碱强度。此方法主要用于无色固体碱的测定。向锥形瓶中加入 5mL 无水环己烷，加入少量固体碱，然后，以 0.5%酚酞/乙醇溶液（$H_-=9.3$），2,4-二硝基苯胺/乙醇溶液（$H_-=15$），4-硝基苯胺/乙醇溶液（$H_-=18.4$），0.5%二苯胺/乙醇溶液（$H_-=22.3$），0.5%苯胺/乙醇溶液（$H_-=27$），0.5%异丙苯/乙醇溶液（$H_-=37$），0.5%二甲苯/乙醇溶液（$H_-=39$），0.5%苯/乙醇溶液（$H_-=43$）为指示剂，分别滴加 2～3 滴到固体碱上，达到吸附平衡后观察指示剂表面的颜色变化，能使指示剂由它的酸式色变为其共轭碱的颜色时，即表示该固体碱碱强度大于这种指示剂的 H_- 值。

取 15 个 100mL 干燥洁净的带塞锥形瓶，加入约 0.2g 新鲜固体碱催化剂（精确至 0.001g），分别加入 5mL 无水环己烷保护，然后用微量滴定管依次滴加所设定体积的 0.05mol/L 苯甲酸溶液，盖紧瓶塞，在室温下振荡 30min，最后滴加 2 滴同种 H_- 值的指示剂后振荡 10min，达到吸附平衡后碱性色刚好消失的一瓶定为终点，依据加入的苯甲酸的量代入式（5-6）来计算该 H_- 值下的碱量，测定不同 H_- 下的碱量即可得碱量分布。

$$b(\text{碱量}) = \frac{Vc}{m} \quad (5-6)$$

式中 b——碱量，nmol/g；

V——加入苯甲酸溶液的体积，mL；

c——苯甲酸溶液的浓度，mmol/L；

m——固体碱的质量，g。

(2) 热重分析 主要用于测定催化剂材料的热稳定性和组分。

样品处理：N_2 气氛，升温速率 10℃/min，从 50℃升到 850℃。

(3) 物理吸附仪 主要用于测定催化剂和载体的孔容、比表面积和孔径分布。

样品处理：在氮气气氛下 350℃干燥 2h 后，用氮气冲洗后再冷却至室温，放入物理吸附仪中氮气吸附。

(4) X射线衍射仪　主要用于测定催化剂的晶相分析。

样品处理：将样品磨成320目的粒度，直径约40μm，重量大于5g。

(5) 扫描电镜　主要用于测定催化剂活性组分及载体的表面形态。

六、结果与讨论

(1) 选取2～3种不同催化剂载体讨论对催化剂活性的影响。

(2) 选取2种不同的钙基前驱体，考查其对催化剂活性的影响。

(3) 根据菜籽油酯交换的反应条件，计算生物柴油的转化率。

七、思考题

(1) 简述固体碱催化剂的定义和分类。

(2) 固体碱催化剂的碱中心、碱量如何测定？

实验5　对苯二甲酸加氢催化剂的制备与开发研究

一、实验目的

(1) 了解贵金属催化剂的制备方法。

(2) 掌握催化剂的成型、表征和评价手段，获取相关数据并进行分析。

(3) 培养团队协作精神，通过有效沟通与合作完成实验任务。

(4) 培养学生根据课题任务要求，参考文献资料，设计实验方案，搭建实验装置，完成实验研究的能力。

二、实验原理

对苯二甲酸（TA）生产工艺大致可分为两类：一类是首先将对二甲苯（PX）经空气氧化，制得粗对苯二甲酸（CTA），然后将CTA精制成精对苯二甲酸（PTA），亦称二步法；另一类是由PX只经氧化反应，就可制得PTA，亦称一步法。二步法与一步法的主要区别在于：二步法制得的PTA中，杂质中对羧基苯甲醛（4-CBA）的含量在25μg/g以下，而一步法制得的PTA中4-CBA含量为200～300μg/g。

按现已实施的高纯度对苯二甲酸的生产工艺，可分为三类：①加氢精制法；②精密氧化法；③对苯二甲酸二甲酯（DMT）水解法。而研究最多的则为加氢精制法。

该法是以对二甲苯为原料，采用钴、锰、铬系列催化剂，在醋酸溶剂中通过空气氧化制得粗对苯二甲酸（CTA），然后，以水为溶剂，在300℃和3MPa的条件下，将CTA溶于水中。

在这种状态下，采用钯炭催化剂进行加氢反应，将粗对苯二甲酸中含量为0.2%～0.4%的对羧基苯甲醛还原成易溶于水的对甲基苯甲酸，在150℃时通过结晶、离心分离和干燥，得到高纯度的对苯二甲酸；同时也将粗对苯二甲酸溶液中的微量有色杂质（酮芴，苯偶酰及蒽醌类等前驱体）进行脱色，最后将得到对羧基苯甲醛含量小于25μg/g的纤维级对苯二甲酸。

PX在氧化反应器中生成对苯二甲酸粗制品（CTA），同时生成一些副产物，如：对甲基苯甲酸（*p*-TA）、对羧基苯甲醛（4-CBA）、对甲基苯甲醇（TALC）、对甲基苯甲醛（TALD）等。对羧基苯甲醛加氢精制的方程式如下所示。

CHO / COOH（对羧基苯甲醛） + H_2 —Pd/C→ CH_3 / COOH

加氢精制反应体系工艺条件的确定

（1）反应温度　4-CBA的加氢反应是一个反应速率很快的放热反应，提高反应温度对反应本身不利。实际工业中4-CBA的加氢反应基本在280℃以上，其原因就是对苯二甲酸在水中的溶解度较小，提高溶解度的唯一方法就是提高温度。

（2）反应系统压力及氢分压　4-CBA的加氢反应系统的压力主要由三部分组成：水蒸气分压，氮气分压和氢分压。为保持对苯二甲酸溶液在280℃下为液相状态，必须用氮气保护，使系统压力高于反应温度下对苯二甲酸水溶液的饱和蒸气压。一定质量浓度的对苯二甲酸水溶液的蒸气压计算公式如下：

$$p_{H_2O}=0.99568X_{H_2O}P^0_{H_2O} \qquad (5\text{-}7)$$

式中　p_{H_2O}——在一定温度时，CTA水溶液的水蒸气压；

$p^0_{H_2O}$——在一定温度时，纯水的蒸气压；

X_{H_2O}——CTA水溶液中水的分子分数。

根据上式计算得质量分数为27%的CTA水溶液的蒸气压为6.07MPa，所以设定背压阀压力，使系统压力保持在6.15MPa以上。因为加氢过程是在密闭的釜中按静态间歇方式进行的，要求要比动态连续方式的氢分压高一些，才能产生一定的推动力使氢溶解并扩散至已溶解的介质中。4-CBA加氢反应通入的氢气量比实际反应所需的量要大得多，是为了缩短反应时间，减少副反应。

（3）4-CBA加氢反应路径　以往的研究中，人们对4-CBA加氢工艺过程的了解不断深入，但由于4-CBA加氢反应试验研究的复杂性，文献中并没有提及具体的反应路径。经过大量的前期研究表明，4-CBA加氢反应由两个主要的平行反应组成。

加氢反应：CHO / COOH（4-CBA） → CH_2OH / COOH（4-HMBA） → CH_3 / COOH（*p*-TA）

脱羰反应：CHO / COOH（4-CBA） → COOH（BA） + CO

这两个反应具有竞争性，在不同的条件下，其反应进行的程度不同。在反应釜升温过程中，系统以氮气保护，但是仍然有微量的氧存在，这对4-CBA的脱羰反应有促进作用，氧含量越高，脱羰反应越容易发生。但是反应中由于氢气的存在，抑制了脱羰反应，4-CBA主要发生先加氢为4-HMBA，再由4-HMBA加氢反应生成*p*-TA的串联反应。

需要说明的是，无论4-CBA转化为4-HMBA、BA还是p-TA，因为这三者的溶解度都比4-CBA大，因此在工业上都能够通过后续的结晶分离除去。

三、实验研究内容

1. 实验任务

根据对苯二甲酸收率和选择性的要求，通过改变催化剂载体、活性组分、助催化剂等，制备出2～3种不同系列的催化剂，并对该催化剂进行表征。根据实验要求，自行搭建实验装置。

2. 方案设计

（1）结合文献资料，确定催化剂制备和表征方案。

（2）根据实验要求，确定反应温度、压力等反应条件。

（3）制定原始数据记录表和实验数据处理方法。

3. 实验步骤

（1）结构化纳米碳纤维负载钯催化剂的制备（查阅相关催化剂制备方法、成型方法，自行确定实验方案）。

（2）纳米碳纤维负载钯催化剂负载率的测定。

（3）进行CBA加氢反应，在一定的温度和压力下进行粗对苯二甲酸加氢反应研究。

四、数据处理

1. 纳米碳纤维负载钯催化剂负载率的测定

一是将结构化催化剂研磨成粉状，再经过高温高压硝解，得到一定浓度的Pd溶液，用原子吸收法测定Pd的含量；二是通过测定滤液中Pd的含量，然后间接计算出催化剂的真实负载率。负载率计算式如下：

$$L=(m_{\text{input}}-c_{\text{Pd,s}}V_{\text{f}})/m_{\text{input}}\times100\% \tag{5-8}$$

式中 m_{input}——加入溶液中的钯金属的总质量，g；

$c_{\text{Pd,s}}$——残余滤液中的Pd离子浓度，g/mL；

V_{f}——滤液体积，mL。

2. 对苯二甲酸转化率、收率、选择率的计算

五、结果与讨论

（1）考查不同的浸渍方法对负载钯催化剂负载率的影响。

（2）改变不同的反应温度、反应压力，考查其对对苯二甲酸选择性、收率的影响。

六、思考题

（1）4-CBA的加氢反应系统的压力主要有哪些？对反应有何影响？

（2）简述催化剂的制备方法。不同的制备方法的优缺点是什么？

（3）对苯二甲酸加氢精制过程会发生哪些反应？这些反应对产品有何影响？

参考文献

[1] 李为民，郑晓林，徐春明，等. 固体碱法制备生物柴油及其性能 [J]. 化工学报. 2005，56 (4)：711.

[2] 梁斌. 生物柴油的生产技术 [J]. 化工进展，2005，24 (6)：577-585.

[3] 唐传核，彭志英. 酯交换技术及其在油脂工业中的应用 [J]. 中国油脂，2002，27 (2)：59-62.

[4] 王广欣. 用于生物柴油的非均相催化剂的研究 [D]. 四川：四川大学，2005.

[5] 成春春，朱劼，李明时，等. 成型 TiO_2 负载型纳米碳纤维催化材料的制备与表征. 高校化学工程学报，2009，23 (3)：527.

[6] 李慧芳，李丽娟，时东，等. 磷酸三丁酯-磺化煤油体系从盐湖卤水中萃取锂的动力学研究 [J]. 盐湖研究，2015，23 (2)：51-57.